Friedrich Lühe

Optische Signalübertragung mit Lichtwellenleitern

W0259910

Aus dem Programm Nachrichtentechnik

D. Stoll
Schaltungen der Nachrichtentechnik

F. R. Connor
Signale

F. R. Connor
Rauschen

W. Bachmann
Signalanalyse

W. Lechner und N. Lohl
Analyse digitaler Signale

A. v. d. Enden und N. Verhoeckx
Digitale Signalverarbeitung

O. Mildenberger
Informationstheorie und Codierung

P. Zamperoni
Methoden der digitalen Bildsignalverarbeitung

R. Klette und P. Zamperoni
Handbuch der Operatoren für die Bildbearbeitung

O. Mildenberger
System- und Signaltheorie

D. Ehrhardt
Verstärkertechnik

D. Ehrhardt und J. Schulte
Simulieren mit PSPICE

O. Mildenberger
Entwurf analoger und digitaler Filter

J. Eichler
Laser und Strahlenschutz

Vieweg

Friedrich Lühe

Optische Signalübertragung mit Lichtwellenleitern

Einführung in die physikalischen Grundlagen

Die Deutsche Bibliothek - CIP-Einheitsaufnahme

Lühe, Friedrich:
Optische Signalübertragung mit Lichtwellenleitern:
Einführung in die physikalischen Grundlagen / Friedrich Lühe. -
Braunschweig; Wiesbaden: Vieweg, 1993
ISBN-13:978-3-528-06484-6 e-ISBN-13:978-3-322-84028-8
DOI: 10.1007/978-3-322-84028-8

Alle Rechte vorbehalten
© Friedr. Vieweg & Sohn Verlagsgesellschaft mbH, Braunschweig/Wiesbaden, 1993

Der Verlag Vieweg ist ein Unternehmen der Verlagsgruppe Bertelsmann International.

Das Werk einschließlich aller seiner Teile ist urheberrechtlich geschützt. Jede Verwertung außerhalb der engen Grenzen des Urheberrechtsgesetzes ist ohne Zustimmung des Verlags unzulässig und strafbar. Das gilt insbesondere für Vervielfältigungen, Übersetzungen, Mikroverfilmungen und die Einspeicherung und Verarbeitung in elektronischen Systemen.

Gedruckt auf säurefreiem Papier

ISBN-13:978-3-528-06484-6

Danksagung

Für unermüdliche Hilfe beim Korrekturlesen und bei der Computerverarbeitung des Manuskriptes zur Herstellung der Druckvorlage danke ich meiner lieben Frau und meinem Sohn Christian. Ferner gilt mein Dank Herrn Gondesen vom Verlag Vieweg für Rat und Tat in vielen Fragen zur Gestaltung des Buches.

Inhaltsverzeichnis

1 Einleitung

In unserer hochtechnisierten Gesellschaft hat der Transport von Informationen eine große, beständig wachsende Bedeutung. In der elektrischen Nachrichtentechnik stehen zum Austausch von Informationen drei verschiedene Übertragungssysteme mit wesentlich unterschiedlichen Eigenschaften, insbesondere mit unterschiedlich hohen Trägerfrequenzen zur Verfügung:

- Koaxialleitungen aus Kupfer mit Trägersignalen im MHz-Bereich; höhere Trägerfrequenzen sind infolge zunehmender Leitungsdämpfung nicht möglich
- Richtfunkstrecken, zu denen auch die Satelliten-Nachrichtenstrecken zählen, mit Trägersignalen im GHz-Bereich
- Lichtwellenleiter, die aus einer haarfeinen Glasfaser bestehen, mit Trägersignalen im THz-Bereich.

Eine entscheidende Größe zur Beurteilung der Leistungsfähigkeit eines Übertragungssystems ist die erreichbare Übertragungskapazität. Sie wird bestimmt durch die Frequenz des Trägersignals, mit der das System betrieben wird. Hohe Trägersignalfrequenzen ermöglichen hohe Übertragungskapazitäten. Für die oben angegebenen Übertragungssysteme beträgt der Unterschied im möglichen Frequenzbereich des Trägersignals jeweils drei Größenordnungen; die gleiche Bilanz gilt für die Übertragungskapazität. Aus dieser Tatsache folgt die große Überlegenheit des Lichtwellenleiters (LWL) beim Transport hoher Bitraten. Moderne digitale Nachrichtennetze arbeiten mit binärer Kodierung der Information unter Anwendung der Pulscodemodulation (PCM). Die zu übertragende Information wird in einzelne Bit, die kleinste Einheit der Information, zerlegt und im Lichtwellenleiter in Form kurzer Lichtimpulse übertragen. Die Leistungsfähigkeit des Systems wird in übertragbare Bit je Sekunde angegeben. In der optischen Signalübertragung hat das Trägersignal bei einer Wellenlänge von 1,5 μm, dem Dämpfungsminimum der Quarzglasfaser, eine Frequenz von 200 THz. Unter der Annahme, daß etwa 20 Perioden des Trägersignals ausreichend sind, um 1 bit als PCM-Impuls eindeutig zu definieren, folgt daraus als theoretische Grenze für die maximal übertragbare Bitrate ein Wert von etwa 10 Tbit/s. Dieser hohe Wert ist mit der Glasfaser als Übertragungsmedium nicht erreichbar, da störende Laufzeiteffekte mit verschiedenen Ursachen zu Signalverzerrungen führen. Damit wird die maximal übertragbare Bitrate längenabhängig. Im Experiment erreicht wurden mit Lichtwellenleiter als Übertragungsmedium bisher Bitraten bis zu 100 Gbit/s. In der Breitbandkommunikation bereits üblich sind Übertragungssysteme, die mit 10 und 20 Gbit/s arbeiten.

Derzeit haben die technischen Komponenten und Systeme der optischen Signalübertragung bereits einen hohen Entwicklungsstand erreicht, und es erfolgt im breiten Maßstab die umfassende Einführung dieser modernen neuen Technik in die Praxis. Damit gewinnt die Übertragung von Informationen mittels optischer Signale über Lichtwellenleiter zunehmend an Bedeutung. Die mit dem Einsatz von LWL-Übertragungssystemen verbundenen technischen und ökonomischen Vorteile sind so überzeugend und so vielseitig nutzbar, daß die Anwendung der optischen Signalübertragung weit über den ursprünglichen wichtigen Anwendungsfall der verlustarmen Breitband-Nachrichtenübertragung mit hohen PCM-Bitraten im Fernmeldewesen (optische Nachrichtentechnik) hinausgeht und einen breiten Einsatzbereich gefunden hat.

Es sind vor allem zwei Eigenschaften, die einen Lichtwellenleiter aus Glas gegenüber einer Koaxialleitung aus Kupfer auszeichnen: die wesentlich höhere Übertragungskapazität bis zu 100 Gbit/s und die wesentlich kleinere Dämpfung von 0,2 dB/km. Damit sind ohne Zwischenverstärker Streckenlängen von 100 km bis 300 km als Grenzfall möglich. Die maximal übertragbare Bitrate jedoch ist infolge Impulsdispersion längenabhängig. Als grobe Richtwerte gelten: 100 km mit 3 Gbit/s und 300 km mit 1 Gbit/s. Eine weitere Steigerung der Übertragungskapazität kann durch Anwendung mehrerer Trägerfrequenzen in einer Faser im Frequenzmultiplexverfahren erfolgen. Weitere Eigenschaften eines Lichtwellenleiters sind die Frequenzunabhängigkeit der Dämpfung innerhalb der Modulationsbandbreite, die prinzipielle Unempfindlichkeit gegen elektromagnetische Störstrahlungen und die absolute elektrische Potentialtrennung zwischen Eingang und Ausgang des LWL. Da in Glasfasern keine Funken entstehen können, sind optische Übertragungssysteme auch in explosionsgefährdeter Umgebung absolut betriebssicher. Durch die Materialsubstitution Kupfer-Glas werden bedeutende Mengen Importkupfer eingespart. Das Ausgangsmaterial für die Faserproduktion ist Quarzsand, er steht in unbegrenzten Mengen überall zur Verfügung. Das übertragungstechnische Äquivalent von Glas und Kupfer verhält sich wie 1:1000. Mit einem Kilogramm Glas in Faserform können dieselben Ergebnisse erreicht werden wie mit 1000 kg Kupfer in Form der Koaxialleitung.

Der Einsatz der Glasfaser als Übertragungsmedium mit geringer Dämpfung und hoher Übertragungskapazität eröffnet völlig neue Möglichkeiten zur Informationsübertragung. Sprache, Text, Bilder und Daten können in riesigem Umfang und extrem schnell übertragen werden. Der Inhalt einer Schreibmaschinenseite wird mit etwa 15000 bit erfaßt. Schon eine Bitrate von 10 Mbit/s ist ausreichend, um in einer Sekunde 700 Schreibmaschinenseiten zu übertragen. Die Übertragung erfolgt störungsfrei in hoher Qualität durch digitale Modulation des Trägersignals mittels PCM. Mit diesen Eigenschaften bietet die optische Signalübertragung ideale Voraussetzungen zur umfassenden Einführung des Breitband-ISDN (Integrated Services

Digital Network, ein universelles Kommunikations- und Informationsnetz mit nur einer Glasfaser im Hausanschluß).

Nicht nur zur Informationsübertragung, sondern auch zur Informationsgewinnung werden Lichtwellenleiter eingesetzt. Optische Fasern werden als Sensoren in der Meßtechnik zur Bestimmung einer großen Anzahl verschiedener physikalischer Größen erfolgreich angewendet. Faseroptische Sensoren sind unempfindlich gegen elektromagnetische Störstrahlung, hochspannungsfest, betriebssicher in explosionsgefährdeter Umgebung, meist einfach und billig herstellbar, robust im Aufbau, sicher und zuverlässig in der Funktion.

Optische Übertragungssysteme sind keine Ersatzlösung, die etwa eingeführt wird um Kupfer zu sparen, obgleich allein schon dieser Aspekt ihre Einführung rechtfertigen würde. Optische Übertragungssysteme sind eine überzeugende Alternative zur elektrischen Signalübertragung, sie vermögen mit wesentlich besseren technischen Parametern sowie geringerem Material- und Energieeinsatz erheblich mehr zu leisten als mit elektrischen Systemen bisher möglich war. Sie sind kein Ersatz, sondern eine bedeutende technische Innovation, ein Sprung zu einer neuen Qualität.

Erste Versuche zur Nachrichtenübertragung mit Trägerfrequenzen aus dem optischen Spektralbereich begannen in den Jahren nach 1960. Eine entscheidende Voraussetzung war das Vorhandensein einer geeigneten Strahlungsquelle. Diese wurde mit dem Laser geschaffen. Die Erfindung des Lasers, der in einer ersten Version im Jahre 1960 realisiert wurde, führte zu einer Revolution in Wissenschaft und Technik. Etwa zeitgleich verlief ein Vorgang von ebenso historischer Bedeutung, die Entwicklung der Mikroelektronik. Laser und Mikroelektronik erweisen sich im historischen Rückblick als die Basis der Hochtechnologie unserer Zeit. Sie bilden die Grundlage, mit deren Hilfe ein Großteil aller nachfolgenden technischen Entwicklungen erst ermöglicht wurden. Die Auswirkungen in allen Bereichen von Wissenschaft und Technik sind vielfältig, überraschend, faszinierend. Im Rahmen dieses Buches interessiert nur eine der vielen Folgen, die optische Signalübertragung mit Lichtwellenleitern.

Mit der Existenz des Lasers als Quelle einer hochstabilen und extrem schmalbandigen, nahezu monochromatischen optischen Strahlung geringer Strahldivergenz war eine entscheidende Voraussetzung zur Anwendung des Lichtes als Träger von Informationen geschaffen. Die für den Laser charakteristische neue Eigenschaft der Kohärenz war dabei zunächst nicht von Bedeutung, sie wird erst dann entscheidend, wenn Überlagerungsempfang mit Zwischenfrequenzbildung zur Weiterverstärkung der Modulation zwecks Steigerung der Empfindlichkeit und Vergrößerung der Streckenlänge oder der Frequenzmultiplexbetrieb mit kleinem Kanalabstand angestrebt wird. Erste Versuche zur optischen Signalübertragung in der freien

Atmosphäre mittels Richtfunkstrecken erwiesen sich als ungeeignet, die witterungsbedingten Störungen waren zu groß, die erreichbaren Streckenlängen zu klein, sie liegen bei 2 km und sind selbst da bei Regen und Schnee nicht stabil. Störungsfrei von äußeren Einflüssen kann sich das Licht in einer als Wellenleiter wirkenden haarfeinen Faser aus einem optisch transparenten Material wie Glas oder Kunststoff ausbreiten. Das Licht wird in diesem Lichtwellenleiter durch den Vorgang der Totalreflexion strahlungsfrei, ohne Brechung in den Mantel, geführt. Mit dem Ausschalten der Brechung durch Totalreflexion ist ein entscheidender Verlustfaktor beseitigt. Das Licht ist im Kern der Faser gefangen, es kann die Kern-Mantel-Grenze nicht durchdringen. Die Dämpfung des Lichtes erfolgt dann nur noch durch interne Energieverluste im Fasermaterial. Diese sind vom Grad der Reinheit des Fasermaterials abhängig. Es gelang bald, optimale Konstruktionsformen für die Faser und eine geeignete Technologie zur Faserproduktion zu finden. Mit synthetisch hergestelltem Glas, das aus der Dampfphase gewonnen wird, können extrem hohe Reinheitsgrade und damit extrem niedrige Dämpfungswerte erreicht werden. In einem erstaunlichen Entwicklungsprozeß konnte die Dämpfung des Glases von dem damaligen Bestwert 1000 dB/km für optische Gläser auf derzeit 0,2 dB/km verbessert werden. So sind große Streckenlängen (bis 300 km) ohne Zwischenverstärker möglich. Bei Anwendung einwelliger Fasern (Monomode-LWL) können durch Wellenlängenabhängigkeit der Lichtgeschwindigkeit im Fasermaterial (Materialdispersion) bedingte störende Laufzeiteffekte sehr klein gehalten und extrem hohe Übertragungskapazitäten erreicht werden. Zur vollen Entfaltung kommen die im Lichtwellenleiter enthaltenen hervorragenden Eigenschaften zur Informationsübertragung bei Anwendung digitaler Modulationsverfahren in Form der Pulscodemodulation. Damit können unter Anwendung von Zwischenverstärkern (Faserverstärker zur direkten optischen Verstärkung oder Repeater zur Verstärkung mit Regeneration des Impulsmusters im elektrischen Bereich) Signale über beliebige Entfernungen ohne Qualitätsverlust übertragen werden.

Der Einsatz der optischen Signalübertragung erfolgt heute weltweit mit besten Ergebnissen. Ein Beispiel für die Leistungsfähigkeit sind zwischen den USA und Europa mit Endstellen in Frankreich, England und der BRD verlegte Transatlantik-Unterwasserkabel. Ein Kabel besteht aus zwei Glasfaserpaaren. Im Zeitmultiplexverfahren können in jede Richtung 60 000 Telefongespräche gleichzeitig übertragen werden. Die Betriebswellenlänge liegt im Dämpfungsminimum der Faser bei 1,55 μm, Repeaterabstand 100 km. Weitverkehrssysteme mit hohen Bitraten arbeiten mit 10 Gbit/s bei einem Verstärkerabstand von 50 km, das bedeutet ein B L-Produkt von 500 (Gbit/s) km. Langstreckenverbindungen mit Glasfaserkabel sind ökonomisch günstiger als Richtfunkstrecken via Nachrichtensatellit. In der Nachrichtentechnik werden Ferngespräche, Rundfunksendungen, Fernsehprogramme und Daten über Lichtwellenleiter störungsfrei in HiFi-Qualität übertragen. Vielfältig ist der Einsatz von Glasfasersystemen in anderen Gebieten der Technik. Hervorzuheben sind insbesondere die Erfolge der faseroptischen Sensortechnik in der Automatisierungs- und Meßtechnik. Bei der technischen Anwendung der Laser zur Materialbearbeitung können LWL zur Verteilung und Führung der Laserstrahlung eingesetzt werden. Die Laserausgangsleistung kann auf mehrere Fasern verteilt und dann über Entfernungen bis zu einigen 10 Metern praktisch verlustfrei zum Einsatzort geführt werden. Je Faser wurden Leistungen bis 1 kW übertragen.

Die beschriebenen Eigenschaften machen die optische Signalübertragung zu einer im hohen Maße zukunftsorientierten Technik. Vielfältig sind Anwendungsmöglichkeiten und Perspektiven, nahezu unbegrenzt ist die Übertragungskapazität, sie kann mittels Frequenzmultiplex unter Anwendung der kohärenten Übertragung bei Überlagerungsempfang mit geringem Kanalabstand jedem beliebigen zukünftigen Bedarf angepaßt werden.

Mit diesem Lehrbuch wird eine Einführung in die physikalischen Grundlagen der optischen Signalübertragung gegeben. Zunächst werden in einer auf das Thema bezogenen Auswahl grundlegende physikalische Phänomene des Lichtes und der Lichtquellen dargestellt. Damit sollen die zum Verständnis der nachfolgenden fachspezifischen Kapitel benötigten Grundkenntnisse der Optik zusammenfassend in geschlossener Form vermittelt werden. Dazu gehört auch die im Kapitel 4 dargestellte kurze Einführung in Funktion, Aufbau, Eigenschaften und Anwendungen des Lasers. Danach werden Lichtwellenleiter, Strahlungsquellen und Strahlungsempfänger der optischen Nachrichtentechnik ausführlich beschrieben. Den Abschluß bildet ein Ausblick in die Technologie der Faserproduktion.

Die umfassende Einführung der optischen Signalübertragung in die Praxis erfordert Ingenieure und Techniker mit den notwendigen Sachkenntnissen. Dabei ist dem physikalischen Grundwissen zum Verständnis dieser neuen Technik eine ganz besondere Bedeutung beizumessen. Die fundierte Kenntnis physikalischer Grundlagen ist unerläßliche Voraussetzung für den erfolgreich tätigen Ingenieur. Physikalische Grundkenntnisse ermöglichen, Vorgänge in Bauelementen und Systemen zu verstehen und zu beurteilen, physikalische Grenzen zu erkennen, Entwicklungsperspektiven abzuschätzen. Zur Ausbildung des erforderlichen hochqualifizierten Fachpersonals soll das vorliegende Buch einen Beitrag leisten. Auf tiefgreifende theoretische Herleitungen wird bewußt verzichtet, es gibt Fachbücher, die sich dieser Aufgabe mit hervorragendem Erfolg widmen und deren Lektüre im weiteren Verlauf des Studiums zu empfehlen ist.

Dieses Buch ist zur Einführung gedacht, es zielt auf die Darstellung der Grundlagen, wie sein Titel zum Ausdruck bringt. Es ergänzt damit andere Lehrbücher, deren Gegenstand vornehmlich der technische Aspekt der optischen Signalübertragung ist. Das Buch ist insbesondere für Studenten zur Einarbeitung in die Problematik vorzüglich geeignet, aber auch Ingenieure und Techniker im Praxiseinsatz und der interessierte Laie werden es mit Gewinn zur Hand nehmen.

2 Physikalische Eigenschaften des Lichtes

2.1 Bestimmung der Eigenschaften des Lichtes durch physikalische Experimente

In der Physik werden die Eigenschaften der zu untersuchenden Objekte durch Experimente bestimmt. Eines der interessantesten physikalischen Objekte mit den überraschendsten Eigenschaften ist das Licht. Mit dem Licht sind viele Experimente ausführbar. Analysiert man alle und ordnet sie, so kann man zwei Gruppen bilden. Die eine Gruppe ist nur zu verstehen und zu erklären, wenn Licht als aus elementaren, mit Masse behafteten Teilchen, den Lichtquanten oder Photonen, bestehend angenommen wird. Die andere Gruppe wird verständlich, wenn dem Licht eine Welleneigenschaft zugesprochen wird. Zu diesen beiden Gruppen gehören die folgenden Vorgänge:

Emission	Interferenz
Absorption	Polarisation
Photoeffekt	Reflexion
Compton-Effekt	Brechung
Paarbildung	Beugung
Gravitation	Streuung
↓	↓
Licht besteht aus Teilchen	Licht besteht aus Wellen

↓

Dualismus
Welle - Teilchen

Aus diesen Experimenten sind folgende Schlußfolgerungen zu ziehen: Licht ist eine elektromagnetische Strahlung mit Wellen- und Teilcheneigenschaft mit gleichartigem physikalischem Verhalten im Wellenlängenintervall von 10 nm bis 1 mm. Das in diesem Wellenlängenbereich übereinstimmende physikalische Verhalten der elektromagnetischen Strahlung wird ergänzt durch gleichartige experimentelle und theoretische Arbeitsmethoden.

Aus diesem weiten Wellenbereich, der 5 Größenordnungen umfaßt, ist es notwendig, einen schmalen Teilbereich herauszuheben, nicht wegen anderer physikalischer Eigenschaften, aber wegen der Tatsache, daß dieser Bereich von unserem Auge empfangen und so die Welt für den Menschen sichtbar wird. Damit wird der Gesamtbereich optischer Wellen in drei Teilbereiche untergliedert.
Licht im physikalischen Sinne, zusamenfassend auch als optische Strahlung bezeichnet, umfaßt die folgenden Wellenlängenbereiche:

UV	Ultraviolett-Bereich	10 nm	bis	400 nm
VB	visueller Bereich	400 nm	bis	800 nm
IR	Infrarot-Bereich	800 nm	bis	1 mm

In Bild 2.1 ist die Lage dieser Bereiche in der Wellenlängenskala anschaulich dargestellt.

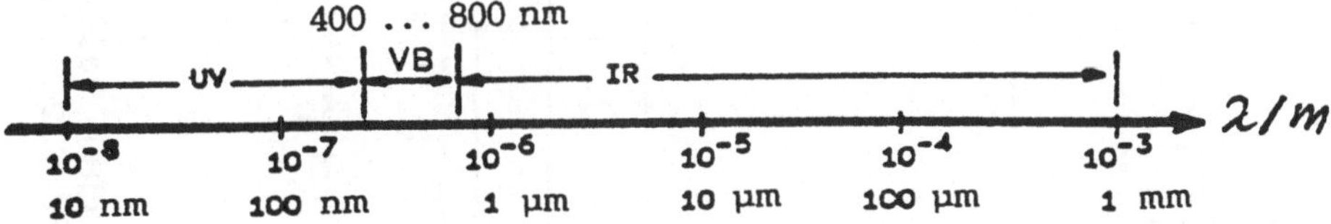

Bild 2.1 Wellenlängenbereiche im optischen Spektralbereich

Die angegebenen Grenzwerte sind als Richtwerte zu verstehen, der Übergang erfolgt nicht sprunghaft, sondern kontinuierlich innerhalb eines begrenzten Intervalls. Bei Wellenlängen kleiner als 10 nm dominiert die Teilcheneigenschaft, bei Wellenlängen größer als 1 mm ist nur noch die Welleneigenschaft zu erkennen. Nur im Bereich der optischen Strahlung von etwa 10 nm bis 1mm sind beide Eigenschaften gleichzeitig nachweisbar und zur Beschreibung der experimentellen Befunde notwendig.

Der optische Spektralbereich ist nur ein Teilbereich des gesamten Spektrums der elektromagnetischen Wellen, das bei Gleichstrom als Grenzfall mit f = 0 Hz beginnt und bis zur kosmischen Strahlung mit etwa $f = 10^{24}$ Hz verläuft. Bild 2.2 zeigt in der oberen Darstellung diesen Gesamtbereich. In der unteren Skizze ist das Intervall 0,2 μm bis 2 μm vergrößert herausgezeichnet. Eingetragen ist hier auch der für die optische Signalübertragung mit Siliciumdioxid-Fasern wichtige Wellenlängenbereich von 0,8 ...1,8 μm mit dem optimalen Übertragungsbereich von 1,2 μm bis 1,6 μm. In diesem Bereich sind die Übertragungseigenschaften der Glasfaser besonders günstig: Die Dämpfung erreicht bei 1,55 μm einen Minimalwert von 0,2 dB/km und die Impulsdispersion wird bei einer Wellenlänge von 1,27 μm zu Null.

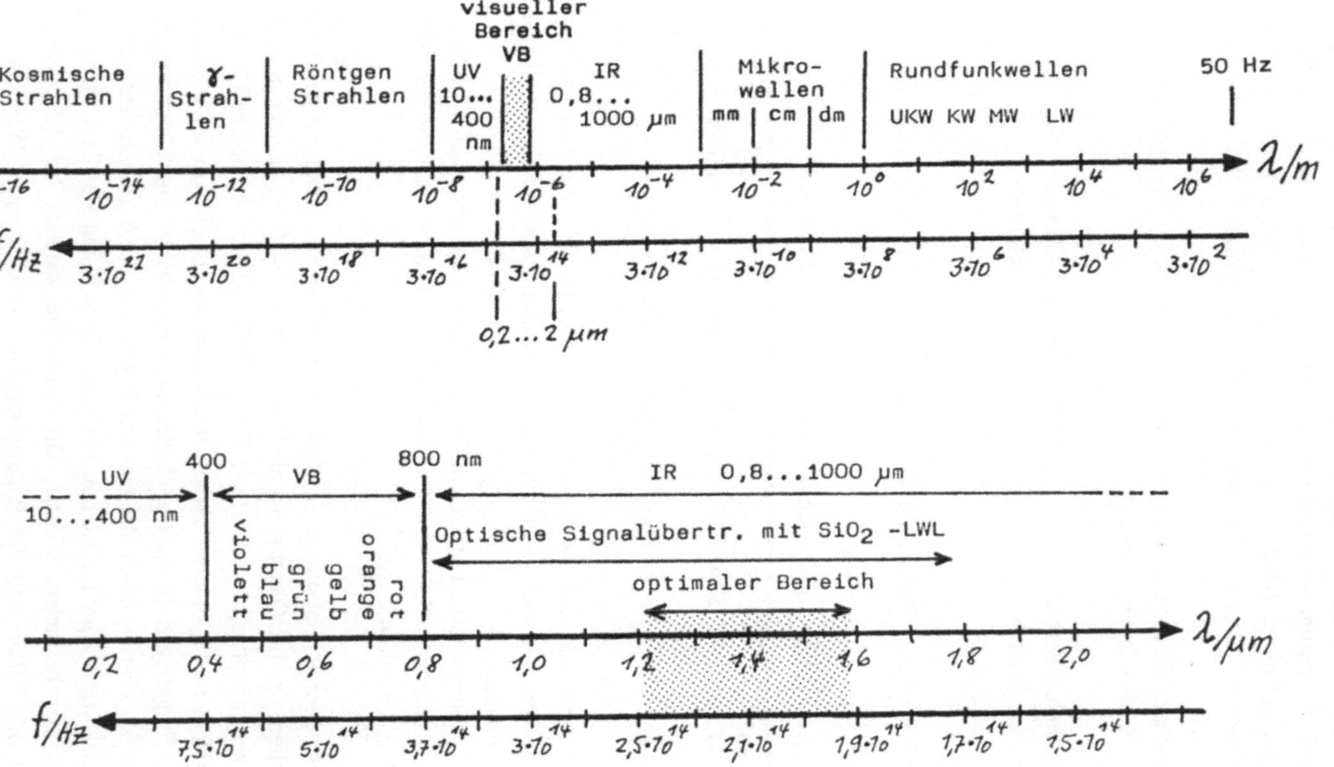

Bild 2.2 oben: Spektrum der elektromagnetischen Wellen
unten: Teilbereich des Spektrums für 0,2... 2 µm

2.2 Dualismus Welle - Korpuskel

Je nach Art des Experimentes ist zur Beschreibung der Vorgänge das Licht als eine elektromagnetische Welle oder als eine aus Energiequanten bestehende Teilchenstrahlung aufzufassen. Die Wellentheorie beschreibt alle Erscheinungen der Lichtausbreitung, die Quantentheorie die Wechselwirkung zwischen Licht und Stoff. Wenn ein Lichtquant sowohl Welle als auch Teilchen ist, dann muß es auch die für beide Begriffe charakteristischen physikalischen Größen gleichzeitig haben: Es muß sowohl Masse und Impuls als auch Wellenlänge und Frequenz aufweisen. Übergreifende, beiden Modellen angehörende Größen sind Energie und Ausbreitungsgeschwindigkeit. Das Licht ist Bestandteil des Spektrums der elektromagnetischen Wellen, die Ausbreitungsgeschwingkeit des Lichtes ist identisch mit der für alle elektromagnetischen Wellen geltenden gleichen Geschwindigkeit. Unabhängig von der Frequenz gilt für alle elektromagnetischen Wellen im Vakuum und gleichlautend auch in Luft der Näherungswert $c_0 = 3 \cdot 10^8$ m/s. Aber nur im Vakuum hat die Lichtgeschwindigkeit einen konstanten, wellenlängenunabhängigen Wert. Bei Ausbreitung des Lichtes im transparenten Medium, zum Beispiel im Lichtwellenleiter, ist eine durch die Brechzahl des Mediums bedingte Wellenlängenabhängigkeit vorhanden. Eine ausführliche Darstellung der wichtigen physikalischen Größe Lichtgeschwindigkeit und ihrer großen Bedeutung insbesondere für die optische Signalübertragung folgt in den Abschnitten 2.5 und 2.6 bei der Diskussion der Begriffe Dispersion sowie Phasen- und Gruppengeschwindigkeit.

Lichtquanten sind Welle und Teilchen zugleich. Jede Welle ist mit einem Energietransport verbunden, jeder Masse entspricht ein äquivalenter Energiebetrag. Die Energiebeträge müssen für ein Lichtquant identisch sein. Zur Berechnung der Energie der Lichtquanten gelten daher zwei fundamentale Beziehungen , die von der Welleneigenschaft Frequenz und von der Teilcheneigenschaft Masse ausgehen. Die erste Gleichung wurde von Max Planck im Jahre 1900 bei der Untersuchung der Strahlung des Schwarzen Körpers formuliert, die zweite Gleichung wurde von Albert Einstein im Rahmen seiner Arbeiten an der Relativitätstheorie aufgestellt:

$$W = hf = \frac{hc}{\lambda} \tag{2.1}$$

$$W = mc^2 \tag{2.2}$$

Die in der ersten Gleichung auftretende Größe h ist eine universelle Naturkonstante mit dem Wert $h = 6{,}63 \cdot 10^{-34}$ Js. Sie wird als Plancksches elementares Wirkungsquantum bezeichnet. Mit diesen beiden Gleichungen kann mathematisch der Zusammenhang zwischen Wellen- und

Teilchenbild gezeigt werden bzw. der Übergang zwischen beiden Bildern erfolgen. Werden beide Beziehungen gleichgesetzt:

$$mc^2 = hf = \frac{hc}{\lambda}$$

so folgen für Masse m und Impuls p der Quanten die Gleichungen:

$$m = \frac{hf}{c^2} = \frac{h}{\lambda c} \qquad (2.3)$$

$$p = mc = \frac{hf}{c} = \frac{h}{\lambda} \qquad (2.4)$$

Mit diesen Gleichungen werden die Teilchengrößen Masse und Impuls als Funktion der Wellengrößen Frequenz und Wellenlänge beschrieben. Umgekehrt folgen die Wellengrößen aus den Teilchengrößen mit Hilfe der Beziehungen:

$$\lambda = \frac{h}{mc} = \frac{h}{p} \qquad (2.5)$$

$$f = \frac{mc^2}{h} = \frac{pc}{h} \qquad (2.6)$$

Noch eine weitere überraschende Eigenschaft rundet das Bild der Lichtquanten: Ihre Ruhemasse ist Null. Mathematisch findet man diesen Sachverhalt aus einer von Einstein angegebenen Gleichung, nach der die Masse eines Körpers von seiner Geschwindigkeit abhängt. Ist m_0 die Ruhemasse für $v = 0$ und m die Masse bei der Geschwindigkeit v (Impulsmasse), so gilt:

$$m = \frac{m_0}{\sqrt{1 - \left(\frac{v}{c}\right)^2}} \qquad (2.7)$$

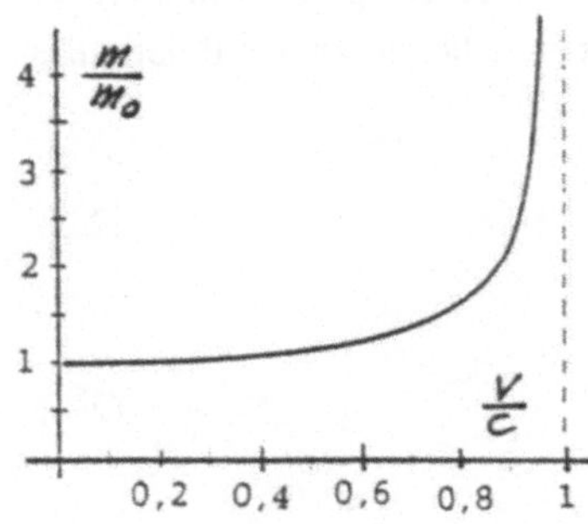

Bild 2.3 Relativistische Masse

In Bild 2.3 ist Gl.(2.7) grafisch dargestellt. Man erkennt, daß bei Geschwindigkeiten, die klein im Vergleich zur Lichtgeschwindigkeit sind, die Masse eines Körpers praktisch eine konstante Größe ist. Das ist eine Tatsache, die wir im täglichen Leben als selbstverständlich akzeptieren, und auf der die gesamte von Newton begründete "klassische" Physik aufbaut.

Mit wachsender Geschwindigkeit jedoch wird diese Aussage der klassischen Physik ungültig. Mit der Geschwindigkeit des Körpers wächst seine Masse, zunächst nur langsam, dann jedoch bei Annäherung an die Lichtgeschwindigkeit steil ansteigend. Das ist der Bereich der von Einstein begründeten "relativistischen" Physik, die Welt der hohen Geschwindigkeiten, in der die Aussagen der Newtonschen Physik nicht zutreffen und andere physikalische Gesetze bestimmend sind.

Für die Ruhemasse eines Körpers folgt aus Gl.(2.7)

$$m_0 = m \sqrt{1 - \left(\frac{v}{c}\right)^2}$$

Auf Lichtquanten angewendet liefert diese Gleichung mit $v = c$ die Aussage $m_0 = 0$. Damit ist mathematisch bestätigt, daß Lichtquanten keine Ruhemasse haben. Aber auch ihre Masse bei Ausbreitung mit Lichtgeschwindigkeit ist nicht konstant, sondern nach Gl.(2.3) der Frequenz proportional. Ebenso wie die Energie der Lichtquanten nach Gl.(2.1) von Frequenz bzw. Wellenlänge abhängig ist, haben nach Gl.(2.3) Quanten unterschiedlicher Frequenz auch unterschiedliche Massen. Energie und Masse der Lichtquanten sind eine lineare Funktion der Frequenz, während die Abhängigkeit von der Wellenlänge dem Verlauf einer Hyperbelfunktion folgt. Für Photonen tiefer Frequenz geht m gegen Null. Daher ist im Rundfunkbereich die Masse der Strahlungsquanten nicht nachweisbar und die Welleneigenschaft die dominierende Größe. Bei Photonen sehr hoher Frequenz, zum Beispiel im Bereich der Höhenstrahlung, ist die Welleneigenschaft nicht mehr erkennbar, hier entscheiden nur Masse und Impuls.

Die zunächst überraschende Tatsache, daß Lichtquanten keine Ruhemasse haben, wird verständlich, wenn ihre Wellennatur berücksichtigt wird. Da es keine ruhenden Wellen gibt, kann es auch keine ruhenden Lichtquanten geben, ihre Ruhemasse muß Null sein. Lichtquanten existieren ebenso wie Wellen nur im bewegten Zustand.

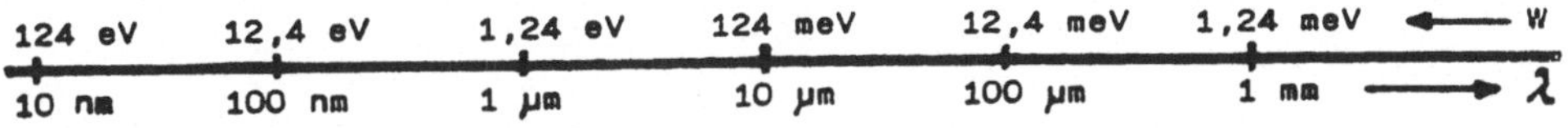

124 eV	12,4 eV	1,24 eV	124 meV	12,4 meV	1,24 meV	← W
10 nm	100 nm	1 µm	10 µm	100 µm	1 mm	→ λ

Bild 2.4 Lichtwellenlänge und Quantenenergie in eV

Die gemäß $W = hc/\lambda$ im Bereich der optischen Strahlung auftretende Photonenenergie in der Energieeinheit eV zeigt Bild 2.4 in einer orientierenden Übersicht. Dem Wellenbereich von 10 nm bis 1 mm entspricht ein Energiebereich von 124 eV bis 1,24 meV.

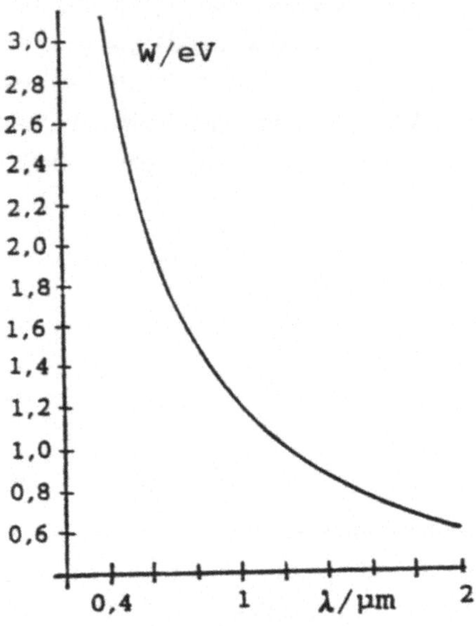

Bild 2.5 Quantenenergie im Intervall $\lambda = 0{,}4 \ldots 2$ μm

Für den in der optischen Signalübertragung mit Siliciumdioxidlichtwellenleitern interessierenden Wellenlängenbereich von (0,5 ...2) μm bzw. Frequenzbereich von $(1{,}5 \ldots 6)\cdot 10^{14}$ Hz ist die den Lichtquanten zugeordnete Energie als Funktion der Wellenlänge aus Bild 2.5 zu entnehmen.

Als Richtwert zur Groborientierung gilt für den Bereich der optischen Signalübertragung mit Quarzglasfasern die Wellenlänge $\lambda = 1\mu m$ bzw. die Frequenz $f = 3\cdot 10^{14}$ Hz. Dem entspricht für die Energie der Lichtquanten der Richtwert $W = 20\cdot 10^{-20}$ J = 1,24 eV, und die Masse der Quanten ist bei dieser Wellenlänge $m = hf/c^2 = W/c^2 = 2{,}22\cdot 10^{-36}$ kg. Das ist etwa um den Faktor 10^{-6} weniger als die Ruhemasse des Elektrons, die den Wert $m = 9{,}1\cdot 10^{-31}$ kg hat. Bei Quanten im Bereich der Gammastrahlung ist die Masse beider Objekte von gleicher Größe. Bei noch höheren Frequenzen ist die Masse des Photons größer als die Masse des Elektrons.

Die Energie wird in der Physik in der SI-Einheit Joule (J) angegeben. Daneben ist in speziellen Arbeitsbereichen, insbesondere in der Optik, der Atom- und Halbleiterphysik, aus praktischen Gründen noch die SI-fremde Energieeinheit Elektronenvolt (eV) üblich. Es ist 1 eV die Energie, die ein freies Elektron im Vakuum nach Durchlaufen einer Potentialdifferenz von 1 Volt erreicht: $W = Q\cdot U = 1{,}6\cdot 10^{-19}\ \mathrm{As}\cdot 1\mathrm{V} = 1{,}6\cdot 10^{-19}\ \mathrm{J} = 1\ \mathrm{eV}$. Also gilt zur Umrechnung der Energieeinheiten:

$$1\ \mathrm{eV} = 1{,}6\cdot 10^{-19}\ \mathrm{J} \qquad \text{oder} \qquad 1\ \mathrm{J} = 6{,}25\cdot 10^{18}\ \mathrm{eV}$$

2.3 Vorgänge, die mit Hilfe der Teilcheneigenschaft des Lichtes beschrieben werden

Die Teilchen- oder Quantenstruktur des Lichtes wird deutlich bei allen mit Energieaustausch verbundenen Vorgängen der Wechselwirkung von Licht und Stoff. Dazu gehören Absorption und Emission des Lichtes, äußerer und innerer Photoeffekt, Comptoneffekt, Paarbildung und die Wirkung der Gravitation auf Lichtquanten. In den folgenden Abschnitten sollen diese im Gegensatz zur Wellenoptik zusammenfassend auch als Quantenoptik bezeichneten Erscheinungen des Lichtes beschrieben werden.

2.3.1 Absorption und Emission von Licht

Absorption und Emission von Licht sind Vorgänge der Wechselwirkung des Lichtes mit dem atomaren Energiesystem eines Stoffes nach Bild 2.6. Atomare Systeme sind durch diskrete, gequantelte Energiestufen charakterisiert. Energie kann in diesen Systemen nicht in beliebigen, kontinuierlichen Werten gespeichert werden, sondern nur in wohldefinierten Portionen, die durch den vorgegebenen materialcharakteristischen Stufenabstand bestimmt sind. Bild 2.6 zeigt das Energiediagramm des Stoffes in einer vereinfachten Form, tatsächlich sind eine Vielzahl von Stufen mit unterschiedlichen Energiedifferenzen vorhanden.

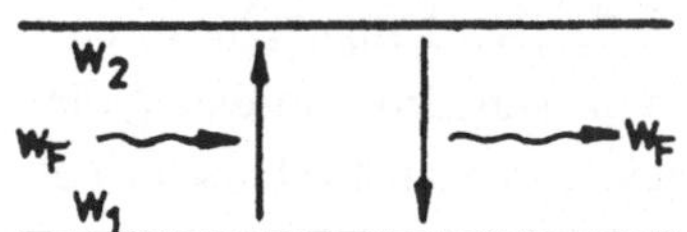

W_1 = Energiegrundzustand
W_2 = angeregter Energiezustamd
ΔW = Differenz der Energiezustände

Bild 2.6 Absorption und Emission von Lichtquanten durch Energieaustausch mit atomaren Systemen

Diese Vorgänge des Energieaustausches zwischen Licht und Stoff werden verständlich und der experimentelle Befund wird mathematisch beschreibbar, wenn das Licht als aus Quanten der Energie $W_F = hf = hc/\lambda$ bestehend angenommen wird. Absorption von Licht ist möglich, wenn die Quantenenergie genau der Energiedifferenz im Energiediagramm entspricht. Das atomare System wird durch Aufnahme der Quantenenergie aus dem Grundzustand mit der Energie W_1 in den angeregten Zustand mit der Energie $W_2 = W_1 + W_F$ gebracht. Bei der Emission von Licht verläuft der Vorgang in umgekehrter Richtung: Ein angeregtes atomares System der Energie W_2 emittiert ein Lichtquant und geht dabei in den

Energiegrundzustand $W_1 = W_2 - W_F$ über. Die Energiedifferenz $\Delta W = W_2 - W_1 = W_F$ ist die Energie des abgestrahlten Photons. Für beide Vorgänge gilt die Energiebilanz:

$$\Delta W = W_F = hf = \frac{hc}{\lambda} \tag{2.8}$$

Aus dieser Grundbeziehung folgen als Bedingung für Frequenz und Wellenlänge des Lichtes bei Absorption und Emission von Lichtquanten:

$$f = \frac{\Delta W}{h} \qquad \lambda = \frac{hc}{\Delta W} \tag{2.9}$$

oder praxisorientiert als zugeschnittene Größengleichung, wobei ΔW in eV einzusetzen ist:

$$\frac{f}{\mathrm{Hz}} = 2{,}42 \cdot 10^{14} \frac{\Delta W}{\mathrm{eV}} \qquad \frac{\lambda}{\mu\mathrm{m}} = \frac{1{,}24}{\Delta W/\mathrm{eV}} \tag{2.10}$$

Licht entsteht in den Atomen und Molekülen eines Stoffes, und es besteht aus kleinen elementaren Energieportionen, den Lichtquanten oder Photonen. Der Energieinhalt der atomaren Systeme ist diskontinuierlich, es sind nur diskrete Energiestufen möglich. Bei Emission oder Absorption von Licht erfolgen Übergänge zwischen den diskreten atomaren Energiestufen. Die Energiedifferenz ist gleich der Energie des emittierten oder absorbierten Lichtquants. Die Abstrahlung der Lichtquanten geschieht sprunghaft in einem extrem kurzzeitigen Emissionsakt. Die Ausbreitung der Quanten erfolgt mit Lichtgeschwindigkeit in Form kurzer elektromagnetischer Wellenzüge nach Bild 2.7. Die Länge eines solchen elementaren Lichtquanten-Wellenzuges liegt bei einigen Metern. Die Größenordnung dieses Wertes ist leicht abzuschätzen aus der Dauer eines Emissionsaktes, der meßtechnisch zu etwa 10^{-8} s bestimmt wurde. Mit dem Wert der Lichtgeschwindigkeit folgt dann für die Länge der in dieser Zeit ausgestrahlten Photonenwelle der Richtwert:

$$L = ct = 3 \cdot 10^8\ \mathrm{m/s} \cdot 10^{-8}\ \mathrm{s} = 3\,\mathrm{m} \tag{2.11}$$

Die in dieser elementaren Photonenwelle enthaltene Anzahl von Wellenlängen folgt aus $z = L/\lambda$. Für den Richtwert $\lambda = 1\ \mu\mathrm{m}$ wird $z = 3 \cdot 10^6$. Von dieser Photonenwelle wird die Energie $W = hc/\lambda = 1{,}24\,\mathrm{eV}$ transportiert. Die Masse ist $m = h/c\lambda = 2{,}21 \cdot 10^{-36}\,\mathrm{kg}$.

Die von einer Lichtquelle insgesamt ausgehende optische Strahlung besteht aus einem Strom von Lichtquanten. Ist z die Anzahl der beteiligten Lichtquanten, so folgt die im Strahlungsfeld enthaltene Gesamtenergie als Summe der Quantenenergien zu $W = z W_F = z h f$. Wird von einer Quelle die optische Leistung P abgestrahlt, so werden in einer Sekunde $z = Pt/hf = \lambda P t/hc$ Photonen emittiert. Bei einer Wellenlänge von 1 μm besteht die Leistung von 1 mW aus $5 \cdot 10^{15}$ Photonen je Sekunde.

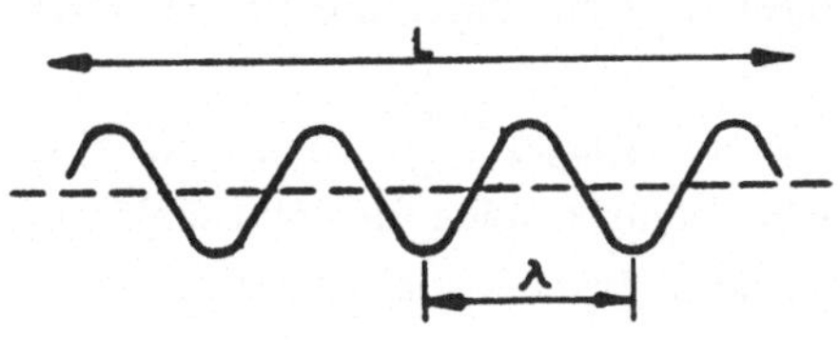

Bild 2.7 Elementare Photonenwelle der Länge L = 3 m

Die in Gl (2.10) angegebenen zugeschnittenen Größengleichungen folgen aus den Gleichungen (2.9), indem die Größen h und c mit Zahlenwert und Einheit eingesetzt werden und zudem für die Energieeinheit J die Umrechnungsbeziehung zu eV beachtet wird.

2.3.2 Äußerer Photoeffekt

Der äußere Photoeffekt betrifft die Ablösung von Elektronen aus Metalloberflächen durch Licht. Besonders geeignet sind Metalle, deren Atome oder Moleküle in der äußeren Atomhülle ein nur leicht gebundenes Valenzelektron haben, wie Natrium, Kalium und Caesium. Die Prinzipanordnung und die experimentellen Ergebnisse sind in Bild 2.8 dargestellt. Katode K und die ring- oder netzförmig ausgebildete Anode A befinden sich als Elektroden in einem evakuierten Glasgefäß.

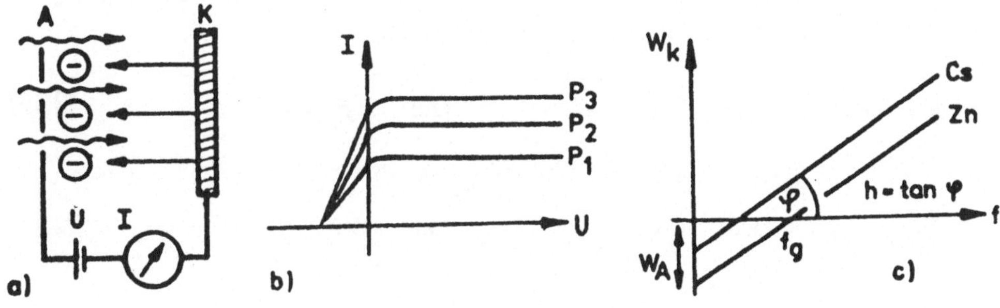

Bild 2.8 Prinzipanordnung und experimentelles Ergebnis für den äußeren Photoeffekt
a) Photokatode K und Anode A im evakuierten Glaskolben
b) Photostrom bei verschiedenen Lichtleistungen $P_1 < P_2 < P_3$
c) kinetische Energie der abgelösten Elektronen als Funktion der Lichtfrequenz

Werden Leistung und Frequenz des auffallenden Lichtes verändert, so ändert sich die Anzahl der abgelösten Elektronen und deren Geschwindigkeit und damit die kinetische Energie, mit der sie die Metalloberfläche verlassen. Drei experimentelle Befunde sind entscheidend:

1 Die Anzahl der freigesetzten Elektronen (die Photostromstärke) wird nur durch die Leistung der optischen Strahlung bestimmt.

2 Die kinetische Energie der freigesetzten Elektronen wird nur durch die Frequenz der Strahlung bestimmt.

3 Die Freisetzung der Elektronen erfolgt nur für eine ausreichend hohe Lichtfrequenz, es muß $f \geq f_g$ sein. Für $f < f_g$ ist auch bei hohen Lichtleistungen keine Elektronenablösung zu beobachten. Die Grenzfrequenz f_g erweist sich dabei als eine materialabhängige Größe.

Eine Beschreibung dieser Vorgänge mit Hilfe der Wellentheorie des Lichtes ist nicht möglich. Die theoretische Erklärung des äußeren Photoeffektes gelang Einstein im Jahre 1905 mit Hilfe der von Planck eingeführten Lichtquantenhypothese. Nach Einstein gilt für die Energiebilanz des äußeren Photoeffektes, wenn W_A die Ablösearbeit aus der Metalloberfläche für ein Elektron und W_k die kinetische Energie des abgelösten Elektrons bedeuten:

$$\begin{aligned} W_F &= W_A + W_k \\ hf &= W_A + \frac{1}{2}mv^2 \end{aligned} \tag{2.12}$$

Damit folgt, daß der äußere Photoeffekt nur für $W_F \geq W_A$ möglich ist. Die dem Elektron erteilte kinetische Energie ist die Differenz aus Photonenenergie und Ablösearbeit W_A. Für Grenzfrequenz und Grenzwellenlänge gilt mit $W_k = 0$:

$$hf \geq W_A \quad \text{also} \quad f \geq \frac{W_A}{h} = f_g \quad \text{und} \quad f_g = \frac{W_A}{h} \tag{2.13}$$

$$\frac{hc}{\lambda} \geq W_A \quad \text{also} \quad \lambda \leq \frac{hc}{W_A} = \lambda_g \quad \text{und} \quad \lambda_g = \frac{hc}{W_A} \tag{2.14}$$

Der äußere Photoeffekt ist nur möglich, wenn Frequenz und Wellenlänge die mit W_A materialabhängige Bedingung $f \geq f_g = W_A/h$ und $\lambda \leq \lambda_g = hc/W_A$ erfüllen. Nach Bild 2.8c bietet der äußere Photoeffekt eine einfache Möglichkeit, die Naturkonstante h aus dem Anstieg der experimentell ermittelten Geraden zu bestimmen:

$$h = \tan\varphi = \frac{\Delta W_k}{\Delta f} \tag{2.15}$$

Der äußere Photoeffekt findet in Photozellen und Sekundärelektronenvervielfachern technische Anwendung.

2.3.3 Innerer Photoeffekt

Der innere Photoeffekt beschreibt die Bildung freier Elektronen im Leitungsband eines Halbleiters bei Einwirkung von Licht. Im Energiediagramm eines Halbleiters wird der Energiegrundzustand W_1 durch das Valenzband VB und der angeregte Energiezustand W_2 durch das Leitungsband LB dargestellt. Die Energiebandlücke ΔW zwischen Valenzband und Leitungsband hat für Halbleiter einen Betrag in der Größenordnung von 1 eV und liegt somit im Bereich der Energie optischer Strahlungsquanten. Damit besteht die Möglichkeit der Wechselwirkung von Lichtquanten und atomarem Energiesystem eines Halbleiters. Beim inneren Photoeffekt wird ein Photon im Halbleiter absorbiert, indem unter Einsatz der Energie dieses Photons ein Valenzelektron aus der Atombindung herausgelöst und damit aus dem Valenzband ins energetisch höhere Leitungsband gehoben wird. In diesem Zustand ist es dem Einfluß des Atomkerns entzogen, es ist im Halbleiter frei beweglich und hat als Leitungselektron eine neue Qualität angenommen. Bei diesem Anregungsvorgang wird die Quantenenergie in Form des angeregten Elektrons im atomaren Energiesystem des Halbleiters gespeichert (Bild 2.9).

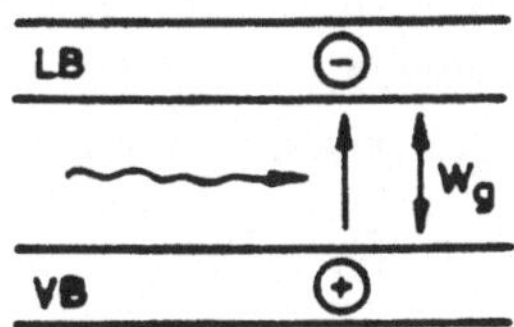

Bild 2.9
Energiestufen eines Halbleiters mit Bandabstand W_g

Bei Photonenabsorption wird ein Elektron aus der Atombindung herausgelöst und in ein freies Leitungselektron umgewandelt. Im Energiediagramm wird dieser Vorgang durch den Übergang des Elektrons aus dem Valenzband ins Leitungsband beschrieben.

Aus der Energiebilanz dieses Vorganges sind Bedingungen für Frequenz und Wellenlänge der Lichtquanten ableitbar. Der Anregungsvorgang durch Photonenabsorption kann nur ablaufen, wenn $\Delta W \geq W_g$ ist. Das $\geq$ Zeichen ist dabei durch die breiten Energiebänder des Halbleiters bedingt, während W_g den inneren Abstand der Bandkanten, also die Mindestenergie der Lichtquanten bedeutet. Somit gilt:

$$W_F = hf = \frac{hc}{\lambda} \geq \Delta W$$ und daraus folgt:

$$f \geq \frac{\Delta W}{h} = f_g \qquad \text{mit} \qquad f_g = \frac{\Delta W}{h} \tag{2.16}$$

$$\lambda \leq \frac{hc}{\Delta W} = \lambda_g \qquad \text{mit} \qquad \lambda_g = \frac{hc}{\Delta W} \tag{2.17}$$

Der innere Photoeffekt ist nur möglich, wenn die Wellenlänge der optischen Strahlung kleiner als λ_g ist, wobei λ_g infolge ΔW eine materialcharakteristische Grenze bedeutet. Für Silicium liegt diese Grenze mit $\Delta W = 1,1$ eV bei $\lambda_g = 1,1\ \mu$m, für Germanium mit $\Delta W = 0,67$ eV ist $\lambda_g = 1,85\ \mu$m.

Beim beschriebenen Anregungsvorgang entsteht im Leitungsband ein aus dem Wirkungsbereich des Atoms herausgelöstes, im Halbleiter frei bewegliches Leitungselektron.
Im Valenzband verbleibt im Atomrumpf ein leerer Platz an der bisherigen Stelle des Elektrons. Dieser freie Platz im Valenzband wird als Defektelektron oder Loch bezeichnet. Durch Umbesetzen von Elektronen verändert dieses Loch seine Position, ohne dabei den Energiebereich des Valenzbandes zu verlassen. Unter der Wirkung eines elektrischen Feldes verhält es sich wie ein positiver Ladungsträger. Elektron und Loch bilden ein Ladungsträgerpaar, im Energiezustand um den Bandabstand W_g getrennt. Beide sind zur Stromleitung im Halbleiter geeignet. Dementsprechend ist in Halbleitern zwischen Elektronen- und Löcherleitung, kurz n- und p-Leitung, zu unterscheiden.

Während beim äußeren Photoeffekt die gebildeten freien Elektronen die Metalloberfläche verlassen und ins umgebende Vakuum übergehen, verbleiben beim inneren Photoeffekt die aus dem Atomverband herausgelösten Elektronen im Halbleitermaterial, sind aber als Leitungselektronen im Materialvolumen frei beweglich und folgen einem angelegten elektrischern Feld als Photostrom.

Seine technische Anwendung findet der innere Photoeffekt in optischen Strahlungsempfängern in Form von Photodioden, Phototransistoren und Photowiderständen.

2.3.4 Compton-Effekt

Der Compton-Effekt beschreibt die Richtungs- und Wellenlängenänderung eines Photons beim Stoßprozeß mit einem freien oder lose gebundenen Elektron; von Compton 1922 entdeckt. Den Vorgang zeigt Bild 2.10.

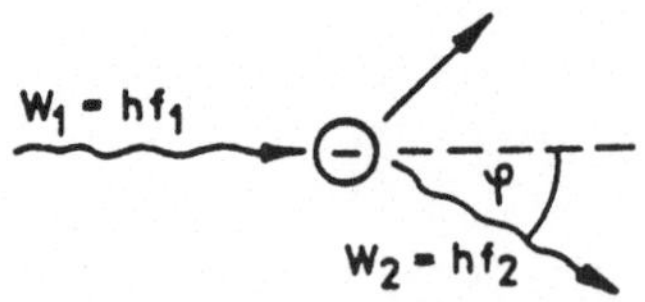

Bild 2.10
Richtungs- und Frequenzänderung eines Photons beim Stoß mit einem Elektron

Ein Photon mit der Energie $W_1 = hf_1 = hc/\lambda_1$ wird beim Stoß mit einem freien Elektron um den Winkel φ aus seiner Bewegungsrichtung abgelenkt, das zuvor ruhende Elektron wird in der angegebenen Richtung fortgeschleudert. Beim Stoß wird Energie vom Lichtquant auf das

Elektron übertragen, das Photon hat nach dem Stoß die kleinere Energie $W_2 = hf_2 = hc/\lambda_2$. Die Energiedifferenz wird in kinetische Energie des Elektrons umgewandelt, es wird mit $W_k = ½mv^2$ abgestoßen. Die Energieabnahme des Photons muß zu einer Abnahme seiner Frequenz und zu einer Vergrößerung seiner Wellenlänge führen. Der Vorgang ist durch Anwendung von Energie- und Impulssatz der klassischen Punktmechanik beschreibbar. Die Lösung lautet mit m = Masse des Elektrons:

$$\Delta\lambda = \frac{h}{mc}(1 - \cos\varphi) = \lambda_c (1 - \cos\varphi) \qquad (2.18)$$

Der konstante Faktor λ_C wird als Compton-Wellenlänge bezeichnet:

$$\lambda_c = \frac{h}{mc} = 2{,}426 \cdot 10^{-12}\ \mathrm{m} \qquad (2.19)$$

Durch die Energieabgabe vergrößert sich die Wellenlänge des Photons um einen Betrag, der nach Gl.(2.18) nur vom Streuwinkel φ abhängig ist. Die größte Wellenlängenänderung erfolgt beim zentralen Stoß mit $\varphi = \pi$ (Rückstreuung) zu $\Delta\lambda = 2\lambda_C$.

Der Compton-Effekt ist ein überzeugender Beweis der Teilchenstruktur des Lichtes. Photon und Elektron verhalten sich hier wie Billardkugeln, sie haben Masse und Impuls und folgen den Gesetzen der klassischen Mechanik. Aus der Perspektive der Wellentheorie bleibt dieser Effekt unverständlich.

2.3.5 Paarbildung und Paarzerstrahlung

Paarbildung und Paarzerstrahlung sind Vorgänge, bei denen die Umwandlung eines Photons in ein Antiteilchenpaar und umgekehrt erfolgt.

Wird mit zunehmender Frequenz die Energie W = hf der Lichtquanten doppelt so groß wie die Ruheenergie $W = mc^2 = 81{,}87 \cdot 10^{-15}$ J = 511 keV eines Elektrons, so kann die Umwandlung eines Photons in ein aus Elektron und Positron bestehendes Antiteilchenpaar erfolgen. Da die Masse der Antiteilchen gleich groß ist, lautet die Energiebilanz:

$$W_F = W_e + W_p = 2\,W_e$$
$$hf = 2\,m_e c^2 = 1{,}22\ \mathrm{MeV}$$

Ist die Quantenenergie größer, so geht der Restbetrag in kinetische Energie der Teilchen über. Als Folge des Impulserhaltungssatzes werden beide Teilchen so auseinandergeschleudert, das die Gesamtimpulsänderung Null ist.

Der Vorgang ist umkehrbar. Die Umkehrung der Paarerzeugung ist die Paarvernichtung. Treten Elektron und Positron in gegenseitigen Kontakt, so erfolgt die Umwandlung ihrer

Massen in Strahlungsenergie (Zerstrahlung der Masse), die Summe der Ladungen wird Null. Dabei entstehen als Folge des Impulssatzes zwei Photonen:

$$W_e + W_p = 2\ W_F$$
$$2\ m_e c^2 = 2\ hf$$

Da neben dem Energieerhaltungssatz auch der Impulserhaltungssatz erfüllt sein muß, müssen bei der Paarvernichtung zwei Photonen entstehen, die in entgegengesetzter Richtung, also mit entgegengesetzt gleich großem Impuls auseinanderfliegen. Die Gesamtimpulsänderung ist dann Null, der Impulssatz ist erfüllt. Die Energie jedes Photons ist 511 keV.

Bild 2.11 Paarerzeugung und Paarvernichtung unter Beteiligung von Quanten hoher Energie

Paarerzeugung und Paarvernichtung verlaufen unter strenger Gültigkeit der Erhaltungssätze von Ladung, Energie und Impuls und lassen damit wiederum die Teilchenstruktur des Lichtes erkennen. Der Vorgang der Paarerzeugung erfordert hohe Energien, also Quanten hoher Frequenz. Der Mindestwert der Photonenfrequenz folgt zu

$$f = 2\ mc^2/h = 1{,}22\ \text{MeV} / 6{,}63 \cdot 10^{-34}\ \text{Js} = 10^6\ \text{eV} / 41{,}37 \cdot 10^{-16}\ \text{eV} = 2{,}24 \cdot 10^{20}\ \text{Hz}$$

Zur Paarerzeugung sind also γ-Quanten erforderlich. Die Vorgänge der Paarerzeugung und der Paarvernichtung sind in Bild 2.11 im prinzipiellen Ablauf schematisch dargestellt.

2.3.6 Gravitationswirkung auf Lichtquanten

Wenn Photonen eine Masse besitzen, so müssen sie im Gravitationsfeld einer Kraftwirkung unterliegen. Dieser Effekt wurde 1960 von Pound und Rebka experimentell nachgewiesen. Quanten der Frequenz f_1, Energie $W_1 = hf_1$, wurden senkrecht nach oben gestrahlt und in $H = 45$ m Höhe wieder aufgefangen. Gemessen wurde nun eine Frequenz $f_2 < f_1$. Die Energie der Quanten ist also kleiner geworden, sie beträgt jetzt $W_2 = hf_2$. Nach dem Energiesatz muß die Energiedifferenz des Photons in potentielle Energie der um H angehobenen Photonenmasse umgewandelt worden sein. In einer kleinen Rechnung kann der Vorgang mathematisch erfaßt werden:

$$\Delta W = W_1 - W_2 = W_p$$

$$hf_1 - hf_2 = mgH$$

$$h\,\Delta f = mgH$$

Ferner gilt:

$$W = mc^2 = hf\text{, also}$$

$$f = \frac{mc^2}{h}$$

Für die relative Frequenzänderung der Photonen gilt damit die Gleichung: $\Delta f/f = gH/c^2$. Im vorliegenden Fall mit H = 45 m folgt daraus ein Erwartungswert von $\Delta f/f = 5 \cdot 10^{-15}$. Derart kleine Frequenzänderungen sind mit Hilfe des Mößbauer-Effektes meßbar. Der von Pound und Rebka ermittelte Meßwert stimmt mit dem theoretisch zu erwartenden innerhalb einer Fehlergrenze von 1% überein.

Ein weiterer Vorgang, bei dem Lichtquanten Gravitationswirkungen unterliegen, ist in der Astronomie zu beobachten. Siehe dazu Bild 2.12. Licht eines fernen Sternes im Ort A wird, sobald die Sonne die Beobachtungsrichtung kreuzt, abgelenkt, der Lichtstrahl wird durch die Kraftwirkung im Gravitationsfeld der Sonne gekrümmt. Dadurch verändert sich bei irdischer Beobachtung scheinbar der Ort des Sternes vom tatsächlichen Ort A zum scheinbaren Ort B. Eigentlich dürfte der Stern am Ort A in der in Bild 2.12 skizzierten Situation von der Erde her nicht sichtbar sein, da er von der Sonne verdeckt wird. Tatsächlich ist der Stern sichtbar, er verschiebt sich in einem kleinen Winkelbereich synchron zum Lauf der Sonne langsam bis zum Ort B. Nach Weiterlauf der Sonne erscheint der Stern wieder am gewohnten Ort A. Auch dieser Sachverhalt der Kraftwirkung auf Lichtquanten im Gravitationsfeld der Sonne, der theoretisch von Einstein im Zuge seiner Relativitätstheorie vorhergesagt wurde, ist meßtechnisch bestätigt. Auch damit erweist sich die Annahme, daß Lichtquanten eine Masse haben müssen, als richtig und notwendig.

Bild 2.12
Gekrümmter Lichtstrahl infolge Gravitationswirkung der Sonne
E Erde S Sonne

2.4 Vorgänge, die mit Hilfe der Welleneigenschaft des Lichtes beschrieben werden

Alle Erscheinungen, die die Welleneigenschaft des Lichtes bestätigen, werden unter der Bezeichnung "Wellenoptik" zusammengefaßt. Von hervorragender Bedeutung sind da die Vorgänge der Interferenz und Polarisation, die nicht nur die Wellennatur, sondern auch den transversalen Charakter der Schwingungen erkennen lassen. Von Bedeutung ist ferner, daß die Phänomene der Wellenoptik auch an akustischen Wellen sowie Seil- und Wasserwellen (mechanische Wellen) beobachtet und in gleicher Weise beschrieben werden können.

2.4.1 Interferenz

Interferenz bedeutet Überlagerung von Wellen beim Zusammentreffen in einem Raumpunkt. Interferenz ist mit transversalen und longitudinalen Wellen aller Art möglich, sie kann daher bei Seilwellen, Wasserwellen, Schallwellen und elektromagnetischen Wellen beobachtet werden. Interferenz des Lichtes ist ein entscheidender Beweis für die Welleneigenschaft der Lichtquanten.

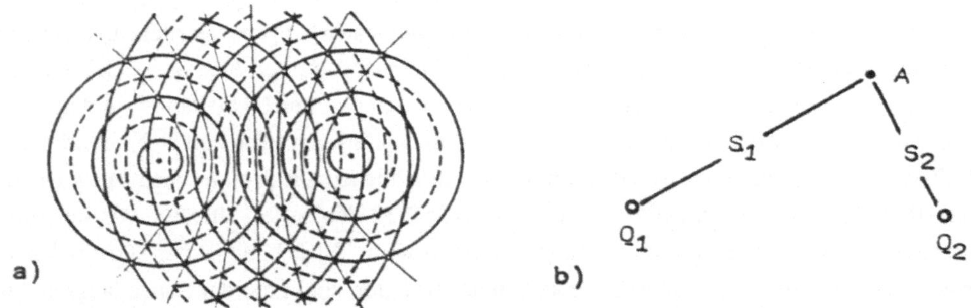

Bild 2.13 a) Interferenz am Beispiel von Wasserwellen. Die eingezeichneten Linien maximaler Verstärkung sind konfokale Hyperbeln.
b) Lage eines Punktes A im Wellenfeld mit den Wellenwegen s_1 und s_2

Ein anschauliches Beispiel zur Interferenz, das experimentell leicht mit Wasserwellen realisiert werden kann, zeigt Bild 2.13. In den Erregungszentren Q_1 und Q_2 entstehen zwei harmonische Wellen gleicher Frequenz, Amplitude und Phase. Beide Wellen überlagern sich, im Ergebnis der Interferenz sind dabei im Wellenfeld ortsfeste Linien erkennbar, auf denen sich die Wellen beständig gegenseitig verstärken (konstruktive Interferenz) und ebenso zwischen den ersteren gelegene Linien (in Bild 2.13 nicht eingezeichnet) auf denen beständig Auslöschung der Wellen erfolgt (destruktive Interferenz). Diese Kurvenscharen sind konfokale Hyperbeln mit Q_1 und Q_2 als Brennpunkte.

Nach Bild 2.13b wird ein an beliebiger Stelle im Wellenfeld gelegener Punkt A betrachtet, und es soll die unter dem Einfluß beider Wellen entstehende resultierende Bewegung dieses Punktes bestimmt werden. Die Wellen legen vom jeweiligen Ursprung bis zum Aufpunkt A die Wege s_1 und s_2 zurück. Die Differenz dieser Wellenwege wird als Gangunterschied bezeichnet: $\Delta s = s_2 - s_1$. Treffen beide Wellen in A zusammen, so überlagern sich an dieser Stelle zwei Schwingungen. Entscheidend für die resultierende Schwingung ist die durch den

Gangunterschied bewirkte Phasendifferenz der Wellen. Konstruktive Interferenz mit maximaler Verstärkung der Schwingungsamplitude entsteht, wenn beide Wellen zur gleichen Zeit im Aufpunkt ein Maximum haben,die Phasendifferenz also Null ist oder ein Vielfaches von 2π. Destruktive Interferenz mit Auslöschung der resultierenden Amplitude ist vorhanden, wenn beide Wellen gleicher Amplitude entgegengesetzte Auslenkung haben, die Phasendifferenz also π, 3π, 5π ... ist. An diesen Stellen herrscht bei Wasserwellen Ruhe, bei Schallwellen Stille, bei Lichtwellen Dunkelheit. Dieser Sachverhalt ist in Bild 2.14 dargestellt.

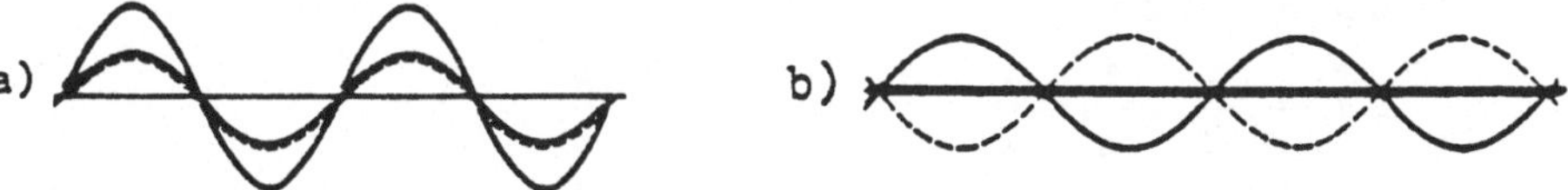

Bild 2.14 Interferenz von Wellen als Überlagerung von Schwingungen in einem Punkt.
a) Verstärkung bei gleichphasigen Schwingungen, konstruktive Interferenz
b) Auslöschung bei gegenphasigen Schwingungen, destruktive Interferenz

Zur mathematischen Beschreibung der Interferenz werden die auf den Wegen s_1 und s_2 nach A laufenden Wellen betrachtet. Diese harmonischen linearen Wellen können durch eindimensionale Gleichungen beschrieben werden. Für die Schwingung der Welle 1 in A gilt:

$$y_1(t, s_1) = y_m \cos(\omega t - k s_1) = y_m \cos \omega \left(t - \frac{s_1}{c}\right) = y_m \cos \varphi_1$$

Die analoge Gleichung für die Welle 2 lautet

$$y_2(t, s_2) = y_m \cos(\omega t - k s_2) = y_m \cos \omega \left(t - \frac{s_2}{c}\right) = y_m \cos \varphi_2$$

Für die Elongation der in A entstehenden resultierenden Schwingung ist die Phasendifferenz der Wellen entscheidend:

$$\Delta\varphi = \varphi_2 - \varphi_1 = \omega\left(t - \frac{s_2}{c}\right) - \omega\left(t - \frac{s_1}{c}\right) = \frac{\omega}{c}(s_1 - s_2) = k\,\Delta s = \frac{2\pi}{\lambda}\Delta s$$

Das entscheidende Ergebnis lautet also:

$$\Delta\varphi = \frac{2\pi}{\lambda}\Delta s \qquad (2.20)$$

Die Phasendifferenz wird hervorgerufen durch den Gangunterschied der Wellen im Aufpunkt. Der Zusammenhang ist linear. Damit lassen sich die Bedingungen für das Auftreten von

Maxima oder Minima als Folge des Gangunterschiedes der Wellen in einem beliebigen Punkt des Wellenfeldes formulieren:

Interferenzmaxima mit doppelter Amplitude (konstruktive Interferenz) entstehen für

$$\begin{aligned} \Delta\varphi &= 0,\, 2\pi,\, 4\pi,\, \ldots = z \cdot 2\pi \\ \Delta s &= 0,\, \lambda,\, 2\lambda,\, \ldots = z \cdot \lambda \end{aligned} \qquad \text{mit } z = 1, 2, 3, \ldots \tag{2.21}$$

Interferenzminima mit Auslöschung der Schwingungen (destruktive Interferenz) entstehen für

$$\begin{aligned} \Delta\varphi &= \pi,\, 3\pi,\, 5\pi,\, \ldots = (2z + 1) \cdot \pi \\ \Delta s &= \frac{\lambda}{2},\, 3\frac{\lambda}{2},\, 5\frac{\lambda}{2},\, \ldots = (2z + 1) \cdot \frac{\lambda}{2} \end{aligned} \tag{2.22}$$

Voraussetzung für das Entstehen stabiler Interferenzbilder sind Frequenzgleichheit und Kohärenz der Wellen, nur so ist eine konstante Phasendifferenz möglich. Im Bereich des Lichtes wird eine kohärente Strahlung direkt nur vom Laser geliefert. Licht von Temperaturstrahlern und von LED ist inkohärent. Jedoch gelingt es durch Strahlteilung kohärente Teilwellen zu erzeugen, die zur Interferenz geeignet sind. Teilung der von einer Lichtquelle ausgehenden Strahlung gelingt durch Reflexion, Brechung und Beugung. Typische Beispiele dafür zeigt Bild 2.15. Durch Teilung der von der Quelle Q ausgehenden inkohärenten Strahlung entstehen die virtuellen kohärenten Quellen Q1 und Q2.

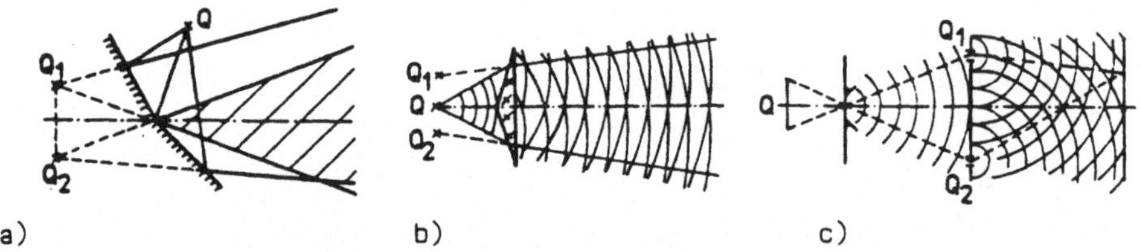

Bild 2.15 Erzeugung kohärenter Strahlung aus inkohärenten Strahlungsquellen.
a) Doppelspiegel, b) Doppelprisma, c) Doppelspalt

Um stabile Interferenzbilder zu erhalten, darf der Gangunterschied interferierender Lichtquellen nicht größer sein als die Kohärenzlänge des Lichtes. Mit inkohärenten Quellen sind infolge der auf etwa drei Meter begrenzten Länge einer Photonenwelle und der großen spektralen Bandbreite nur Kohärenzlängen von einigen Dezimetern erreichbar. Wesentlich günstigere Bedingungen liefern kohärente Quellen. Mit einem Gaslaser kleiner Bandbreite sind Kohärenzlängen von 100 km und mehr möglich.

Interferenzerscheinungen sind in Physik und Technik von hervorragender Bedeutung. Sie sind in unserer Umwelt unter verschiedenen Bedingungen und an verschiedenen Objekten zu beobachten. Klassische Beispiele aus dem Bereich des Lichtes sind: Interferenzen an planparallelen und keilförmigen Schichten , die die Ursache sind für das bunte Schillern von Seifenblasen und dünnen Ölschichten, die Farben dünner Blättchen sowie die Newtonschen Ringe, die an plankovexen Linsen auftreten.

In der Meßtechnik finden Interferenzvorgänge an speziellen Geräten, den Interferometern, praktische Anwendung. Interferometer in Verbindung mit hochstabilen Lasern ermöglichen Längenmessungen extrem hoher Genauigkeit, Messung der Brechzahl von Stoffen, der Wellenlänge des Lichtes und der Lichtgeschwindigkeit und werden als Geräte höchster Präzision in der faseroptischen Sensortechnik eingesetzt.

Wellenlängenmessung mit Interferometer nach Young

Als informatives Beispiel zur Anwendung der Interferenz soll ein einfaches Verfahren zur Messung der Wellenlänge des Lichtes beschrieben werden. Im Prinzip ist die Anordnung nach Bild 2.16 dazu geeignet. Ein erster experimenteller Aufbau erfolgte durch Young im Jahre 1804. Die beiden kohärenten Lichtquellen Q_1 und Q_2 im Abstand a werden durch beleuchtete Spalte nach Bild 2.15c realisiert. Sie erzeugen ein Interferenzfeld.

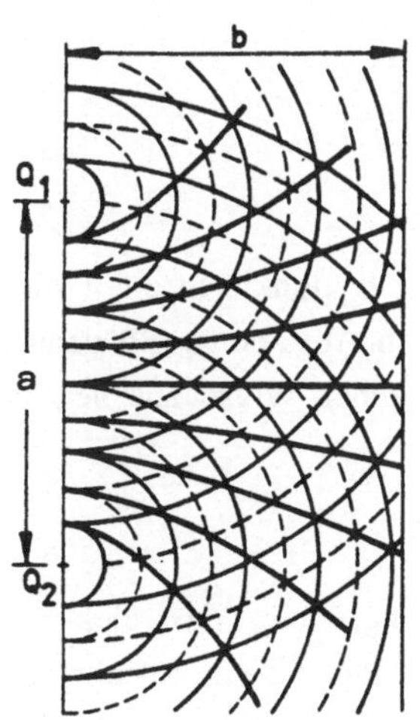

Bild 2.16 (links) Bestimmung der Wellenlänge des Lichtes durch Interferenz nach Young

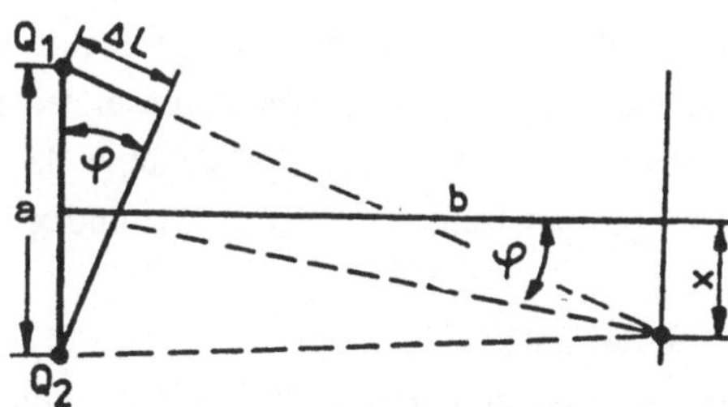

Bild 2.17 Gangunterschied Δ L und Dunkelstreifenabstand x bei der Wellenlängenmessung

Im Abstand b von der Lichtquelle wird ein Schirm aufgestellt. An den Stellen maximaler Verstärkung oder Auslöschung erscheinen auf dem Schirm helle oder dunkle Linien. Die

Dunkelstreifen sind schmaler, ihre Lage ist daher genauer zu bestimmen. Auslöschung ist zu beobachten für einen Gangunterschied von

$$\Delta s = (2z + 1)\frac{\lambda}{2} \tag{2.23}$$

Daraus folgt für die Wellenlänge

$$\lambda = \frac{2\Delta s}{(2z + 1)} \tag{2.24}$$

Der Gangunterschied Δs ist nicht direkt meßbar. Seine Bestimmung kann auf die Messung des Dunkelstreifenabstandes x zurückgeführt werden. In Bild 2.17 sind die Winkel φ in den beiden ähnlichen Dreiecken gleich groß. Wenn $b >> x$, die Winkel φ also hinreichend klein sind und damit $\tan\varphi$ durch $\sin\varphi$ ersetzt werden kann, so gilt:

$$\tan\varphi = \frac{x}{b} \qquad \text{und} \qquad \tan\varphi \approx \sin\varphi = \frac{\Delta s}{a} \tag{2.25}$$

Also ist $\quad \frac{x}{b} = \frac{\Delta s}{a} \quad$ oder $\quad \Delta s = \frac{ax}{b}$

Zur Berechnung der Wellenlänge folgt aus (2.24) die Gleichung:

$$\lambda = \frac{2ax}{b(2z + 1)} \tag{2.26}$$

Von der Mittellinie b ausgehend, erscheint mit $z = 0$ der erste dunkle Streifen für den Gangunterschied $\Delta s = \lambda/2$. Für diesen ersten Dunkelstreifen im Abstand x_1 gilt dann also $\lambda = 2ax_1/b$. Damit ist die Wellenlänge des Lichtes in einfacher Weise aus den leicht meßbaren geometrischen Größen a, b und x zu berechnen.

2.4.2 Polarisation

Polarisation bedeutet definierte Ausrichtung der Schwingungsebene des elektrischen Feldvektors einer elektromagnetischen Welle. Die Polarisierbarkeit ist ein entscheidender Beweis für die Wellennatur des Lichtes und für die transversale Schwingungsform der Welle. Je nach der Bahn, die die Spitze des elektrischen Feldvektors beschreibt, ist zu unterscheiden zwischen linearer, zirkularer und elliptischer Polarisation.

- lineare Polarisation: E-Vektor schwingt in einer festen Ebene
- zirkulare Polarisation: E-Vektor läuft auf einem Kreis
- elliptische Polarisation: E-Vektor läuft auf einer Ellipse

Dabei ist die elliptische Polarisation der allgemeine Fall, der als Grenzfälle die lineare und zirkulare Polarisation enthält.

Im UKW-Bereich wird die Polarisation der ausgestrahlten Welle durch Aufbau und Ausrichtung der Sendeantenne festgelegt. Es wird eine polarisierte kontinuierliche Welle abgestrahlt. Die Länge dieses kontinuierlichen Wellenzuges wird durch die Sendezeit t bestimmt: L = ct. Es ist ein Wellenzug praktisch unbegrenzter Länge herstellbar. Der Empfang dieser Welle erfolgt über eine Antenne gleicher Polarisationsart und gleicher Ausrichtung.

Eine prinzipiell andere Situation besteht im Bereich optischer Wellen. Von einer Lichtquelle geht ein dichter Photonenstrom aus. Ein einzelnes Photon ist eine transversal schwingende, also linear polarisierte Welle mit einer Länge von etwa 3 m. Bei Temperaturstrahlern (Sonne, Glühlampe) und bei LED wird inkohärentes Licht emittiert. Die E-Vektoren der einzelnen Photonenwellen schwingen in unterschiedlichen Ebenen. Bei der Vielzahl der Photonen kommen alle Schwingungsebenen gleichmäßig verteilt vor, das Licht insgesamt ist unpolarisiert.

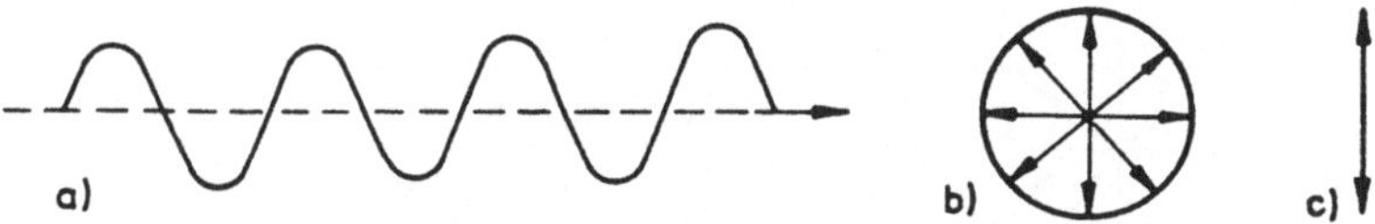

Bild 2.18 a) E-Feld einer vertikal schwingenden Photonenwelle in Seitenansicht
b) mögliche Schwingungsebenen des E-Feldes in Frontansicht
c) linear polarisierte Welle in feststehender vertikaler Schwingungsebene

Anders verhält sich das von einem Laser emittierte kohärente Licht, hier haben alle Photonenwellen infolge der induzierten Emission die gleiche Schwingungsebene, das Licht ist polarisiert, der E-Vektor aller Photonenwellen schwingt in der gleichen Ebene.

Aus unpolarisiertem Licht kann polarisiertes Licht durch verschiedene Vorgänge hergestellt werden. Dabei handelt es sich stets um eine Filterwirkung. Es werden nur die Photonen durchgelassen, die eine bestimmte Schwingungsrichtung aufweisen, alle übrigen werden absorbiert, so daß die Leistung des Lichtes beträchtlich geschwächt wird. Eine Vorrichtung zur Herstellung polarisierten Lichtes heißt Polarisator, ein Gerät zum Nachweis der Polarisation ist ein Analysator. In einem Polarisationsapparat sind beide Teile zu einem Meßgerät vereinigt.

Die Polarisation des Lichtes ist eine für Physik und Technik außerordentlich bedeutsame Erscheinung. Sie wird unter anderem in der Medizin und Lebensmittelindustrie zur Materialuntersuchung angewendet, sie kann in der optischen Nachrichtentechnik zur externen Modulation des Lichtes mit der zu übertragenden Information eingesetzt werden und dient in der faseroptischen Sensortechnik in Verbindung mit Monomodefasern zur Bestimmung der Stromstärke in Hochspannungsanlagen.

Herstellung polarisierten Lichtes

Polarisiertes Licht entsteht bei Vorgängen der Reflexion, Brechung, Doppelbrechung und Streuung. Das Prinzip dieser Verfahren soll erläutert werden.

1. Polarisation durch Reflexion und Brechung

Nach Bild 2.19 fällt ein Strahl natürlichen Lichtes schräg auf eine Glasplatte. Die senkrecht zur Einfallsebene (parallel zur Fläche der Glasplatte) schwingenden Wellen werden bevorzugt reflektiert. Wellen, die in der Einfallsebene schwingen, werden bevorzugt gebrochen. Bei beliebigem Einfallswinkel sind reflektiertes und gebrochenes Licht partiell polarisiert.

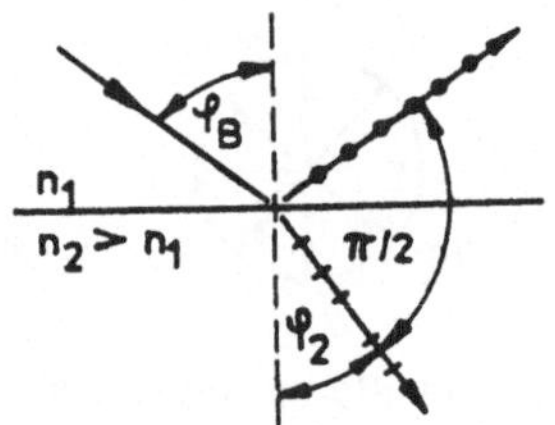

Bild 2.19
Polarisation des Lichtes durch Reflexion und Brechung
Es ist $\varphi_B + \varphi_2 = \pi/2$

Der reflektierte Strahl ist dann vollständig polarisiert, wenn der Einfallswinkel so gewählt wird, daß reflektierter und gebrochener Strahl einen rechten Winkel bilden. Dieser Einfallswinkel heißt Brewster-Winkel φ_B. Das Brechungsgesetz lautet dann:

$$\frac{\sin\varphi_B}{\sin\varphi_2} = \frac{n_2}{n_1}$$

Mit $\varphi_2 = \frac{\pi}{2} - \varphi_B$ wird

$$\sin\varphi_2 = \sin\left(\frac{\pi}{2} - \varphi_B\right) = \cos\varphi_B$$

Damit folgt aus dem Brechungsgesetz

$$\frac{\sin\varphi_B}{\sin\varphi_2} = \frac{\sin\varphi_B}{\cos\varphi_B} = \tan\varphi_B = \frac{n_2}{n_1} \tag{2.27}$$

Für Luft mit $n_1 = 1$ folgt das Brewstersche Gesetz zu

$$\tan \varphi_B = n_2 \qquad \text{oder} \qquad \varphi_B = \arctan n_2 \tag{2.28}$$

Damit ist der Winkel für Totalpolarisation des reflektierten Strahls aus der Brechzahl des Glases berechenbar. Für Glas mit $n_2 = 1{,}5$ folgt $\varphi_B = 56°$ als Bedingung für die Totalpolarisation des reflektierten Lichtes. Der in das Glas eindringende gebrochene Lichtstrahl ist nur partiell polarisiert. Werden mehrere Platten hintereinander angeordnet (Plattensatzpolarisator mit 5...10 Platten), so kann auch im gebrochenen Strahl der Anteil des polarisierten Lichtes erhöht werden.

2. Polarisation durch Doppelbrechung

Durch einen anisotropen Kristall wird ein Lichtstrahl in zwei Komponenten zerlegt, siehe Bild 2.20a. Beide Sekundärstrahlen sind senkrecht zueinander linear polarisiert. Eine Anordnung zur Richtungstrennung beider Strahlen ist das nach dem englischen Physiker Nicol benannte Prisma, siehe Bild 2.20b. Es besteht aus einem Kalkspatprisma, das senkrecht zu den schräg abgeschliffenen Endflächen längs einer Diagonale zerschnitten und mit Kanadabalsam wieder zusammengekittet ist. Dadurch wird an der Schnittfläche ein Brechzahlsprung erzeugt, es entsteht eine Grenzfläche, die einfallendes Licht reflektiert und in definierter Weise aus der Ausbreitungsrichtung ablenkt.

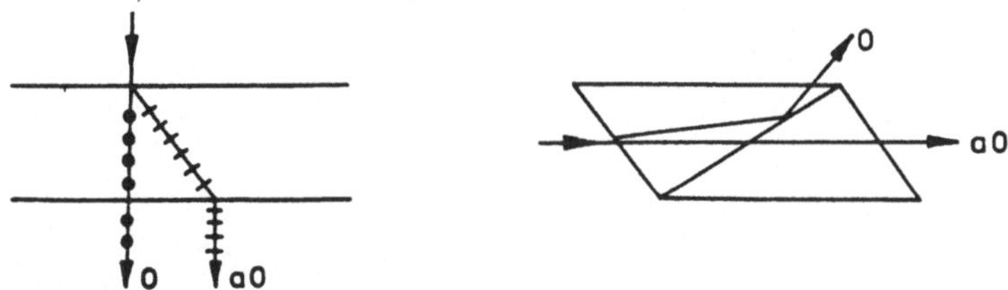

Bild 2.20 Polarisation durch Doppelbrechung und Nicolsches Prisma

Im Nicolschen Prisma wird der ordentliche Strahl durch Totalreflexion an der Kanadabalsamschicht ausgeblendet, der außerordentliche Strahl wird ohne Richtungsänderung durchgelassen. Damit sind beide Strahlen räumlich getrennt und können für meßtechnische Aufgaben einzeln weiterverwendet werden.

3. Polarisation durch Dichroismus

Mit Dichroismus wird die Eigenschaft bestimmter anisotroper einachsiger kristalliner Stoffe bezeichnet, den ordentlichen Strahl sehr stark zu absorbieren, während der außerordentliche Strahl den Stoff ungedämpft durchläuft. Zu diesen Stoffen gehören Turmalin und Herapathit. Dichroitische Materialien werden in Form dünner Folien zum Aufbau großflächiger

Polarisationsfilter verwendet. Sehr gute Polarisationseigenschaften besitzen auch bestimmte doppelbrechende Hochpolymere.

2.4.3 Reflexion, Brechung, Totalreflexion

Reflexion und Brechung des Lichtes erfolgen an Grenzflächen zweier Medien unterschiedlicher Brechzahlen. Experimentell können diese Gesetze leicht durch Messung ermittelt werden. Ausgangspunkt zur theoretischen Herleitung von Reflexions- und Brechungsgesetz ist das Fermatsche Prinzip. Es besagt, das der Weg, den das Licht wählt, stets so verläuft, daß die benötigte Zeit zu einem Minimum wird.

Im Fall des Reflexionsgesetzes gilt nach Bild 2.21a:

$$t = \frac{s_1 + s_2}{c} = \frac{1}{c}\left(\sqrt{a^2 + x^2} + \sqrt{b^2 + (l - c)^2}\right) = t\,(x) = \text{Minimum}$$

$$\frac{dt}{dx} = \frac{1}{c}\left(\frac{x}{\sqrt{a^2 + x^2}} - \frac{l - x}{\sqrt{b^2 + (l - x)^2}}\right) = 0$$

$$\frac{dt}{dx} = \frac{1}{c}\,(\sin\gamma - \sin\gamma') = 0 \qquad \text{oder} \qquad \gamma = \gamma'$$

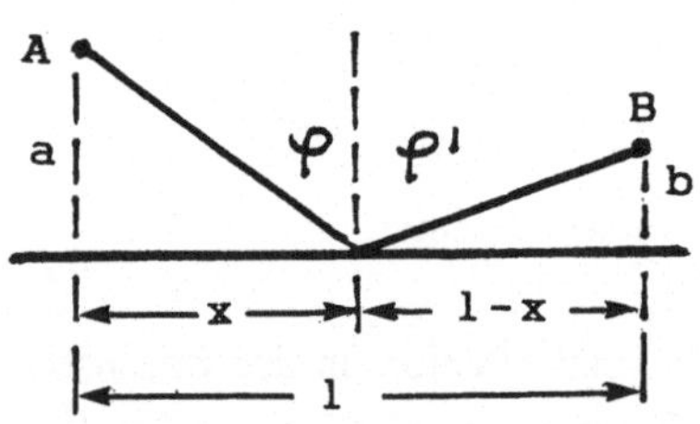

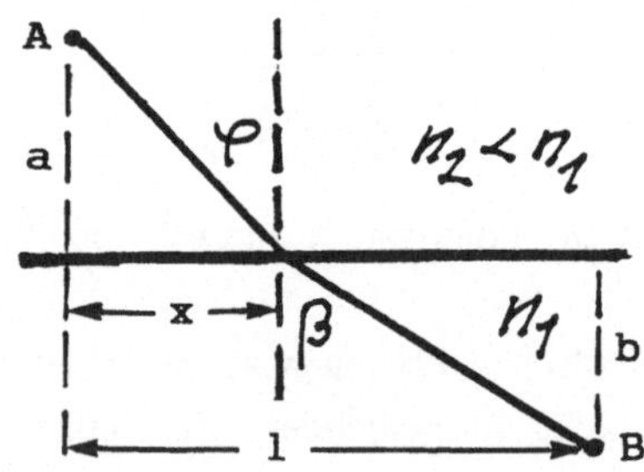

Bild 2.21 Zur Herleitung von Reflexions- und Brechungsgesetz

Für das Brechungsgesetz lautet die Rechnung nach Bild 2.21b:

$$t = t_1 + t_2 = \frac{s_1}{c_1} + \frac{s_2}{c_2}$$

$$t = \frac{\sqrt{a^2 + x^2}}{c_1} + \frac{\sqrt{b^2 + (l - x)^2}}{c_2} = t\ (x) = \text{Minimum}$$

$$\frac{dt}{dx} = \frac{1}{c_1} \frac{x}{\sqrt{a^2 + x^2}} - \frac{1}{c_2} \frac{l - x}{\sqrt{b^2 + (l - x)^2}} = 0$$

$$\frac{\sin \varphi}{c_1} = \frac{\sin \beta}{c_2} \quad \text{oder} \quad \frac{\sin \varphi}{\sin \beta} = \frac{c_1}{c_2} = \frac{n_2}{n_1}$$

Bei der Brechung geht ein Lichtstrahl an der Grenzfläche unter Richtungsänderung in das andere Medium über. Ist $n_2 < n_1$, wie in Bild 2.21b angenommen, so wird der Lichtstrahl zur Grenzfläche hin gebrochen. Ist $n_2 > n_1$, so erfolgt Brechung zum Lot.

In der Praxis sind nach Bild 2.22 zwei Darstellungen des Brechungsgesetzes üblich, die von unterschiedlichen Winkeln ausgehen.

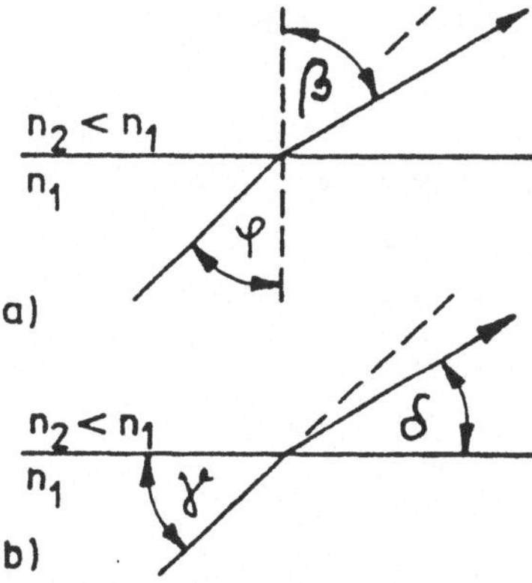

Bild 2.22 Brechung des Lichtes
a) Winkel vom Lot aus gemessen
b) Winkel von der Grenzfläche aus gemessen

In den Physiklehrbüchern werden die Winkel üblicherweise vom Lot ausgehend angegeben, siehe Bild 2.22a. Dann lautet das Brechungsgesetz:

$$\frac{\sin \varphi}{\sin \beta} = \frac{c_1}{c_2} = \frac{n_2}{n_1} \tag{2.29}$$

In der Lichtwellenleitertechnik ist aus praktischen Gründen eine andere Definition üblich. Die Winkel werden von der Grenzfläche ausgehend gemessen, siehe Bild 2.22b. Dann lautet das Brechungsgesetz:

$$\frac{\cos\gamma}{\cos\delta} = \frac{c_1}{c_2} = \frac{n_2}{n_1} \tag{2.30}$$

Im allgemeinen Fall sind Reflexion und Brechung gleichzeitig vorhanden, siehe Bild 2.23. Der einfallende Strahl 1 wird in einen reflektierten Strahl 2 und einen gebrochenen Strahl 3 zerlegt. Dann gelten das Reflexionsgesetz, das Brechungsgesetz und der Energiesatz:

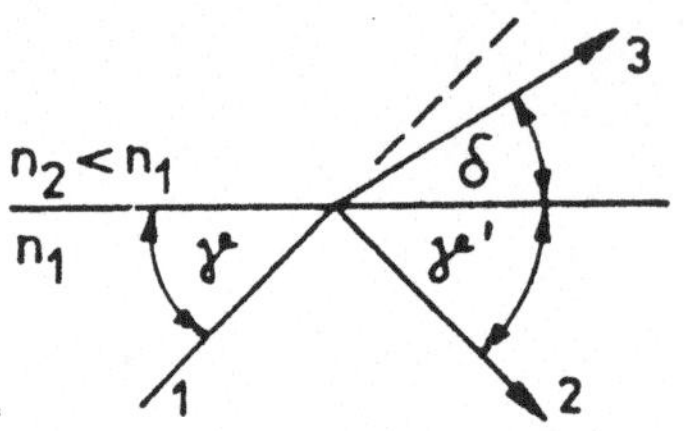

Reflexionsgesetz: $\gamma = \gamma'$
Brechungsgesetz: $\cos\gamma / \cos\delta = n_2 / n_1$
Energiesatz: $W_1 = W_2 + W_3$

Bild 2.23 Reflexion und Brechung

Der Energiesatz besagt, daß die vom Strahl 1 geführte Energie aufgeteilt und übernommen wird von den Strahlen 2 und 3. Ist der winkel-, wellenlängen- und mit n materialabhängige Reflexionsfaktor bekannt, so gilt für die von den Sekundärstrahlen übernommenen Energieanteile: $P_2 = R\,P_1$ und $P_3 = (1 - R)P_1$.

In Bild 2.23 ist der Fall $\delta < \gamma$ dargestellt, der für $n_2 < n_1$ entsteht. Wird nun γ immer kleiner gewählt, so wird auch δ immer kleiner, bis im Grenzfall $\gamma = \gamma_g$ der Brechungswinkel δ zu Null wird und damit der gebrochene Strahl verschwindet, es ist nur noch der reflektierte Strahl vorhanden. Es entsteht der Fall der Totalreflexion. Für den mit γ_g erreichten Grenzwinkel der Totalreflexion folgt aus dem Brechungsgesetz mit $\cos\delta = \cos 0 = 1$:

$$\cos\gamma_g = \frac{n_2}{n_1} \tag{2.31}$$

Der Grenzwinkel γ_g wird durch das Verhältnis der Brechzahlen bestimmt. Dieser Gleichung ist auch zu entnehmen, daß der Grenzwinkel nur existiert, die Totalreflexion nur möglich ist, wenn $n_2 < n_1$ ist, da die Funktionswerte für $\cos\gamma$ stets ≤ 1 sein müssen.

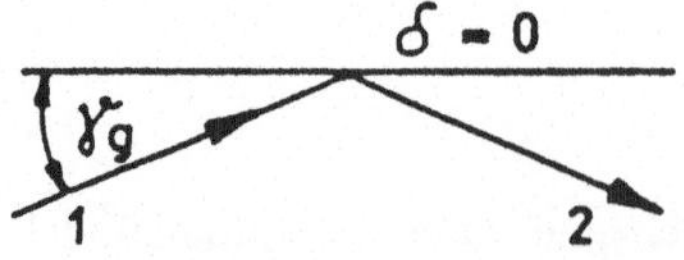

Bild 2.24
Grenzfall der Totalreflexion
mit $\gamma \leq \gamma_g$

Für $\gamma \leq \gamma_g$ existiert kein gebrochener Strahl mehr, sondern nur noch der reflektierte Strahl, der nun die Gesamtenergie enthält, so daß jetzt $W_1 = W_2$ ist. Der Vorgang der Totalreflexion ist das Führungsprinzip des Lichtes im Lichtwellenleiter. Lichtstrahlen mit einem

Reflexionswinkel $\gamma \leq \gamma_g$ sind im Lichtwellenleiter gefangen, sie können die Kern-Mantel Grenze nicht durchdringen. Die fortlaufend wiederholte Totalreflexion des Lichtstrahls an der Grenzfläche Kern-Mantel führt zu einer zickzackförmigen Ausbreitung des Lichtes im Kern des Lichtwellenleiters. Da keine Strahlungsverluste durch Brechung in den Mantel auftreten, erfolgt eine dämpfungsarme Übertragung des Lichtes. Verluste sind nur noch durch Absorption und Streuung im Material des Lichtwellenleiters bedingt. Diese Verluste sind im Material hoher Reinheit sehr klein, es sind für Quarzglasfasern bei einer Wellenlänge von 1,55 μm Grenzwerte bis 0,2 dB/km erreichbar. Damit werden Übertragungsstrecken von 100 bis 300 km ohne Zwischenverstärkung möglich.

2.4.4 Beugung des Lichtes

Beugung bedeutet Änderung der Ausbreitungsrichtung einer Welle an Kanten oder Blenden. Sie tritt bei allen Wellenvorgängen auf, bei Wasser- , Schall- und elektromagnetischen Wellen. Beugung des Lichtes ist zu beobachten bei Durchgang des Lichtes durch eine Blende auf einem hinter der Blende angeordneten Schirm. Im Fall einer Lochblende entsteht auf diesem Schirm bei monochromatischem Licht ein konzentrisches System aus hellen und dunklen Ringen, bei einem Spalt entsteht ein hell-dunkel Streifenmuster. Verwendung weißen Lichtes führt zu farbigen Beugungsmustern.

Bei Ausführung des Experimentes sind drei Fälle zu unterscheiden, die durch das Verhältnis von Wellenlänge λ zu Spaltbreite b bestimmt werden:

- Ist $b >> \lambda$, so liefert die Welle auf einem hinter der Blende aufgestellten Schirm ein korrektes Schattenbild der Blende mit scharfer hell-dunkel Grenze ohne Beugungserscheinungen.
- Ist $b \approx \lambda$, so sind zunehmend Beugungserscheinungen zu beobachten; das Spaltbild wird unscharf und auf dem Schirm erscheinen hell-dunkel Streifenmuster.
- Ist $b < \lambda$, so wird der gesamte Raum hinter der Blende ausgeleuchtet, ein Streifenmuster ist nicht mehr vorhanden.

Die Erklärung der Beugungserscheinungen ist mit Hilfe der Wellentheorie leicht möglich. Die Streifenmuster auf dem Schirm entstehen nach dem Huygenschen Prinzip durch Interferenz der vom Spalt ausgehenden Elementarwellen. Der Gangunterschied der Elementarwellen in einem bestimmten Punkt entscheidet über hell oder dunkel, Verstärkung oder Auslöschung des Lichtes in diesem Punkt auf dem Bildschirm. Entscheidend ist die durch den Gangunterschied bewirkte Phasendifferenz der Wellen im Aufpunkt. Verstärkung des Lichtes erfolgt bei gleichgerichteter Elongation, wenn der Gangunterschied ein ganzzahliges Vielfaches der Wellenlänge beträgt, $\Delta s = z\lambda$. Auslöschung des Lichtes auf dem Schirm bei entgegengerichteter Elongation erfolgt in den Punkten, in denen der Gangunterschied ein ungeradzahliges Vielfaches der halben Wellenlänge erreicht: $\Delta s = (2z + 1)\lambda/2$.

Beugungserscheinungen können mit einer Vielzahl unterschiedlicher Anordnungen erzeugt werden. Hier soll eine Beschränkung auf den einfachen Spalt erfolgen, da dieser Fall in der Lichtwellenleitertechnik bei der Ankopplung von Laserdioden an den Lichtwellenleiter von Bedeutung ist. Bei einer Halbleiter-Strahlungsquelle wird die Energie aus der optisch aktiven Schicht geringer Spaltbreite abgestrahlt. Beugung am einfachen Spalt ist in Bild 2.25 dargestellt.

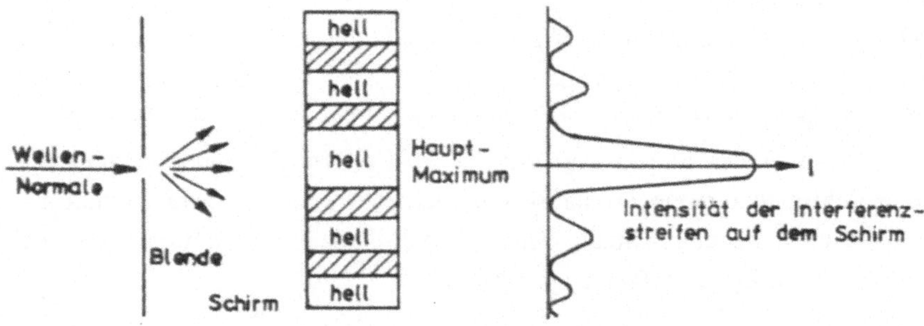

Bild 2.25 Beugung am einfachen Spalt mit hell-dunkel Streifen auf dem Schirm und Intensitätsverteilung des Lichtes in den Streifen

Die hell-dunkel Streifen auf dem Schirm zeigen ein breites helles Hauptmaximum sowie mehrere symmetrisch dazu gelegene Nebenmaxima. Im Hauptmaximum ist der größte Teil des Lichtes konzentriert, die Helligkeit der Nebenmaxima ist wesentlich geringer und sinkt mit zunehmender Ordnung schnell ab, so wie das im Intensitätsdiagramm (rechts in Bild 2.26) dargestellt ist. Für den angeführten Anwendungsfall der Energieübertragung von der Strahlungsquelle in den Lichtwellenleiter interessiert daher nur das Hauptmaximum, die Nebenmaxima liefern nur noch einen vernachlässigbar geringen Energieanteil. Ein guter Wirkungsgrad der Energieübertragung erfordert einen kleinen Divergenzwinkel für das Hauptmaximum. Die Bedingung dafür soll untersucht werden. Für die Öffnungswinkel der Interferenzminima bei Beugung am einfachen Spalt gilt:

$$\sin\varphi = \frac{z\lambda}{b} \tag{2.32}$$

mit b als Spaltbreite und $z = \pm 1, \pm 2, \pm 3 \ldots$ als Ordnungszahl der Minima. Das Hauptmaximum wird durch die beiden Minima erster Ordnung eingeschlossen. Der Öffnungswinkel des Hauptmaximums (nach einer Seite) folgt aus (1.34) mit $z = 1$ zu

$$\sin\varphi = \frac{\lambda}{b} \tag{2.33}$$

Aus dieser Gleichung sind für das Hauptmaximum folgende Eigenschaften zu erkennen:

- Der Beugungswinkel wächst (der Streifen wird breiter) mit der Wellenlänge. Langwelliges Licht wird bei konstanter Spaltbreite stärker gebeugt als kurzwelliges.
- Der Beugungswinkel wächst bei konstanter Wellenlänge mit abnehmender Spaltbreite. Bei konstanter Wellenlänge bewirkt ein schmaler Spalt eine stärkere Beugung als ein breiter Spalt.
- Für $b = \lambda$ wird $\sin\varphi = 1$, also $\varphi = \pi/2$, es wird der ganze Raum hinter dem Spalt ausgeleuchtet (mit abnehmender Intensität), indem das Hauptmaximum auf den ganzen Raum ausgedehnt wird. Die Minima 1. Ordnung liegen an den Spaltwänden.
- Der Beugungswinkel wird kleiner mit abnehmender Wellenlänge oder wachsender Spaltbreite. Für $b << \lambda$ geht φ gegen Null, es entsteht ein scharfes geometrisches Bild des Spaltes, der übrige Raum ist dunkel. Dieser Fall ist bei Halbleiterstrahlungsquellen nicht realisierbar.

Interferenzvorgänge bei Beugungserscheinungen haben für Physik und Technik eine große Bedeutung. Sie werden unter anderem auch zur Messung der Wellenlänge des Lichtes angewendet. Anstelle des einfachen Spaltes werden dabei zur Erhöhung des Effektes Beugungsgitter eingesetzt. Es ist zwischen Transmissionsgitter und Reflexionsgitter zu unterscheiden, die aus Glasplatten oder aus Metallspiegeln hergestellt werden. Beugungsgitter haben auf 1 mm bis zu 2000 Gitterlinien. Der Abstand der Gitterlinien, hier 0,5 μm, heißt Gitterkonstante. Die Streifen zwischen den ausgeritzten Gitterlinien wirken bei der Glasplatte als Spalte, bei einer Metallfläche als Spiegel.

2.4.5 Streuung des Lichtes

Streuung bedeutet Änderung der Ausbreitungsrichtung des Lichtes an kleinen Hindernissen oder Inhomogenitäten im durchstrahlten Medium oder bei der diffusen Reflexion an rauhen Oberflächen. Die Erklärung der Streuung erfolgt mit Hilfe der Maxwellschen Theorie der elektromagnetischen Wellen. Durch eine einfallende Lichtwelle werden Elektronen in den Atomen, Molekülen oder Ionen des durchstrahlten Mediums zu erzwungenen Schwingungen angeregt. Sie werden damit zur Quelle von Sekundärwellen, die sich nach allen Seiten ausbreiten und dadurch die diffuse Richtungsänderung der Welle bewirken.

Lichtstreuung im Material des Lichtwellenleiters ist von grundlegender Bedeutung für die optische Signalübertragung. Dazu einige Beispiele:

- Die Dämpfung der optischen Faser infolge Rayleigh-Streuung ist mit λ^{-4} sehr stark wellenlängenabhängig. Das führt bei kurzen Wellen ($\lambda < 1\ \mu m$) zu erheblichen Energieverlusten im Licht. Die entstehende hohe Dämpfung bestimmt die kurzwellige Grenze im Durchlaßbereich des Lichtwellenleiters.
- Streuprozesse im Fasermaterial sind Ursache für die fortlaufend erfolgende Modentransformation und führen zum dynamischen Modengleichgewicht in Multimode-Lichtwellenleitern.
- Rückstreuung ist in der Meßtechnik die Grundlage von Dämpfungsmessung und Fehlerortung nach dem Impuls-Echo-Verfahren (Rückstreumethode).
- Werden Laserdioden als Srahlungsquellen für Lichtwellenleiter verwendet, so führen Streuvorgänge an Kabelsteckern, Spleißen oder anderen Inhomogenitäten zu einem instabilen Betrieb.

Streuprozesse können in verschiedenen Varianten auftreten. Nach dem jeweiligen Entdecker ist zu unterscheiden zwischen Rayleigh-, Mie-, Raman- und Brillouin-Streuung.

Rayleigh-Streuung: Betrifft Streuung des Lichtes an Teilchen, die klein gegen die Wellenlänge sind. Die Streucharakteristik ist dadurch gekennzeichnet, daß Vorwärts- und Rückwärtsstreuung von gleicher Größe und unpolarisiert sind, während die Seitwärtsstreuung nur halb so groß und polarisiert ist. Charakteristisch ist ferner die starke Abhängigkeit von der Wellenlänge. Mit abnehmender Wellenlänge steigt die Streuung stark an, für die

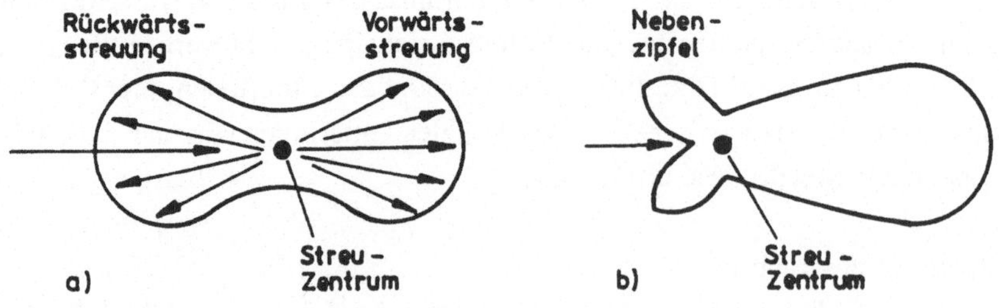

Bild 2.26 Streucharakteristik a) Rayleigh-Streuung b) Mie-Streuug

Dämpfungskonstante gilt $\alpha = 1/\lambda^4$. Wird die Wellenlänge halbiert, zum Beispiel von 1,6 μm auf 0,8 μm, so wächst die Dämpfung um den Faktor 16. Beim Durchgang von weißem Licht durch ein streuendes Medium dominieren darum im gestreuten Licht die kurzen (blauen) Wellen, im durchgehenden Licht die langen (roten) Wellen. Streuung ist damit die Ursache für die Blaufärbung des Himmels (gestreutes Licht) sowie für die Rotfärbung von Sonnenaufgang und -untergang (durchgehendes Licht, dabei ist der Weg durch die Atmosphäre besonders lang, der Effekt besonders ausgeprägt).

Mie-Streuung: Streuung des Lichtes an Teilchen, deren Durchmesser in der Größenordnung der Lichtwellenlänge liegt. Die Streucharakteristik zeigt wesentliche Unterschiede zur Rayleigh-Streuung, insbesondere die starke Betonung der Vorwärtsstreuung und die Zipfelbildung im Rückwärtsbereich. Bild 2.26 zeigt die Streucharakteristik (winkelabhängige Intensitätsverteilung des gestreuten Lichtes) von Rayleigh- und Mie-Streuung.

Raman-Streuung: Bei der Raman-Streuung wird monochromatisches Licht der Frequenz f_0 eingestrahlt. Im seitlich austretenden Streulicht sind neben der Frequenz f_0 noch schwache, symmetrisch zu f_0 liegende Spektrallinien zu beobachten, siehe Bild 2.27. Für diese Raman-Linien gelten die folgenden einfachen Beziehungen:

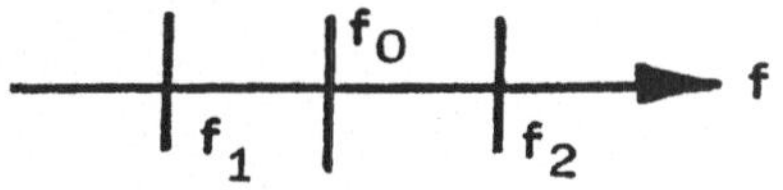

$$f = f_0 \pm f_s \tag{2.34}$$

$$\text{also} \quad f_1 = f_0 - f_s$$

$$\text{und} \quad f_2 = f_0 + f_s$$

Bild 2.27 Spektrallinien der Raman-Streuung

Dabei bedeutet f_s die Schwingungs- oder Rotationsfrequenz des getroffenen Moleküls. Aus den spektroskopisch beobachteten Raman-Linien können die Schwingungs- oder Rotationsfrequenzen bestimmt werden. Die Frequenzänderung des gestreuten Lichtes um $\pm$ fs entsteht durch Energieaustausch der Lichtquanten mit den gequantelten Schwingungs- oder Rotationszuständen der Moleküle.

In der Molekülspektroskopie ist die Raman-Streuung ein Hilfsmittel zur Strukturanalyse. Sie dient zum Beispiel zur Bestimmung der Molekülstruktur von neu entwickelten Kunststoffen oder Halbleitermaterialien wie Galiumarsenid (GaAs), Indiumphosphit (InP) usw.

Brillouin-Streuung: Betrifft die Wechselwirkung von Photonen (Lichtquanten) mit akustischen Phononen (Schallquanten). Es erfolgt die Emission eines kontinuierlichen Streuspektrums im Intervall:

$$f = f_0 \pm f_B \qquad \text{mit} \qquad f_B = f_0 \, v \sin\frac{2\theta}{c} \tag{2.35}$$

Dabei bedeutet Θ den Streuwinkel nach Bild 2.29, v die Schallgeschwindigkeit und c die Lichtgeschwindigkeit.

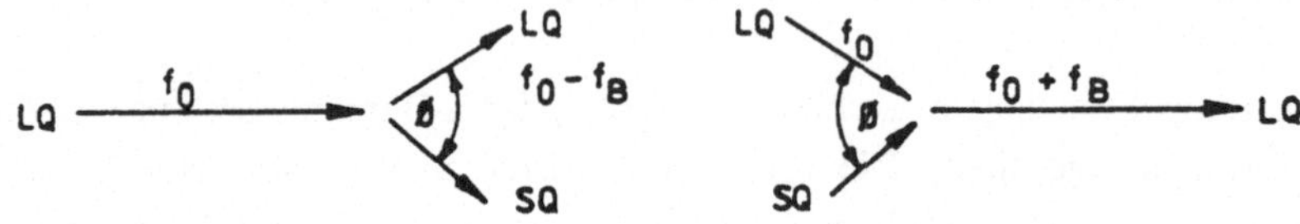

Bild 2.28 Wechselwirkung von Photonen mit akustischen Phononen
LQ = Lichtquant (Photon) SQ = Schallquant (Phonon)

2.5 Dispersion der Lichtgeschwindigkeit

Nach der Maxwellschen Theorie folgt die Ausbreitungsgeschwindigkeit aller Wellen des elektromagnetischen Spektrums, also auch für Licht, aus der Gleichung:

$$c = \frac{1}{\sqrt{\varepsilon \mu}} = \frac{1}{\sqrt{\varepsilon_0 \varepsilon_r \cdot \mu_0 \mu_r}} \tag{2.36}$$

Diese Gleichung gilt für eine unendlich ausgedehnte Welle in beliebigen Medien, der daraus folgende Wert wird als Phasengeschwindigkeit der Welle bezeichnet. Für das Vakuum ist $\varepsilon_r = \mu_r = 1$, also folgt für die Phasengeschwindigkeit des Lichtes im Vakuum mit $\varepsilon_0 = 8{,}854 \cdot 10^{-12}$ As/Vm und $\mu_0 = 4\pi \cdot 10^{-7}$ Vs/Am:

$$c_0 = \frac{1}{\sqrt{\varepsilon_0 \mu_0}} \approx 3 \cdot 10^8 \text{ m/s} \tag{2.37}$$

Experimentell wurde c_0 in einer großen Anzahl unterschiedlicher Verfahren mit stets wachsender Genauigkeit bestimmt. Eine erste Messung erfolgte bereits 1675 durch Olaf Römer nach einer astronomischen Methode aus der Beobachtung der Jupitermonde. Nach der Beziehung $c = s/t = \lambda f$ kann c sowohl aus einer Weg-Zeit-Messung als auch aus einer Wellenlängen-Frequenz-Messung ermittelt werden. Moderne Methoden gehen seit Erfindung des Lasers von $c = \lambda f$ aus und bestimmen die Lichtgeschwindigkeit aus Frequenz und Wellenlänge des Lichtes. c_0 ist eine wichtige universelle Naturkonstante, der in Physik und Technik wegen der Verknüpfung zu anderen physikalischen Größen und ihrer Rolle in speziellen Meßverfahren eine hohe Bedeutung zukommt. Ausgehend von den besten Meßergebnissen, die mit einer relativen Unsicherheit von nur 10^{-9} erfolgten, wurde 1984 im Zusammenhang mit der Meterdefinition abschließend und endgültig festgelegt:

$$c_0 = 299792458 \text{ m/s} \tag{2.38}$$

Im Vakuum ist die Ausbreitungsgeschwindigkeit elektromagnetischer Wellen für alle Wellenlängen gleich groß, sie hat den konstanten Wert c_0. Breiten sich die Wellen in einem Medium mit n > 1 aus, so ändert sich die Phasengeschwindigkeit, sie wird kleiner. Für einen nichtleitenden Stoff ist $\mu = \mu_0$ und $\varepsilon = \varepsilon_0 \varepsilon_r$, also wird:

$$c = \frac{1}{\sqrt{\varepsilon_0 \varepsilon_r \mu_0}} = \frac{1}{\sqrt{\varepsilon_r}} \cdot \frac{1}{\sqrt{\varepsilon_0 \mu_0}} = \frac{c_0}{\sqrt{\varepsilon_r}} \tag{2.39}$$

Nach Maxwell gilt nun für den Zusammenhang von ε_r und n die Gleichung:

$$\sqrt{\varepsilon_r} = \frac{\lambda_0}{\lambda} = \frac{c_0}{c} = n \tag{2.40}$$

Damit folgt für die Phasengeschwindigkeit in einem Medium mit der Brechzahl n:

$$c = \frac{c_0}{\sqrt{\varepsilon_r}} = \frac{c_0}{n} \tag{2.41}$$

Im optischen Spektralbereich ist die Brechzahl nicht konstant, sondern abhängig von der Wellenlänge. Dann ist auch die Ausbreitungsgeschwindigkeit im Medium wellenlängenabhängig. Einen Einblick in den Verlauf der Brechzahl vermittelt Bild 2.29. Im IR- und UV-Bereich treten bei allen transparenten Stoffen typische Resonanzstellen auf, die zu einer als Dispersion bezeichneten λ-Abhängigkeit der Brechzahl führen.

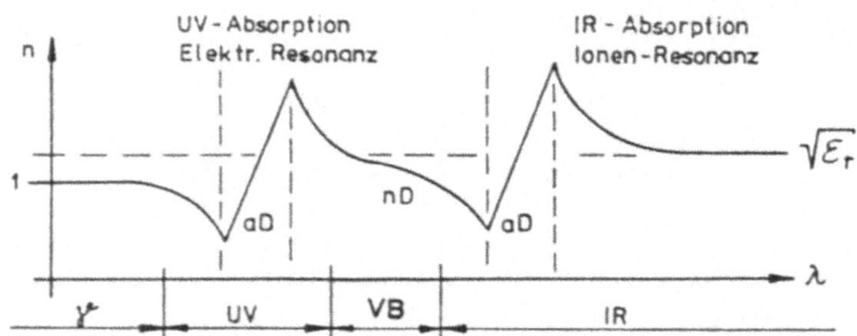

Bild 2.29 Dispersion der Brechzahl transparenter Stoffe im optischen Spektralbereich, bedingt durch atomare Resonanzstellen im IR- und UV-Gebiet.

Wie in Bild 2.29 dargestellt, liegt der sichtbare Bereich des Lichtes (VB) zwischen den beiden atomaren Resonanzstellen. Charakteristisch für den sichtbaren Bereich und den Bereich des anschließenden nahen IR ist die Abnahme der Brechzahl mit wachsender Wellenlänge. Dieser Verlauf wird als "normale" Dispersion (nD) bezeichnet. Im Bereich der Resonanzstellen dagegen erfolgt mit wachsender Wellenlänge eine steile Zunahme der Brechzahl, bezeichnet als "anomale" Dispersion (aD). Die Abnahme der Brechzahl im Bereich normaler Dispersion hat gemäß $c = c_0 / n$ für diesen Bereich eine Zunahme der Lichtgeschwindigkeit mit zunehmender Wellenlänge zur Folge. Im Medium mit normaler Dispersion hat langwelliges Licht eine höhere Geschwindigkeit als kurzwelliges Licht, rotes Licht ist schneller als blaues Licht. Den typischen Verlauf von Brechzahl und Lichtgeschwindigkeit bei normaler Dispersion zeigt Bild 2.30.

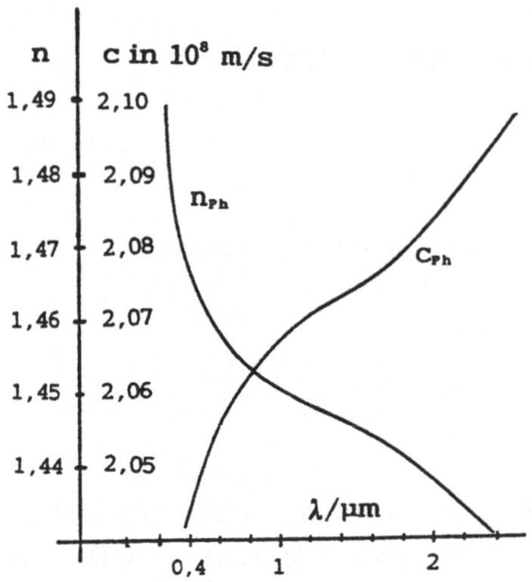

Bild 2.30
Verlauf von Brechzahl und Lichtgeschwindigkeit im Medium mit normaler Dispersion

Entsprechend der geometrischen Bedeutung des ersten Differentialquotienten als Anstieg der Tangente an die Kurve sind die Bereiche der normalen und anomalen Dispersion mathematisch charakterisiert durch die Gleichungen:

$$\text{normale Dispersion:} \quad \frac{dn}{d\lambda} < 0 \quad \text{und} \quad \frac{dc}{d\lambda} > 0$$
$$\text{anomale Dispersion:} \quad \frac{dn}{d\lambda} > 0 \quad \text{und} \quad \frac{dc}{d\lambda} < 0 \qquad (2.42)$$

Das Auftreten der Dispersion im Brechzahlverlauf bei hohen Frequenzen wirdbei Beachtung der atomaren Struktur der Stoffe verständlich. Wird ein transparentes Medium von einer elektromagnetischen Welle durchlaufen, so kommt es zu einer Wechselwirkung zwischen den elektrischen Ladungen in den atomaren Bereichen des Stoffes und dem elektrischen Wechselfeld der Welle. Das Dielektrikum wird durch Ladungsverschiebung elektrisch polarisiert und die Elektronen und Ionen schwingen im Rhythmus des Wechselfeldes.Die Moleküle eines Stoffes enthalten im allgemeinen mehrere im Feld mitschwingende Elektronen der äußeren Atomhülle mit unterschiedlicher Eigenfrequenz, bedingt durch unterschiedliche Bindungskräfte. Daher können mehrere durch Elektronen verursachte Resonanzstellen auftreten. Da die Ionenmasse wesentlich größer als die der Elektronen ist, liegen die Eigenfrequenzen der Ionen deutlich tiefer, also bei längeren Wellen, als die Elektronenresonanzfrequenzen. Bei optischen Gläsern liegt die Ionenresonanz im IR-Bereich, alle Elektronenresonanzstellen liegen im UV-Bereich. Der sichtbare Bereich des Lichtes und das zur optischen Signalübertragung mit Quarzglasfasern genutzte Wellenlängenintervall von (0,8 ... 1,8) μm im nahen IR-Bereich liegen zwischen der Ionen- und der ersten Elektronenresonanzstelle, so wie das in Bild 2.30 zu erkennen ist. Die Brechzahl zeigt hier den Verlauf der normalen Dispersion.

Ein Bereich anomaler Dispersion hat seine Ursache stets in einer atomaren Resonanzstelle. In Bild 2.31 ist die Verbindung beider Erscheinungen dargestellt.

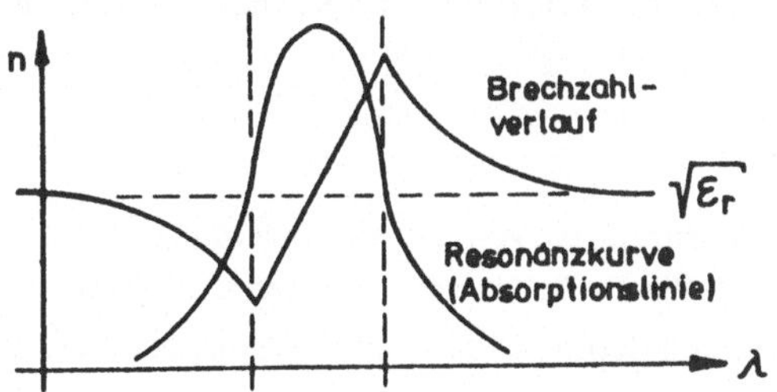

Bild 2.31
Brechzahldispersion im Bereich einer atomaren Resonanzstelle als Folge einer hohen Energieabsorption im Resonanzbereich

Mit abnehmender Wellenlänge erfolgt bei Annäherung an die Resonanzstelle zunächst ein Anwachsen der Brechzahl mit normaler Dispersion auf ein Maximum, das am rechten Rand der Resonanzstelle erreicht wird. Danach ist im Bereich der Resonanzstelle anomale Dispersion mit einem steilen Abfall der Brechzahl auf ein Minimum zu beobachten. Bei weiter abnehmender Wellenlänge erfolgt ein Anstieg mit normaler Dispersion.

In Bereichen atomarer Eigenfrequenzen ist im Resonanzfall eine hohe Energieabsorption zu beobachten, eine eingestrahlte Welle erfährt in diesen Frequenzbereichen eine hohe Dämpfung. Damit können die Eigenfrequenzen eines Mediums experimentell aus den diskreten Absorptionslinien im Spektrum ermittelt werden.

Das Auftreten der Brechzahldispersion im optischen Spektralbereich ist experimentell leicht mit Hilfe eines Prismas nachweisbar. Das Prinzip zeigt Bild 2.32. Wird ein Strahl weißen Lichtes schräg auf eine Seite eines Prismas gelenkt, so erscheint auf der anderen Seite des

Prismas fächerförmig ein kontinuierliches Spektrum in den Farben des Regenbogens. Aus dem Verlauf des Spektrums ist zu erkennen, daß Licht kleinerer Wellenlänge (violett) stärker gebrochen wird als langwelliges Licht (rot).

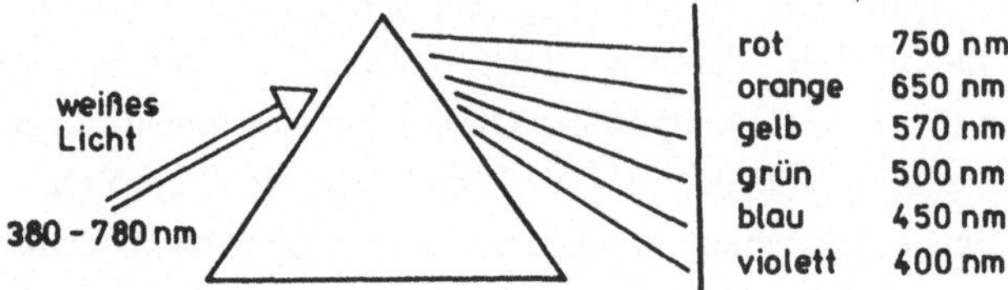

Bild 2.32 Zerlegung weißen Lichtes in Spektralfarben durch ein Prisma bei normaler Dispersion. Licht verschiedener Wellenlänge wird verschieden stark gebrochen.

Im kontinuierlichen Spektrum, das aus weißem Licht am Prisma entsteht, gehen die Farben kontinuierlich ineinander über. Die jeweils für die Mitte eines Farbintervalls geltende Wellenlänge ist in Bild 2.33 rechts angegeben. Eine weitere Zerlegung der Spektralfarben durch ein zweites Prisma ist nicht möglich. Durch eine Sammellinse kann das Spektrum wieder zusammengeführt werden, die Synthese ergibt weißes Licht.

Die Dispersion der Lichtgeschwindigkeit im Medium ist von großer Bedeutung für die optische Signalübertragung mit Lichtwellenleitern. Sie ist die Ursache der Impulsdispersion, die aus Modendispersion, Materialdispersion, Wellenleiterdispersion und Profildispersion zusammengesetzt ist. Im Lichtwellenleiter entstehen durch Dispersion störende Laufzeiteffekte, die die Übertragungskapazität der Faser begrenzen.

Die Erscheinung der Dispersion ist auch bei Wasserwellen und Ultraschallwellen zu beobachten, die Brechung dieser Wellen ist gleichfalls abhängig von der Wellenlänge.

2.6 Phasen- und Gruppengeschwindigkeit

Es sind zwei Formen der Lichtgeschwindigkeit zu unterscheiden, die Phasengeschwindigkeit und die Gruppengeschwindigkeit. Die Phasengeschwindigkeit ist die Geschwindigkeit, mit der eine bestimmte Phase, zum Beispiel ein bestimmtes Maximum einer unendlich ausgedehnten Welle, wandert. Für diese Phasengeschwindigkeit gilt die Gleichung (siehe dazu auch den nachfolgenden Abschnitt 2.7):

$$c = \lambda f = \frac{\omega}{k} \tag{2.43}$$

Mit einer unendlich ausgedehnten gleichförmigen Sinuswelle konstanter Amplitude ist kein Signal übertragbar. Informationsübertragung erfordert eine Modulation der Welle, die auf unterschiedliche Weise erreichbar ist. Stets entstehen dabei Wellengruppen endlicher Länge. Die Geschwindigkeit der Wellengruppen ist die Geschwindigkeit, mit der von der Welle eine aufgeprägte Modulation transportiert wird, also die Signalgeschwindigkeit. Mit Hilfe der Fourier-Analyse ist nachweisbar, daß eine Wellengruppe durch Überlagerung mehrerer harmonischer Sinuswellen unterschiedlicher Wellenlängen entsteht. Eine Wellengruppe muß also aus einer größeren Anzahl von Wellen unterschiedlicher Wellenlänge bestehen. Als Folge der Dispersion ist die Geschwindigkeit dieser Wellen unterschiedlicher Wellenlängen im Medium verschieden und somit $c = \omega / k$ für die Gruppe nicht anwendbar. Statt dessen ist als Definitionsgleichung für die Ausbreitungsgeschwindigkeit der Wellengruppe bei nichtlinearer Dispersion zu schreiben:

$$c_g = \frac{d\omega}{dk} \tag{2.44}$$

Mit $\omega = ck$ folgt daraus bei Beachtung der Produktenregel

$$c_g = \frac{d(ck)}{dk} = c\,\frac{dk}{dk} + k\,\frac{dc}{dk} = c + k\,\frac{dc}{dk}$$

Nun ist $\lambda = \frac{2\pi}{k} = 2\pi k^{-1}$ und weiter

$$\frac{d\lambda}{dk} = -\,2\pi k^{-2} = -\,\frac{2\pi}{k^2} = -\,\frac{\lambda}{k} \quad \text{da} \quad k = \frac{2\pi}{\lambda}$$

Also gilt $\frac{k}{dk} = -\,\frac{\lambda}{d\lambda}$ und abschließend wird

$$c_g = c - \lambda\,\frac{dc}{d\lambda} \tag{2.45}$$

Dieser Gleichung sind wichtige Informationen zur Gruppengeschwindigkeit in einem Medium mit Brechzahl n zu entnehmen:

1 Ursache für das Auftreten der Gruppengeschwindigkeit ist die Dispersion $c = c(\lambda)$,die Abhängigkeit der Phasengeschwindigkeit von der Wellenlänge.

2 In einem Medium ohne Dispersion (Vakuum, Luft) ist c konstant und damit $dc/d\lambda = 0$, also $c_g = c = c_0/n$.
Für Vakuum und näherungsweise für Luft ist $n = 1$ und $c_g = c_0$.

3 In einem Medium mit normaler Dispersion, in dem die Phasengeschwindigkeit mit der Wellenlänge wächst, ist $dc/d\lambda > 0$, also wird $c_g < c = c_0/n$.

4 Im Fall anomaler Dispersion wird die Phasengeschwindigkeit mit wachsender Wellenlänge kleiner, es ist $dc/d\lambda < 0$ und $c_g > c = c_0/n$.

Bild 2.33 zeigt den Zusammenhang von Phasen- und Gruppengeschwindigkeit am einfachen Beispiel einer Schwebung.

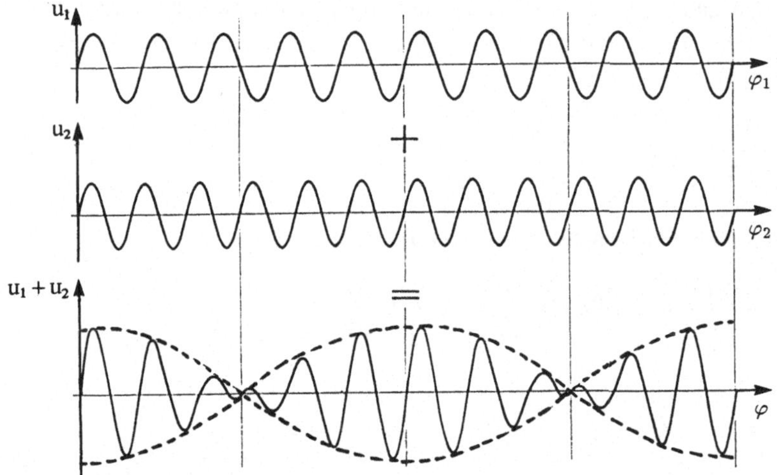

Bild 2.33 Phasen- und Gruppengeschwindigkeit bei einer Schwebung
(nach Beiser: Atome, Moleküle, Festkörper. Vieweg, Braunschweig 1983, S.17)

Die Schwebung entsteht durch Überlagerung zweier Wellen gleicher Amplitude aber gering unterschiedlicher Frequenz und Phasengeschwindigkeit. Die Gleichungen dieser Wellen sind:

$$y_1(t, x) = y_m \sin(\omega_1 t - k_1 x) = y_m \sin\varphi_1$$

$$y_2(t, x) = y_m \sin(\omega_2 t - k_2 x) = y_m \sin\varphi_2$$

Das Ergebnis der Interferenz lautet:

$$y = y_1 + y_2 = 2y_m \cos\left(\frac{1}{2}\Delta\omega t - \frac{1}{2}\Delta kx\right)\cdot\sin(\omega t - kx)$$

Der durch diese Gleichung beschriebene Vorgang der Schwebung ist in Bild 2.34 unten dargestellt. Der unendlich ausgedehnte Wellenzug wird durch die Schwebungsperioden in Wellengruppen gleicher Länge unterteilt. Die Maxima der resultierenden HF-Schwingung haben eine zwischen c_1 und c_2 liegende mittlere Phasengeschwindigkeit $c = \omega / k$, die Maxima der Schwebung laufen mit der Gruppengeschwindigkeit $c_g = d\omega / dk = c - \lambda \cdot dc / dk$.

Die Ausbreitungsgeschwindigkeit des Lichtes im Medium wird durch die Brechzahl des Stoffes bestimmt. Für die Phasengeschwindigkeit gilt $c = c_0 / n$. In dieser Gleichung ist die Brechzahl n exakt als Phasenbrechzahl n_{Ph} zu bezeichnen und somit korrekt zu schreiben:

$$c_{Ph} = \frac{c_0}{n_{Ph}}$$

Der einfachen Schreibweise wegen wird jedoch weiterhin der Index fortgelassen.
Analog zur Phasengeschwindigkeit gilt für die Gruppengeschwindigkeit:

$$c_g = \frac{c_0}{n_g}$$

wobei n_g definiert ist durch die Gleichung:

$$n_g = n - \lambda\frac{dn}{d\lambda} \tag{2.46}$$

Der wellenlängenabhängige Verlauf von Phasenbrechzahl n und Gruppenbrechzahl n_g für Quarzglas ist in Bild 2.34 dargestellt. Von praktischer Bedeutung für die Signalübertragung mit SiO_2-Lichtwellenleitern ist das Minimum im Verlauf der Gruppenbrechzahl, es liegt bei einer Wellenlänge von 1,27 μm. An dieser Stelle hat die Phasenbrechzahl n einen Wendepunkt und die später zu diskutierende Materialdispersion eine Nullstelle. In der näheren Umgebung des Minimums ist die Gruppenbrechzahl nahezu konstant, damit ist dann auch $c_g = c_0 / n_g$ nahezu konstant. Alle in einer Wellengruppe enthaltenen Wellenlängen haben für diesen Fall angenähert die gleiche konstante Ausbreitungsgeschwindigkeit.

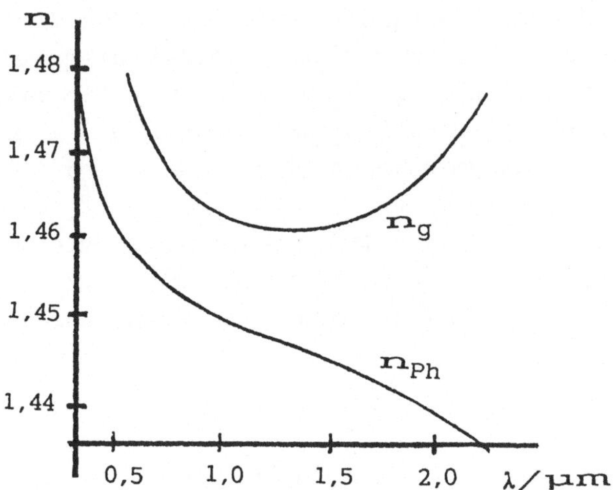

Bild 2.34 Phasengeschwindigkeit und Gruppengeschwindigkeit für Quarzglas

2.7 Ausbreitung des Lichtes in verschiedenen Medien

Drei wesentliche Kenngrößen zur Beschreibung einer Welle sind: Frequenz, Wellenlänge und Ausbreitungsgeschwindigkeit. Während die Frequenz für eine gegebene Welle in jedem Fall eine konstante Größe ist, sind Wellenlänge und Geschwindigkeit abhängig vom Medium. Die Änderungen von c und λ beim Übergang in ein anderes Medium sollen berechnet werden.

Beim Übergang bleibt die Frequenz konstant. Aus dieser Tatsache folgt das Gesetz, nach dem sich c und λ ändern:

$$f = \frac{c}{\lambda} = konst. \qquad \text{also} \qquad \frac{c_1}{\lambda_1} = \frac{c_2}{\lambda_2} \qquad \text{oder} \qquad \frac{c_1}{c_2} = \frac{\lambda_1}{\lambda_2}$$

Um die Beziehung zur Brechzahl herzustellen, wird Gl.(1.42) berücksichtigt. Mit $c_1 = c_0/n_1$ und $c_2 = c_0 / n_2$ ist $c_1 / c_2 = n_2 / n_1$. Also gilt insgesamt die Gleichung:

$$\frac{c_1}{c_2} = \frac{\lambda_1}{\lambda_2} = \frac{n_2}{n_1} \tag{2.47}$$

Beim Übergang des Lichtes in ein anderes Medium verhalten sich Ausbreitungsgeschwindigkeit und Wellenlänge umgekehrt wie die Brechzahlen. Bei bekannten Brechzahlen können damit die Werte von c und λ nach dem Übergang berechnet werden:

$$c_2 = \frac{n_1}{n_2}\, c_1 \qquad\qquad \lambda_2 = \frac{n_1}{n_2}\, \lambda_1 \tag{2.48}$$

In der Praxis erfolgt häufig der Übergang des Lichtes aus Luft in einen Glaskörper mit der Brechzahl n. Dann gilt:

$$c = \frac{c_0}{n} \qquad\qquad \lambda = \frac{\lambda_0}{n} \tag{2.49}$$

Unterschiedliche Geschwindigkeiten in unterschiedlichen Medien haben unterschiedliche Laufzeiten zur Folge. Es soll nun die Zeit betrachtet werden, die das Licht benötigt, um eine Wegstrecke L in Luft und in einem Medium mit der Brechzahl n zurückzulegen.

In Luft gilt $t_0 = L / c_0$
und im Medium $t_1 = L / c_1 = n L / c_0 = n\, t_0$ (2.50)

Die Laufzeit im Medium ist der Brechzahl des Stoffes proportional. Im Medium mit der Brechzahl n ist die Laufzeit bei gleich langem Weg um den Faktor n größer als in Luft.

Wird von einer Welle die Wegstrecke L zurückgelegt, so sind darin $z = L/\lambda$ Wellenlängen enthalten. Werden unterschiedliche Medien durchlaufen, so bleibt die Frequenz konstant, aber c und λ ändern sich. Mit $\lambda = \lambda_0/n$ wird $L/\lambda = nL/\lambda_0$. Das Produkt nL wird als optische Weglänge oder als Lichtweg bezeichnet. L ist die geometrische Länge der Strecke. Also gilt $L_{opt} = nL_{geom}$. Gleiche optische Weglängen enthalten die gleiche Anzahl von Wellenlängen der Lichtwelle. Die optische Weglänge ist entscheidend für die Phasenlage der Welle an einem Punkt des Mediums.

2.8 Energiebilanz bei Ausbreitung des Lichtes

Beim Durchgang des Lichtes durch einen verlustbehafteten transparenten Körper wird die einfallende Strahlungsleistung in drei Komponenten zerlegt. Nach Bild 2.35 gilt

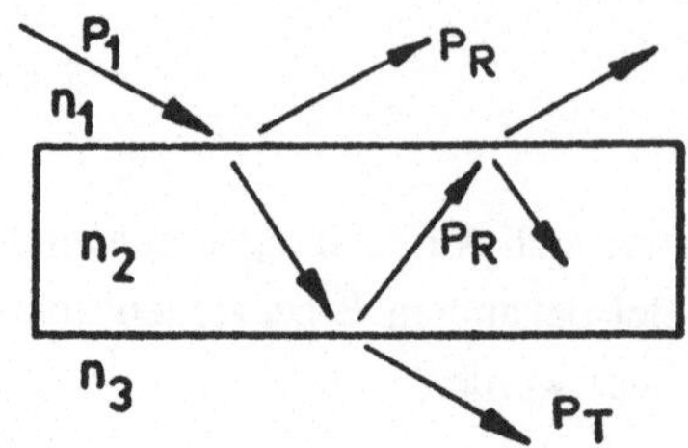

P_1 einfallende Leistung
P_R reflektierte Leistung
P_A absorbierte Leistung
P_T transmittierte Leistung

Bild 2.35 Energiebilanz bei Ausbreitung des Lichtes

Mit diesen Leistungsanteilen wird definiert

$P_R/P_1 = R$ Reflexionsgrad oder Reflexionsfaktor
$P_A/P_1 = A$ Absorptionsgrad
$P_T/P_1 = T$ Transmissionsgrad

Für diese vier Anteile gilt die Leistungsbilanz

$$P_R + P_A + P_T = P_1$$ oder nach Division durch P_1

$$R + A + T = 1 \tag{2.51}$$

Diese Gleichung wird häufig in nicht ganz exakter Formulierung als Energieerhaltungssatz der Optik bezeichnet.

Die Strahlungsleistung des Lichtes beim Vorgang nach Bild 2.35 wird durch zwei Effekte reduziert, durch Reflexion an beiden Oberflächen und durch Dämpfung im Medium.

Reflexion entsteht an der Grenzfläche zweier Medien. Zur mathematischen Erfassung der reflektierten Leistung dient der Reflexionsfaktor, der durch den Einfallswinkel und durch die Brechzahlen der Medien bestimmt wird. In der Lichtwellenleitertechnik ist vor allem der senkrechte Einfall des Lichtes von Bedeutung, der bei der Ein- und Auskopplung des Lichtes in den LWL und beim Übergang des Lichtes in Steckverbindungen mit ausreichender Näherung vorliegt. Bei senkrechtem Lichteinfall gilt für den Reflexionsfaktor:

$$R = \left(\frac{n_1 - n_2}{n_1 + n_2}\right)^2 \tag{2.52}$$

Der Reflexionsfaktor ist mit der Brechzahl material- und wellenlängenabhängig. An der Grenzfläche Luft/Glas mit $n_1 = 1$ und $n_2 = 1{,}5$ ist $R = 0{,}04$, es werden 4 % der einfallenden Leistung reflektiert. Da jede Glasscheibe zwei Oberflächen hat, entstehen beim Durchgang des Lichtes durch eine Fensterscheibe Energieverluste infolge Reflexion von 8% .Im Lichtwellenleiter entstehen unter anderem Reflexionsverluste an Oberflächen beim Austritt des Lichtes aus der Halbleiter-Strahlungsquelle und beim Eintritt in den Strahlungsempfänger. An der Grenzfläche Luft/GaAs mit $n_1 = 1$ und $n_2 = 3{,}6$ ist $R = 0{,}3$. Dann beträgt der Anteil der reflektierten Leistung an jeder Grenzfläche 30 % .

Bei bekanntem Reflexionsfaktor können an der Grenzfläche reflektierter und ins Medium eindringender Leistungsanteil berechnet werden. Aus $R = P_R/P_1$ folgt

- der reflektierte Leistungsanteil: $P_R = RP_1$
- die ins Medium 2 übergehende Leistung: $P_2 = P_1 - P_R = P_1 - R P_1 = (1-R) P_1$

Dämpfung im Medium erfolgt durch Absorption und Streuung. Absorption des Lichtes im Medium bedeutet Umwandlung der Strahlungsenergie in Wärmeenergie oder in Sekundärstrahlung anderer spektraler Verteilung. Streuung des Lichtes bedeutet Energieverlust durch Änderung der Ausbreitungsrichtung an kleinen Teilchen oder Inhomogenitäten im Medium. Die Dämpfung im Medium wird durch einen material- und wellenlängenabhängigen Exponenten charakterisiert, der beide Anteile, Absorption und Streuung zusammenfaßt: $\mu = \mu_a + \mu_s$. Die Abnahme der Strahlungsleistung im Medium mit der Weglänge L erfolgt nach einer Exponentialfunktion. Die mathematische Formulierung dieser Funktion wird in der Praxis in Physik und Technik in verschiedener Weise vorgenommen.

In der Physik ist es üblich, die Exponentialfunktion mit der Basis e zu schreiben:

$$P = P_2 \, e^{-\mu L} \qquad \text{mit} \qquad [\mu] = \mathrm{m}^{-1} \tag{2.53}$$

In der Nachrichtentechnik ist die Beschreibung der Dämpfung durch eine Exponentialfunktion mit Basis 10 üblich. Dabei ist der Exponent μ durch die Dämpfungskonstante α zu ersetzen:

$$P = P_2 \, 10^{-\alpha L} \qquad \text{mit} \qquad [\alpha] = \mathrm{dB/km} \tag{2.54}$$

Damit ist die Dämpfung einer Leitung der Länge L definiert zu:

$$A = \alpha L = 10 \lg \frac{P_1}{P_2} \qquad [A] = \mathrm{dB} \tag{2.55}$$

Werden beide Gleichungen für P gleichgesetzt, so folgt daraus eine Beziehung zur Umrechnung der Exponenten μ und α:

$$\mu = 0{,}1\ \alpha \ln 10 = 0{,}23\ \alpha \qquad \text{oder} \qquad \alpha = 10\ \mu \lg \mathrm{e} = 4{,}343\ \mu \tag{2.56}$$

In Tabellen und Diagrammen ist die Identifizierung des verwendeten Exponenten im Zweifelsfall durch die dort angegebene Einheit möglich.

Bild 2.36 zeigt einen verlustbehafteten transparenten Körper, der von senkrecht einfallendem Licht durchstrahlt wird. Für die Leistungsbilanz sind zwei Reflexionsvorgänge und die Dämpfung im Medium zu beachten. Die Materialparameter R und α werden als bekannt angenommen. Dann gilt:

- Reflexion an oberer Grenzfläche: $P_R = RP_1$
- eindringende Leistung: $P_2 = P_1 - P_R = (1-R)P_1$
- Leistung nach Weg L infolge Absorption im Medium: $P_3 = P_2 \cdot 10^{-\alpha L} = (1-R)P_1 \cdot 10^{-\alpha L}$
- Reflexion an unterer Grenzfläche: $P_R = RP_3$
- transmittierte Leistung: $P_4 = P_3 - RP_3 = (1-R)P_3 = (1-R)^2 P_1 \cdot 10^{-\alpha L}$
- im Körper absorbierte Leistung ist: $P_2 - P_3 = (1-R)P_1 - (1-R)P_1 \cdot 10^{-\alpha L} = (1-R)P_1(1-10^{-\alpha L})$

Zusätzlich verbleibt im Körper die an der unteren Grenzfläche reflektierte Leistung. Dieser Anteil kann unter Umständen größer sein als die absorbierte Leistung.

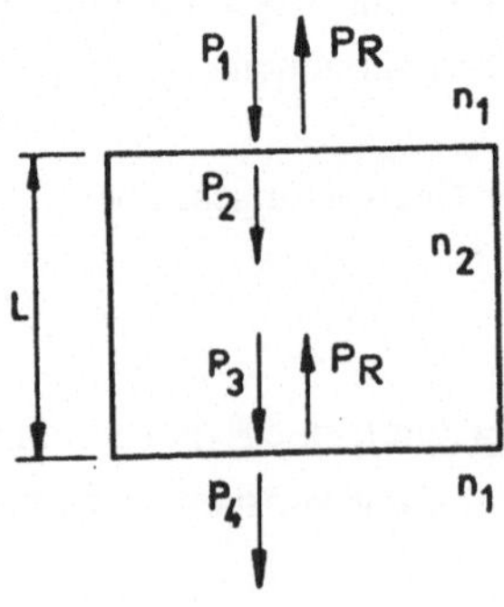

Bild 2.36
Leistungsbilanz für einen verlustbehafteten Körper bei senkrechtem Lichteinfall

3 Eigenschaften und Kenngrößen optischer Strahlungsquellen

3.1 Physikalische Größen zur Beschreibung und Messung der optischen Strahlung

Ausgangspunkt der Betrachtungen ist die von einer Strahlungsquelle in den Raum emittierte Energie. Die Energie wird von der elektromagnetischen Welle transportiert, die Wellen bilden im Raum ein Strahlungs- oder Wellenfeld. Einfache Beispiele für Strahlungsquellen sind Sonne und Glühlampe, in der optischen Signalübertragung werden Halbleiterdioden verwendet. Zur objektiven Beschreibung der Eigenschaften von Strahlungsquelle, Strahlungsfeld und Strahlungsempfänger werden die folgenden radiometrischen Größen verwendet.

Strahlungsleistung P (auch Strahlungsfluß Φ genannt): Von einer Strahlungsquelle emittierte Gesamtleistung ohne Beachtung der Strahlungsrichtung. Beschreibt die je Zeiteinheit emittierte Energie, den von der Quelle ausgehenden Energiestrom.

$$P = \frac{dW}{dt} \qquad [P] = \frac{\mathrm{J}}{\mathrm{s}} = \frac{\mathrm{Ws}}{\mathrm{s}} = \mathrm{W} \tag{3.1}$$

Strahlstärke I: Durch die Fläche dA der Strahlungsquelle hindurchtretende Strahlungsleistung bezogen auf das zu dA gehörende Raumwinkelelement dΩ. Berücksichtigt die Richtung der Strahlung und beschreibt die von der Quelle je Raumwinkeleinheit emittierte Leistung.

$$I = \frac{dP}{d\Omega} \quad \text{mit} \quad d\Omega = \frac{dA}{r^2} \qquad [I] = \frac{\mathrm{W}}{\mathrm{sr}} = \mathrm{W} \tag{3.2}$$

Die Strahlstärke einer Quelle ist bei gleicher Strahlungsleistung um so größer, je kleiner der Raumwinkel ist, unter dem die Strahlung emittiert wird.
Zur Definition des Raumwinkels siehe Bild 3.1. Nach Gl.(3.8) folgt für einen Kugelstrahler $\Omega = A/r^2 = 4\pi r^2/r^2 = 4\pi$, für einen Kegelstrahler mit Öffnungswinkel α (Laserdiode und LED) gilt nach Gl.(3.10) die Näherungsgleichung $\Omega = 2\pi\,(1 - \cos\alpha) \approx \pi\alpha^2$.

Strahldichte L: Beschreibt die von der Oberfläche der Strahlungsquelle ausgehende Strahlstärke, bezogen auf die Flächeneinheit. Dazu wird ein senkrecht zur emittierten Strahlung orientiertes Flächenelement $dA\perp$ betrachtet.
Ist das Flächenelement dA nicht senkrecht zur Strahlrichtung orientiert, so ist nur die senkrecht stehende Komponente $dA\perp = dA\cos\alpha$ effektiv wirksam. Mit Gl.(3.2) wird L auf die Strahlungsleistung zurückgeführt.

$$L = \frac{dI}{dA\perp} = \frac{d^2P}{dA\perp\, d\Omega} \qquad [L] = \frac{\mathrm{W}}{\mathrm{m^2 \cdot sr}} = \frac{\mathrm{W}}{\mathrm{m^2}} \tag{3.3}$$

Spektrale Strahldichte L(λ): Auf das Wellenlängenintervall dλ bezogene Strahldichte. Beschreibt in einem kontinuierlichen Emissionsspektrum die Abhängigkeit der Strahldichte von der Wellenlänge.

$$L(\lambda) = \frac{dL}{d\lambda} \qquad [L(\lambda)] = \frac{\mathrm{W}}{\mathrm{m^3}} = \frac{\mathrm{W}}{\mathrm{m^3 \cdot sr}} \tag{3.4}$$

Leistungsdichte D (Strahlungsflußdichte, spezifische Strahlung): Dient zur Charakterisierung der Eigenschaft eines Strahlungsfeldes. Beschreibt in einem Strahlungsfeld die Strahlungsleistung je Flächeneinheit.

$$D = \frac{dP}{dA} \qquad [D] = \frac{\mathrm{W}}{\mathrm{m^2}} \tag{3.5}$$

Bestrahlungsstärke E: Die von einem Empfänger mit senkrecht zur Strahlrichtung stehender Fläche dA je Flächeneinheit aufgenommene Strahlungsleistung. Bei nicht senkrecht zur Strahlrichtung stehender Empfängerfläche dA wird vom Empfänger nur die Komponente $dP\perp = dP\cos\alpha$ der Strahlungsleistung aufgenommen.

$$E = \frac{dP}{dA} = \frac{dP\cos\alpha}{dA} \qquad [E] = \frac{\mathrm{W}}{\mathrm{m^2}} \tag{3.6}$$

Für die alternative Energiegewinnung mittels Solarzellen (Photovoltaik) ist die je Quadratmeter Erdoberfläche aufgenommene Sonnenenergie von Bedeutung. Bei senkrechtem Einfall gilt für die als Solarkonstante bezeichnete Bestrahlungsstärke der Sonne:

$$E_{Sonne} = 1{,}35\ \mathrm{kW/m^2} = 135\ \mathrm{mW/cm^2}$$

Definition des Raumwinkels Ω: Wichtig zur Beschreibung der Eigenschaften optischer Strahlungsquellen ist der Begriff des Raumwinkels. Zur Erläuterung dieses Begriffes wird Bild 3.1 betrachtet, in dem eine Kugel mit Radius r und ein darin enthaltener Kreiskegel dargestellt sind.

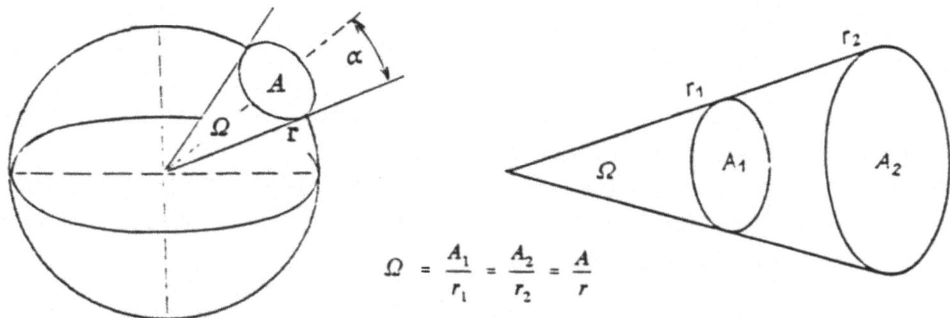

Bild 3.1 Zur Definition des Raumwinkels Ω

Aus der Kugeloberfläche wird durch den Kreiskegel eine Kugelkappe mit der Fläche A herausgeschnitten. Analog zur Definition des ebenen Winkels

$$\varphi = \frac{\text{Bogenlänge}}{\text{Kreisradius}} = \frac{b}{r} \qquad [\varphi] = \frac{\text{m}}{\text{m}} = 1 = \text{rad} \tag{3.7}$$

wird der Raumwinkel definiert durch:

$$\Omega = \frac{\text{Teilkugelfläche}}{\text{Kugelradius}^2} = \frac{A}{r^2} \qquad [\Omega] = \frac{\text{m}^2}{\text{m}^2} = 1 = \text{sr} \tag{3.8}$$

Der Raumwinkel hat zunächst (ebenso wie der ebene Winkel) keine natürliche Einheit, es ist $[\Omega] = 1$. Da es in vielen Fällen zweckmäßig ist, eine physikalische Größe an ihrer Einheit erkennen und damit von anderen Größen unterscheiden zu können, wurde mit Verabredung im internationalen Maßsystem (SI) die künstliche Einheit Steradiant (sr) eingeführt. Diese Einheit kann bei Bedarf verwendet werden, ihr Einsatz ist nicht zwingend notwendig.

Nach Gl.(3.8) wird der Raumwinkel an einer Kugel mit Radius r = 1 m (Einheitskugel) dargestellt durch die Größe der Fläche, die er aus der Kugeloberfläche herausschneidet. Die Einheit des Raumwinkels 1 sr bildet auf der Einheitskugel eine Teilkugelfläche mit $A = 1\ \text{m}^2$. Die Form dieser Kugelfläche kann beliebig sein. Wird die Teilkugelfläche durch einen Kreiskegel wie in Bild 3.1 aus der Kugelfläche herausgeschnitten, so ist diese Fläche eine Kugelkappe mit kreisförmiger Begrenzung. Für die Oberfläche der Kugelkappe gilt

$A = 2\pi rh$. Dabei ist $h = r(1 - \cos\alpha)$ die Höhe der Kugelkappe. Also folgt für die Fläche $A = 2\pi r^2(1 - \cos\alpha)$, wobei α der Öffnungswinkel des Kreiskegels nach Bild 3.1 ist. Damit gilt zur Berechnung des Raumwinkels, wenn der Öffnungswinkel des Kreiskegels bekannt ist:

$$\Omega = \frac{A}{r^2} = \frac{2\pi r h}{r^2} = 2\pi(1 - \cos\alpha) \tag{3.9}$$

Für die Raumwinkeleinheit $\Omega = 1$ sr liefert diese Gleichung nach einer kurzen Rechnung einen Öffnungswinkel des Kreiskegels von $\alpha = 32{,}7°$.
Bei kleinen Raumwinkeln kann zur Vereinfachung der Rechnung die Teilkugeloberfläche mit guter Näherung durch eine ebene Fläche in tangentialer Lage ersetzt werden. Für den Fall des Kreiskegels entsteht auf der tangentialen Ebene ein Kreis (Radius r_A) und zur Berechnung des Raumwinkels wird die Kugelkappe durch die Kreisfläche ersetzt. Damit folgt eine einfache Näherungsgleichung, die insbesondere für Halbleiterstrahlungsquellen mit etwa kreiskegelförmiger Abstrahlung anwendbar ist:

$$\Omega = \frac{A_{\text{Kugel}}}{r^2} \approx \frac{A_{\text{Kreis}}}{r^2} = \frac{\pi r_A^2}{r^2} = \pi\left(\frac{r_A}{r}\right)^2 = \pi\alpha^2 \tag{3.10}$$

Diese Näherung gilt für kleine Winkel α, solange $\alpha \approx \sin\alpha \approx \tan\alpha = r_A/r$ hinreichend erfüllt ist, für die meisten praktischen Probleme also bis zu einem Kreiskegelöffnungswinkel von etwa 10°, gemessen nach einer Seite, siehe Bild 3.1.

Der besonderen Bedeutung halber soll in kurzer Form die Eigenschaft des menschlichen Auges als Strahlungsempfänger beschrieben werden. Das Auge vermag eine optische Strahlung im Wellenlängenintervall von etwa 380...780 nm wahrzunehmen. Wird dem Auge eine in diesem Bereich liegende Strahlung konstanter Leistung zugeführt, so entspricht der Eindruck, den das Auge von dieser Strahlung gewinnt, in keiner Weise der objektiven physikalischen Realität. Bedingt durch physiologische Vorgänge entwirft das Auge ein subjektives Bild, das dem Verlauf der Kurve in Bild 3.2 entspricht. Die Empfindlichkeitskurve des hell-adaptierten

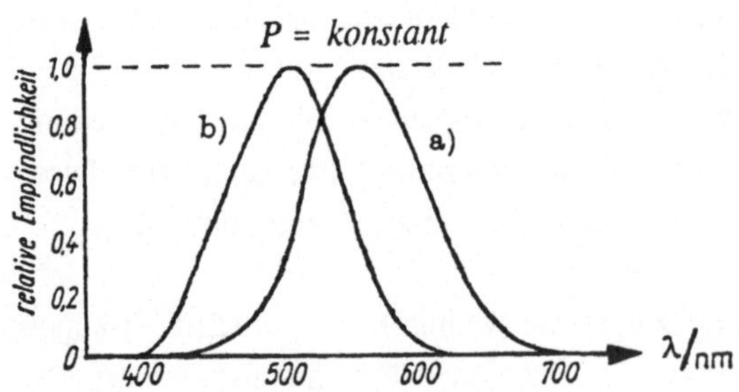

Bild 3.2
Das Auge als Strahlungsempfänger.
Empfindlichkeitsdiagramm für
a) hell- b) dunkel-adaptiertes Auge

Auges hat ein Maximum im grünen Bereich des Lichtes bei 550 nm, hier liegt die größte Sehleistung bei hellem Tageslicht. Im Dämmerungszustand erfolgt bei dunkel-adaptiertem Auge eine geringe Verschiebung des Maximums nach kürzeren Wellen zu etwa 507 nm.

3.2 Eigenschaften optischer Strahlungsquellen

Es gibt eine große Anzahl optischer Strahlungsquellen unterschiedlicher Wirkungsweise und Eigenschaften. Sie werden durch die folgenden wesentlichen Kenngrößen charakterisiert:

- Ausgangsleistung
- Art des Spektrums: kontinuierlich, Linienspektrum oder monochromatisch
- Frequenz und Wellenlänge
- spektrale Bandbreite
- kohärent oder inkohärent, Kohärenzlänge
- Polarisation
- Modulierbarkeit (für optische Signalübertragung)
- Stabilität von Frequenz und Amplitude
- Wirkungsgrad der Lichterzeugung
- Strahlungscharakteristik (Winkelabhängigkeit der emittierten Strahlung).

Zwei Eigenschaften sollen ihrer grundlegenden Bedeutung wegen herausgegriffen und diskutiert werden: Spektrum und Kohärenz.

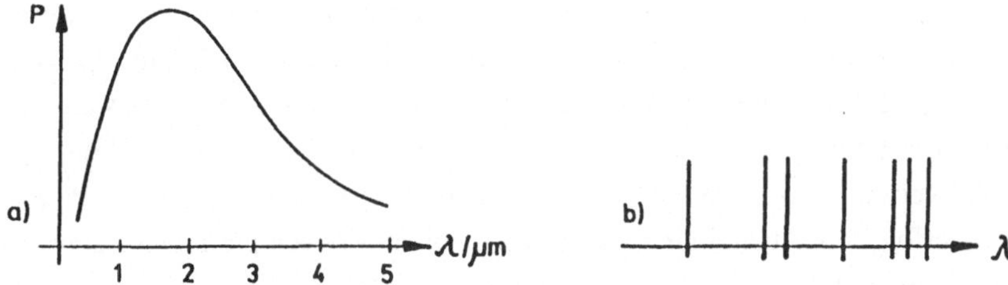

Bild 3.3 a) kontinuierliches Spektrum eines Temperaturstrahlers
b) Linienspektrum eines dampfförmigen Stoffes

Temperaturstrahler (Gase hoher Dichte und Festkörper), wie Sonne und Glühlampe, emittieren bei hoher Temperatur ein kontinuierliches Spektrum großer Breite, das wesentlich über den Bereich des sichtbaren Lichtes hinausgeht und den nahen UV- sowie den ganzen IR-Bereich einschließt. Leuchtende Gase und Dämpfe geringer Dichte (um die gegenseitige

Störung der Atome und Moleküle gering zu halten) emittieren ein Linienspektrum. Die Lage der Spektrallinien ist materialcharakteristisch, sie wird zur Identifizierung unbekannter Stoffe eingesetzt (Spektralanalyse). Beide Formen des wellenlängenabhängigen Verlaufs der optischen Strahlung, das kontinuierliche Spektrum und das Linienspektrum, sind in Bild 3.3 in qualitativer Form abgebildet. Ergänzende quantitative Aussagen zum kontinuierlichen Spektrum sind Bild 3.4 zu entnehmen.

Laser und LED werden so aufgebaut, daß sie möglichst nur eine einzige Linie ausstrahlen, sie emittieren nahezu monochromatisches Licht. Aber auch eine monochromatische Spektrallinie besteht nicht nur aus einer einzigen Frequenz, sondern aus einem mehr oder weniger breiten Frequenzband, das durch Angabe der Bandbreite beschrieben wird. Die Bandbreite dieser Linie ist ein wichtiges Qualitätsmerkmal der Quelle. Sie ist bei Halbleiter-Strahlungsquellen durch Materialauswahl und Konstruktion zu beeinflussen und soll für Laser und LED möglichst klein sein. Erreicht werden in der Praxis für Halbleiterlaser bei einer Betriebswellenlänge um 1 μm Bandbreiten von 1 nm bis 0,1 nm.

Licht entsteht in der Elektronenhülle der Atome und Moleküle durch Emission von Photonen. Die zunächst notwendige Anregung der Atome erfolgt bei Temperaturstrahlern durch Stoßprozesse bei der thermischen Bewegung. Da die thermische Bewegung bei hohen Temperaturen ein breites Energiespektrum aufweist, werden sehr viele unterschiedliche Energiezustände im Atom angeregt. Ihre Anzahl ist bei Festkörpern und Gasen hoher Dichte so groß, daß bei der Emission ein kontinuierliches Spektrum entsteht. Demgegenüber bestehen Gase geringer Dichte aus praktisch isolierten Atomen ohne gegenseitige Rückwirkung mit diskreten Energiezuständen. Die emittierte Strahlung kann dann nur aus diskreten Linien bestehen. Die Emissionsprozesse erfolgen bei Temperaturstrahlern und bei LED spontan. Der Zeitpunkt der Photonenemission ist zufällig, damit ist die gegenseitige Phasenlage willkürlich, im statistischen Sinne chaotisch. Ebenso ist die Polarisation (Lage der Schwingungsebene des E-Feldes der Photonenwelle) unbestimmt, im statistischen Mittel ist die Polarisationsrichtung der Photonen senkrecht zur Ausbreitungsrichtung gleichmäßig über 360° verteilt. Auch die Richtung der Emission ist für ein einzelnes Photon beliebig, insgesamt erfolgt die Abstrahlung kugelförmig rundum in den gesamten Raum. Licht dieser Art heißt inkohärent.

Bei einem Laser erfolgen in den Atomen des aktiven Mediums stimulierte, durch Einwirkung von außen gesteuerte Emissionen. Durch die Rückkopplung zwischen den im Resonator schon vorhandenen Photonenwellen und den angeregten Energieniveaus im aktiven Medium erfolgt die Emission weiterer Photonen synchron zu den Maxima des E-Feldes der Welle. Die Photonen werden im "Gleichschritt" mit der stimulierenden Welle ausgestrahlt. Stimuliert ausgestrahlte Photonen haben gleiche Frequenz, gleiche Phasenlage, gleiche Polarisation und gleiche Ausbreitungsrichtung wie das stimulierende Photon. Eine Strahlung mit diesen Eigenschaften wird als kohärent bezeichnet.

3.3 Von Temperaturstrahlern emittierte optische Strahlung

Die von Temperaturstrahlern emittierte optische Strahlung wird durch folgende Eigenschaften charakterisiert:

- Die emittierte Strahlung bildet ein kontinuierliches Spektrum unterschiedlicher Intensität im Wellenlängenintervall $\lambda = 0{,}1 \ldots 1000\ \mu m$.
- Die Intensität der Strahlung ist temperatur- und wellenlängenabhängig, es ist ein ausgeprägtes Maximum zu beobachten.
- Größe und Lage (Wellenlänge) des Maximums sind temperaturabhängig. Die Wellenlänge des Maximums liegt im Intervall $0{,}5 \ldots 10\ \mu m$. Mit steigender Temperatur wächst das Maximum und die Lage wird nach kürzeren Wellen verschoben.
- Bei Körpertemperaturen bis 2000 K liegt der sichtbare Bereich des emittierten Lichtes sehr ungünstig an der linken unteren Flanke der Strahlungskurve. Bei höheren Temperaturen wird die Kurve jedoch so nach links verschoben, daß der visuelle Anteil zunimmt.
- Bei der von der Sonne mit einer extrem hohen Oberflächentemperatur von mehr als 5000 K emittierten optischen Strahlung liegt das Maximum im visuellen Bereich bei einer Wellenlänge von 550 nm, dem Empfindlichkeitsmaximum des menschlichen Auges.
- Wichtigster technischer Temperaturstrahler für den Einsatz als Leuchtkörper ist die Glühlampe. Die Betriebstemperatur liegt bei etwa 2000 K. Der Verlauf des Spektrums ist so, daß das Maximum bei $1{,}5\ \mu m$ und der visuelle Bereich sehr ungünstig an der linken unteren Flanke der Kurve liegt. Der Wirkungsgrad des Temperaturstrahlers Glühlampe zur Lichterzeugung kann damit von vornherein nur schlecht sein, er liegt bei 2 % , die Glühlampe ist für Beleuchtungsaufgaben uneffektiv, es entsteht vor allem Wärme.

Quantitativ wird die von Temperaturstrahlern emittierte optische Strahlung vor allem durch zwei Gesetze beschrieben: durch das Strahlungsgesetz von Planck und durch das Verschiebungsgesetz von Wien.

Das Plancksche Strahlungsgesetz beschreibt die Abhängigkeit der Strahlungsdichte L von Temperatur und Wellenlänge:

$$dL = \frac{2hc^2}{\lambda^5} \cdot \frac{1}{\exp\frac{hc}{k\lambda T} - 1} \cdot d\lambda \tag{3.11}$$

Bild 3.4 zeigt das Diagramm dieser Funktion. Mit T als Parameter entstehen die eingezeichneten Isothermen.

Das Wiensche Verschiebungsgesetz beschreibt den Zusammenhang von Temperatur T und der Wellenlänge λ_{max} des Maximums. Die Lage des Strahlungsmaximums wird mit steigender Temperatur so nach kurzen Wellen verschoben, daß gilt:

$$T\,\lambda_{max} = K_W \qquad [K_W] = \mathrm{K \cdot m} \quad \text{oder} \quad \mathrm{K \cdot \mu m} \tag{3.12}$$

Die Wiensche Konstante K_W hat den Wert $K_W = 2900\ \mathrm{K \cdot \mu m}$ (K bedeutet Kelvin).

Nach dieser Gleichung strahlen Körper, die sich auf normaler Raumtemperatur befinden, ein kontinuierliches Spektrum aus, dessen Maximum bei einer Wellenlänge von 10 μm liegt. Ein hellrotglühender Körper hat eine Temperatur von etwa 1000 K, das Strahlungsmaximum liegt bei 3 μm. Für 2000 K (Glühlampe) liegt das Maximum bei 1,5 μm. Für jede Körpertemperatur wird durch Gl.(3.12) die Lage des Strahlungsmaximums exakt bestimmt. Umgekehrt ist aus der Lage des Strahlungsmaximums die Körpertemperatur berechenbar. Für die Strahlung der Sonne wird das Strahlungsmaximum experimentell bei λ = 550 nm ermittelt. Mit diesem Wert folgt die Oberflächentemperatur der Sonne aus (3.12) zu 5272 K.

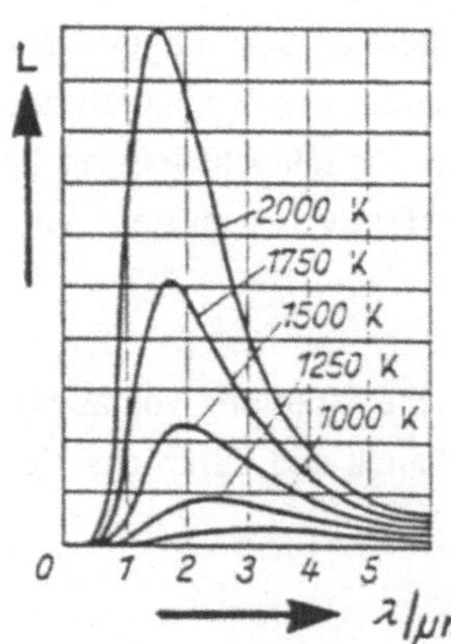

Bild 3.4
Die von Temperaturstrahlern emittierte optische Strahlung bildet ein kontinuierliches Spektrum mit einem charakteristischen temperaturabhängigen Kurvenverlauf und einer markanten Lage des Maximums

4 Der Laser als Quelle monochromatischer und kohärenter optischer Strahlung

Die wichtigste Voraussetzung und Grundbedingung für die Übertragung von Informationen mit Trägersignalen aus dem optischen Spektralbereich ist das Vorhandensein einer geeigneten Strahlungsquelle. Wichtigste Eigenschaft der Strahlungsquelle ist ein schmalbandiges, möglichst monochromatisches Ausgangssignal hoher Frequenzkonstanz. Diese Voraussetzung wurde mit der Erfindung und praktischen Realisierung des Lasers im Jahre 1960 geschaffen. In den seither vergangenen Jahren sind in der Weiterentwicklung und Vervollkommnung des Lasers wie auch der optischen Signalübertragung erstaunliche Erfolge erzielt worden. Mit den nachfolgenden Ausführungen wird eine kurzgefaßte Einführung in Aufbau, Funktion, Eigenschaften und Anwendungsmöglichkeiten des Lasers gegeben. An einigen speziellen Typen werden grundlegende Probleme diskutiert. Laserdiode und Lumineszenzdiode als Strahlungsquellen für die optische Signalübertragung werden in Kapitel 6 ausführlich vorgestellt.

4.1 Bedeutung, Eigenschaften und Anwendungen des Lasers

Der Laser ist nicht nur als kohärente Strahlungsquelle für den Bereich der Optik von grundlegender Bedeutung, er hat in nahezu allen Bereichen von Wissenschaft und Technik Veränderungen eingeleitet, die man zu Recht als revolutionierend bezeichnen kann. Mit dem Laser steht ein Forschungs- und Arbeitsmittel mit grundlegend neuen Eigenschaften zur Verfügung. Die sprunghaft höhere Qualität in den Eigenschaften ermöglicht auch eine sprunghaft höhere Qualität in den Anwendungen und Ergebnissen. Ohne Laser als Arbeitsmittel in Wissenschaft und Technik ist die gesamte Hochtechnologie unserer Zeit undenkbar. In der optischen Signalübertragung ist der Laser in der miniaturisierten Ausführungsform als Injektions-Halbleiterlaserdiode (LD) eine unentbehrliche Strahlungsquelle. Ebenso unentbehrlich ist jedoch auch die vereinfachte und modifizierte Variante der LD, die Lumineszenzdiode (LED). Der Halbleiterlaser wird überall dort eingesetzt, wo die Qualität der (billigeren) Lumineszenzdiode nicht mehr ausreicht. Einige Anwendungsbeispiele der Laserdiode, für die LED nicht geeignet sind, sind die Weitverkehrstechnik mit Monomodefasern, die kohärente Signalübertragung als Voraussetzung für den Überlagerungsempfang, die Wellenlängenmultiplextechnik mit kleinem Kanalabstand.

Die große Bedeutung des Lasers ist durch die besonderen Eigenschaften der emittierten Strahlung bedingt. Diese Eigenschaften werden durch folgende Kenngrößen charakterisiert:

- geringe Bandbreite, nahezu monochromatisch, mit speziellen Typen ist eine absolute Bandbreite von $\Delta f = 1$ Hz erreichbar, also $\Delta f/f = 10^{-13}$.
- hohe Stabilität von Amplitude und Frequenz ist besonders mit Gaslaser erreichbar, für den Helium-Neon Laser sind Werte von $\Delta f/f = 10^{-12}$ möglich.
- Die erreichbare Ausgangsleistung ist abhängig vom Lasertyp, sie kann 1mW bis 1 MW betragen.
- Die Konzentration hoher Leistung auf ein Ausgangssignal geringer Bandbreite bedeutet eine hohe spektrale Energiedichte.
- gute Bündelung der Strahlung; es sind Divergenzwinkel bis 1 mrad erreichbar.
- durch Bündelung der Strahlung auf einen Brennpunkt geringer Abmessungen sind hohe Energiedichten bis 10^{16} W/cm^2 erreichbar.
- hohe zeitliche und räumliche Kohärenz; die Kohärenzlänge ist vom Lasertyp abhängig. Gaslaser liefern Kohärenzlängen bis 100 km und mehr, Festkörperlaser nur einige Meter.
- Betrieb kann kontinuierlich (cw) oder gepulst (pw) erfolgen.
- Es sind sehr kurze Lichtimpulse bis 10^{-13} s möglich.
- miniaturisierte Bauform im Fall der Halbleiterlaserdiode mit einfacher elektrischer Anregung und Modulation durch den Diodenstrom; entspricht den Anforderungen der Mikroelektronik und der Lichtwellenleitertechnik.

Natürlich sind diese Eigenschaften nicht alle gleichzeitig mit einem Modell erreichbar, vielmehr ist bei der Entwicklung eines Lasers eine Optimierung auf bevorzugt gewünschte Eigenschaften zu Lasten anderer notwendig. Entscheidend sind ferner Materialeigenschaften. Daher sind in der Praxis eine große Anzahl unterschiedlicher Lasertypen anzutreffen.

Laser liefern eine oder auch mehrere umschaltbare Festfrequenzen. Eine Ausnahme sind Farbstofflaser, deren Frequenz kontinuierlich durchstimmbar ist. Der insgesamt mit Lasern aller Typen erfaßbare Wellenlängenbereich beträgt 100 nm ...1 mm, mit diskreten Festfrequenzen. Kontinuierlich durchstimmbare Farbstofflaser erfassen mit mehreren Typen das Intervall (0,4 ...1,2) μm. Halbleiterlaserdioden liefern vornehmlich Festfrequenzen, mit einer Vielzahl verschiedener Materialien wird insgesamt das Intervall von (0,5 ...32) μm mit einer dichten Folge diskreter Werte belegt. Mit neueren Entwicklungen wurden HL-Laser geschaffen, die im Bereich einiger Nanometer durch Veränderung der Brechzahl abstimmbar sind.

Um das Bild abzurunden, soll nun eine Übersicht zu den Einsatzmöglichkeiten des Lasers folgen. Naturgemäß ist diese Aufzählung lückenhaft, sie erhebt keinen Anspruch auf Vollständigkeit sondern ist als Auswahl zu verstehen.

- Anwendungen in der Meßtechnik als Frequenznormal, Zeitnormal, Längennormal. Entfernungsmessung mit dem optischen Radar (Lidar), Geschwindigkeitsmessung mit Doppler-Effekt.
- Spektroskopie zur Feinstrukturanalyse, Ultrakurzzeitspektroskopie
- Plasmaphysik
- gesteuerte Kernfusion. Durch Fokussierung des Laserstrahls und Bündelung mehrerer Laser sind hohe Energiedichten möglich. Damit können die zur Zündung einer Kernfusion notwendigen hohen Temperaturen von etwa 10 MK erreicht werden.
- In der optischen Signalübertragung in Form der Laserdiode als Strahlungsquelle für Monomode-Lichtwellenleiter bei Intensitätsmodulation mit Direktempfang sowie zur kohärenten Signalübertragung mit Überlagerungsempfang. Bei Wellenlängenmultiplexbetrieb ermöglicht die LD durch besonders geringen Kanalabstand eine praktisch unbegrenzte Erweiterung der Übertragungskapazität von Monomodefasern.
- Weitere Einsatzgebiete der LD sind die faseroptische Sensortechnik, die Meßtechnik mit Interferometern, Digitalschallplatte (CD) und Bildplatte mit berührungsloser Lasertrahlabtastung und Wiedergabe in Hifi-Qualität, der Einsatz als Strahlungsquelle im Laserprinter für Computer.
- In Astronomie und Raumfahrt zur Telemetrie und Navigation
- In der Meteorologie als Wetterradar zur großflächigen Beobachtung von Niederschlagsgebieten in der Athmosphäre
- Im Umweltschutz zur Überwachung und exakten Messung der Verschmutzung von Luft und Wasser mit Schadstoffen
- In der Medizin als absolut infektionsfreies Skalpell mit geringster Blutung, da die beim Schnitt getrennten Zellen durch einen Schweißeffekt verschlossen werden. Das Laserskalpell ermöglicht schnell und unkompliziert die Ausführung von Operationen im Auge. Es ist nicht mehr notwendig, den Augapfel aufzutrennen, der heilende Laserstrahl wird durch die Pupille in das Auge gebracht und auf den zu behandelnden Punkt fokussiert. Bisher unheilbare Erblindungen können so behandelt werden. Mit Hilfe eines Lichtwellenleiters ist es möglich, den Laserstrahl in Körperhöhlen zu führen und anzuwenden. So können in der Urologie Blasensteine in der Harnblase zertrümmert werden.
- Zur Materialbearbeitung: Schweißen, Trennen, Bohren, Fräsen komplizierter Öffnungen, Schneiden von Titan, Edelstahl; feinste Bohrungen in Diamant, Quarz, Keramik, Porzellan.
- Erzeugung von Flucht- und Lotlinien im Bauwesen zur genauen Einhaltung vorgegebener Richtungen über große Entfernungen z.B. im Straßen- und Tunnelbau und in Bergwerken.
- laserinduzierte chemische Reaktionen
- Holografie zur Speicherung dreidimensionaler Bilder
- Strahlungsquelle hoher Energiedichte in der nichtlineare Optik (NLO)

Die beiden letzten Punkte sind Beispiele für neue Arbeitsgebiete der Physik, die durch den Laser überhaupt erst ermöglicht wurden und die inzwischen zu umfangreichen Wissenschaftsgebieten von großer Bedeutung geworden sind.

Laser sind in unterschiedlichen Ausführungsformen realisierbar. Eine systematische Nomenklatur geht vom Aggregatzustand oder anderen charakteristischen Eigenschaften des aktiven Mediums oder der emittierten Strahlung aus. So gibt es folgende Gerätegruppen oder Grundtypen: Gaslaser, Flüssigkeitslaser, Festkörperlaser, Halbleiterlaser, Farbstofflaser, chemische Laser, Atomlaser, Ionenlaser, Moleküllaser, Eximerlaser usw.

4.2 Energiestufen eines atomaren Systems

Ein atomares System (Atome, Ionen, Moleküle) ist durch eine große Anzahl verschiedener Energiestufen ausgezeichnet. Sie sind bedingt durch unterschiedliche Zustände der Elektronen in der Atomhülle sowie durch Rotations- und Schwingungszustände der Moleküle, die gleichfalls eine Quantenstruktur aufweisen. Dabei sind nur diskrete Energiewerte möglich, höheren Stufen ist eine höhere Energie zugeordnet. Durch Energieaufnahme kann ein atomares System aus dem Grundzustand in einen höheren, angeregten Zustand übergehen. Angeregte Zustände sind nicht stabil, sie existieren nur kurzzeitig, für Sekundenbruchteile. Es gibt jedoch Unterschiede in der Lebensdauer der angeregten Zustände, diese Unterschiede sind für den Betrieb des Lasers entscheidend. Es ist zu unterscheiden zwischen instabilen Zuständen mit einer Lebensdauer von etwa 10^{-8} s und metastabilen Zuständen mit einer Lebensdauer von 10^{-4} s und länger. Die Lebensdauer der metastabilen Zustände ist also etwa 10 000 mal größer als die der instabilen. Diese metastabilen Zustände werden im Laser als Energiespeicher genutzt, sie dienen als Ausgangsniveau der Laserstrahlung, die als stimulierte Emission erfolgt. Instabile Energieniveaus werden spontan nach 10^{-8} s durch Photonenemission oder Energieaustausch nach anderen Prozessen abgebaut. Aus metastabilen Niveaus hingegen ist die spontane Emission gering, es überwiegen strahlungslose Relaxationsprozesse (Energieabgabe durch Stöße und Umwandlung in Wärmeenergie). Im Fall des Lasers dominiert jedoch für metastabile Zustände die stimulierte Emission, sie erfolgt früher als die thermische Relaxation. Metastabile Zustände sind nicht direkt anregbar, sie können nur durch Energieübertragung aus angeregten instabilen Zuständen Energie übernehmen.

Ein weiterer Unterschied der Energiestufen besteht in den Besetzungszahlen. In einem Körper, der keiner Energieeinwirkung unterliegt, befinden sich bei der Temperatur 0 K alle Atome im Grundzustand, die Atome haben die Position kleinster Energie angenommen. Diesem Grundzustand wird die Energie $W = 0$ zugeordnet, er ist Bezugspunkt für die

Energie angeregter Zustände. Bei einer beliebigen Temperatur T > 0 werden die Atome infolge thermischer Bewegung durch Stoßvorgänge angeregt, sie erreichen einen Zustand höherer Energie. Die Besetzungszahlen in den angeregten Niveaus folgen im thermischen Gleichgewicht einer Boltzmann-Verteilung:

$$N = N_0 \exp\left(-\frac{W-W_0}{kT}\right) \tag{4.1}$$

Die in dieser Gleichung enthaltenen physikalischen Informationen sind anschaulich aus dem Diagramm in Bild 4.1 abzulesen.

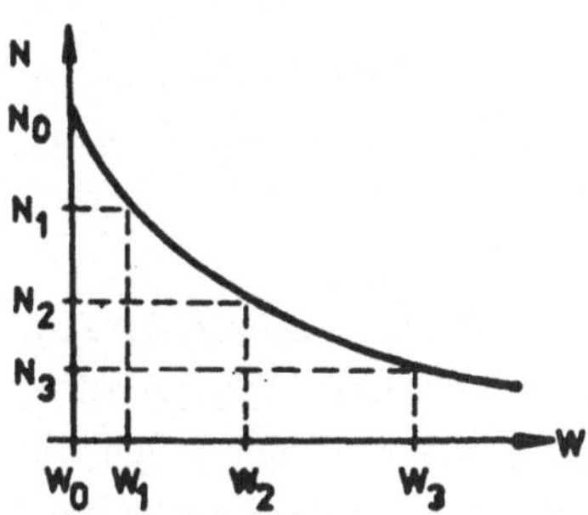

Bild 4.1 Besetzung atomarer Energieniveaus im thermischen Gleichgewicht

In einem Körper, der keinerlei äußeren Einwirkungen unterliegt, werden die Besetzungszahlen der Energieniveaus nur durch die Körpertemperatur bestimmt. In diesem Grundzustand fällt die Besetzungszahl mit steigendem Energieniveau gemäß einer e-Funktion nach Gl.(4.1). Die oberen Energieniveaus sind zunehmend geringer besetzt als das Grundniveau. Es gilt $N_2 < N_1$ oder $\Delta N = N_2 - N_1 < 0$. Der Übergang vom Grundzustand zum Zustand höherer Energie erfordert die Zufuhr eines Energiebetrages, der gleich der Differenz der Energiezutände ist. Die zugeführte Energie kann verschiedener Form sein. In Frage kommen jedoch vor allem zwei Formen, Strahlungsenergie von Lichtquanten und kinetische Energie bei Stoßprozessen.

4.3 Spontane und stimulierte Emission

Bei Wechselwirkung von Licht und Stoff sind drei Grundprozesse möglich: Absorption eines Photons sowie spontane und stimulierte Emission eines Photons. Die stimulierte Emission wird auch als induzierte Emission bezeichnet. Bei allen drei Vorgängen wird die Energiebilanz je Photon beschrieben durch die Gleichung:

$$W_2 - W_1 = W_F = h\,f = \frac{h\,c}{\lambda} \tag{4.2}$$

Diese drei Grundprozesse sind in Bild 4.2 dargestellt.

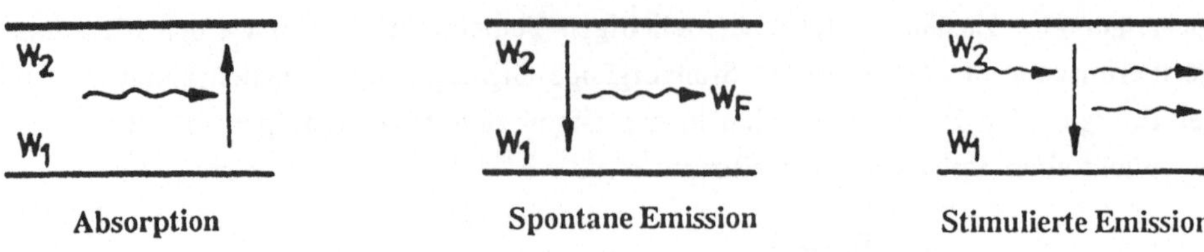

Bild 4.2 Fundamentalprozesse der Wechselwirkung Licht - Stoff

Absorption eines Photons erfolgt unter Aufnahme der Photonenenergie in das atomare Energiesystem des Körpers. Die Absorption ist nur möglich, wenn die Photonenenergie der Differenz der diskreten Energiestufen des absorbierenden Atoms entspricht: $W_F = W_2 - W_1$. Das atomare Energiesystem wird dabei aus dem Grundzustand W_1 in einen angeregten, energiereicheren Zustand $W_2 = W_1 + W_F$ gebracht, indem ein Elektron in einen höheren Energiezustand gehoben wird.

Spontane Emission: Ein durch Photonenabsorption oder Stoßprozesse angeregtes Atom kehrt nach kurzer Zeit unter Photonenemission in den Grundzustand zurück. Der Übergang erfolgt spontan ohne äußere Einwirkung oder Einflußnahme nach statistisch verteilten Zeiten. Für ein bestimmtes angeregtes Atom bleibt der Zeitpunkt des Übergangs in den Grundzustand willkürlich und unbestimmt. Für eine sehr große Anzahl von Atomen des gleichen Stoffes existiert jedoch eine charakteristische mittlere Lebensdauer τ. Als Richtwert für die mittlere Lebensdauer eines angeregten Zustandes bei spontaner Emission gilt etwa $\tau = 10^{-8}$ s.

Bei einer spontanen Emission wird die Energiedifferenz der beteiligten diskreten Energiestufen in Strahlungsenergie des Photons umgewandelt: $W_2 - W_1 = W_F$. Spontan emittierte Photonen haben unterschiedliche Ausbreitungsrichtung, unterschiedliche Phasenlage und unterschiedliche Polarisation. Die Strahlung ist inkohärent.

Stimulierte Emission: Ein angeregtes Atom kann durch äußere Einflußnahme, konkret durch Einwirkung eines eingestrahlten Photons, bereits vor Ablauf der mittleren Lebensdauer in den Grundzustand zurückkehren. Das eingestrahlte Photon tritt in Wechselwirkung mit dem Atom, es stimuliert in der Elektronenhülle die Emission eines Photons mit übereinstimmender Phasenlage und gleicher Richtung. Der Vorgang erfolgt nur, wenn die Energie des stimulierenden Photons gleich der Energiedifferenz des angeregten atomaren Zustandes ist. Anregendes und emittiertes Photon stimmen in allen Parametern überein: Sie haben gleiche Energie $W = hf = hc/\lambda$ und damit gleiche Frequenz und Wellenlänge, ferner haben sie gleiche Phasenlage, Polarisation und Richtung, die Strahlung ist kohärent. Kohärenz bedeutet eine höhere Qualitätsstufe des Lichtes, die bei vielen physikalischen Vorgängen von entscheidender Bedeutung ist.

4.4 Allgemeines Funktionsprinzip eines Lasers

Ein Laser ist ein Generator für elektromagnetische Wellen im optischen Spektralbereich. Die Arbeitsweise des Lasers beruht auf der Wechselwirkung von Lichtquanten mit den angeregten Energiezuständen in der Elektronenhülle der Atome und Moleküle. Infolge der gesteuerten Emission von Lichtquanten wird der Laser auch als Quantengenerator bezeichnet. Grundlage der Funktion eines Lasers ist die stimulierte Emission, Voraussetzung der stimulierten Emission ist die Inversion der Besetzungszahlen in den angeregten Energieniveaus des aktiven Mediums. Durch einen Anregungsvorgang wird das atomare System aus dem Grundzustand mit der Energie W_1 in einen höheren Energiezustand W_2 gehoben. Je vollständiger die Umkehr der Besetzungszahlen gelingt, um so effektiver verläuft die Verstärkung durch stimulierte Emission. Ist das Niveau W_1 leer und W_2 voll besetzt, so kann ein eingestrahltes Photon der Energie $W_F = W_2 - W_1$ nicht absorbiert werden, es muß bei Wechselwirkung mit einem Atom einen Emissionsprozeß aus dem überfüllten Niveau W_2 auslösen.

Ein 2-Niveausystem nach Bild 4.3a ist jedoch für den Laserbetrieb ungeeignet. Spontane Emissionsprozesse aus dem instabilen Anregungsniveau W_2 führen zu einem Sättigungseffekt, bei dem Anregung und Emission gleich groß sind, so daß bestenfalls Gleichheit der Besetzungszahlen mit $\Delta N = 0$ erreichbar ist. Um eine Umkehr der Besetzungszahlen mit $\Delta N > 0$ zu erreichen, also im oberen Niveau mehr Elektronen als im unteren anzusiedeln, ist ein 3- oder 4-Niveausystem mit einem metastabilen Laserausgangsniveau W_2 erforderlich.

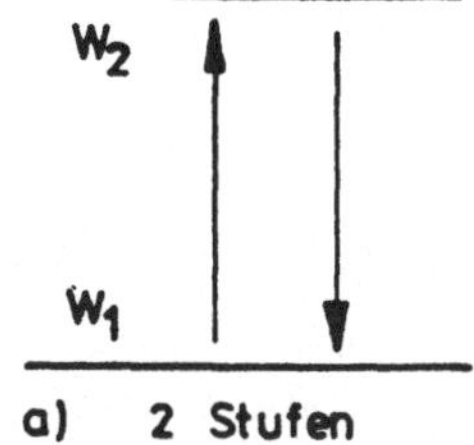

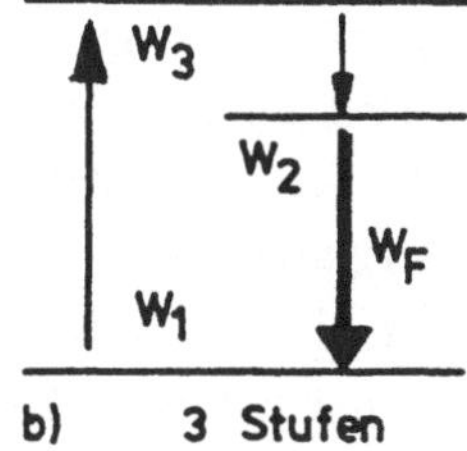

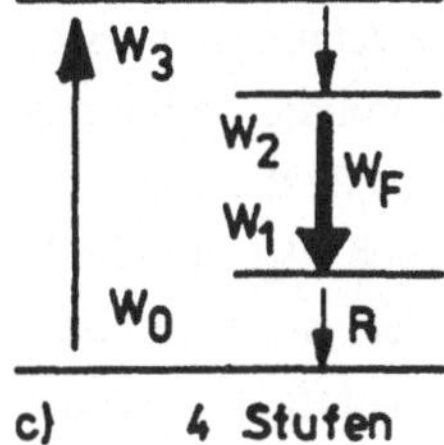

Bild 4.3 3- und 4-Niveausystem für den Laserbetrieb

Beim 3-Niveausystem nach Bild 4.3b erfolgt die Anregung aus dem Grundzustand in das instabile Hilfsniveau W_3. Aus W_3 erfolgt ein schneller Übergang der Energie des atomaren Systems durch strahlungslose Relaxationsprozesse in das metastabile Niveau W_2, das Ausgangsniveau der Laserstrahlung ist. Durch den schnellen Übergang von W_3 nach W_2 bleibt das Niveau W_3 auch bei hoher Anregung stets nahezu leer, so daß kein Sättigungseffekt den Anregungsvorgang behindert. Durch den metastabilen Zustand von W_2 ist im oberen Laserniveau stets eine hohe Besetzungsdichte erreichbar. Damit wird die Laserbedingung

$N_2 > N_1$ bei ausreichend kräftiger Anregung erfüllbar. Das Endniveau der Laserstrahlung ist identisch mit dem Grundniveau des aktiven Mediums, das Ausgangsniveau für den Anregungsprozeß ist und das stets, auch bei starker Anregung eine hohe, nicht zu vernachlässigende Besetzungsdichte aufweist.

Beim 4-Niveausystem nach Bild 4.3c ist eine vierte Energiestufe so in das Funktionsschema eingefügt, daß der Laserübergang nicht im Grundniveau des atomaren Systems endet, sondern in einer geringfügig darüberliegenden Stufe. Damit sind Laserendniveau und Grundniveau des aktiven Mediums voneinander getrennt. Diese vierte Stufe soll instabil sein, damit ein schneller Übergang in den Grundzustand möglich ist. Die Laserendstufe ist dann beständig nahezu leer, die Besetzungsdichte N_1 geht gegen Null. Damit ist eine hohe Besetzungsinversion $\Delta N = N_2 - N_1 > 0$ schon bei kleineren Werten für N_2 als beim 3-Niveausystem erreichbar.

Das 4-Niveau-Lasersystem ist damit gekennzeichnet durch:

- geringe Besetzungsdichte N_3 im oberen Anregungsniveau W_3 infolge schneller Übergänge in das obere Laserniveau W_2. Auch bei starker Energiezufuhr bleibt das Anregungsniveau N_3 stets nahezu leer. Damit bestehen gute Bedingungen für einen kontinuierlichen effektiven Anregungsvorgang.
- hohe Besetzungsdichte N_2 im metastabilen Laserausgangsniveau W_2. Damit ist ein stets gut gefüllter Energiespeicher für den stimulierten Laserprozeß vorhanden.
- gegen Null gehende Besetzungsdichte N_1 im Laserendniveau W_1. Daher ist eine hohe Besetzungsinversion zwischen Laserausgangs- und Laserendniveau möglich. Es bestehen optimale Bedingungen für den Laserübergang.
- die Reabsorption der emittierten Photonen im aktiven Medium (mit Übergang von W_1 nach W_2) ist beim Vierniveausystem extrem gering, da die Energiestufe W_1 stets praktisch leer ist, also keine Elektronen für diesen Übergang zur Verfügung stehen (geringe Dämpfung). Zudem ist W_2 als metastabiler Zustand für die optische Anregung "verboten", also sehr unwahrscheinlich.

Prinzipaufbau eines Lasers

Ein Laser besteht aus zwei wichtigen Funktionsgruppen, die der Verstärkung sowie der Frequenz- und Richtungsselektion der Strahlung dienen:

- dem aktiven Medium, dessen Atome oder Moleküle im angeregten Zustand durch stimulierte Emission die Verstärkung des Photonenstromes ermöglichen. Die Bandbreite der Verstärkung ist sehr groß, sie liegt bei $10^9 \ldots 10^{13}$ Hz.

- dem Resonator mit kleiner Bandbreite von etwa 10 MHz, der aus dem breiten Spektrum der emittierten Photonen nur die auswählt, die seiner Eigenfrequenz entsprechen. Ferner erfolgt durch den Resonator eine Richtungsselektion. Die vom Laser emittierte Strahlung besteht nur aus Lichtquanten, die im Resonator parallel zur optischen Achse reflektiert und verstärkt werden. Schiefe Strahlen werden aussortiert.

Den Prinzipaufbau des Lasers aus diesen beiden Funktionsgruppen zeigt Bild 4.4. Die im Anregungsvorgang zugeführte Energie W_A wird umgewandelt in die Energie W_F der emittierten Photonen.

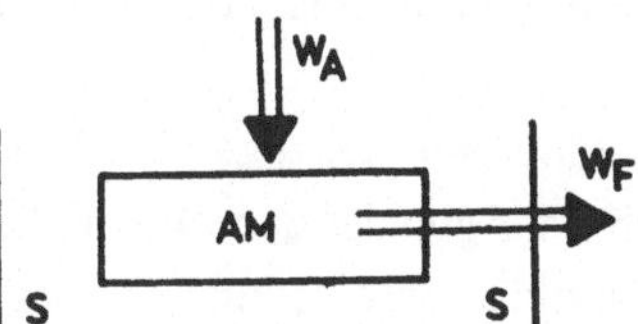

Bild 4.4 Prinzipaufbau eines Lasers

Das aktive Medium kann aus festen, flüssigen sowie gas- oder dampfförmigen Stoffen bestehen. Bei Stoffen im atomaren Zustand (in Gasen) erfolgt der Energieaustausch durch einen einfachen Elektronenübergang, bei Molekülen und Ionen werden auch Rotations- und Schwingungszustände angeregt, die ebenfalls eine Quantenstruktur aufweisen. Der optische Resonator wird durch die beiden Spiegel S gebildet. Das aktive Medium AM ist im Resonator angeordnet. Die Anregung einer Schwingung im optischen Resonator erfolgt durch spontane Emissionsprozesse im aktiven Medium, die sogleich nach Energiezufuhr einsetzen. Die Photonenwellen, die das aktive Medium im Resonatur durchlaufen, bewirken die Rückkopplung zwischen der Schwingung im Resonator und den angeregten Energieniveaus im aktiven Medium. Die zur Herstellung der Besetzungsinversion zugeführte Anregungsenergie W_A wird zunächst als potentielle Energie der angeregten Atome im aktiven Medium auf Abruf gespeichert und dann als stimulierte Emission durch wechselwirkende Photonenwellen in Form optischer Strahlungsenergie freigesetzt. Die emittierten Photonen werden zwischen den Spiegeln reflektiert und stimulieren die Aussendung weiterer Photonen. Frequenz, Phase, Polarisation und Richtung sind bei den stimulierten Photonen und der anregenden Welle identisch. Der optische Resonator bewirkt nicht nur eine Frequenzselektion, sondern ebenso eine Richtungsauswahl, in dem nur die Photonen verstärkt und am Spiegel ausgekoppelt werden, die parallel zur optischen Achse des Resonators verlaufen. Photonen anderer Richtung werden aussortiert, sie verlassen direkt oder nach wenigen Reflexionen seitlich den Resonator. Da stimulierendes und stimuliertes Photon gleiche Richtung haben, werden nach einer kurzen Anlaufzeit nur noch Photonen emittiert, die die Richtungsbedingung erfüllen.

Der Betrieb des Lasers erfordert zwei als Laserbedingungen bezeichnete Voraussetzungen:

1. Erzeugung einer Besetzungsinversion in den Energiestufen des aktiven Mediums, es muß $N_2 > N_1$ oder $\Delta N = N_2 - N_1 > 0$ sein.
2. Durch stimulierte Emission müssen mehr Photonen gewonnen werden, als durch Absorption und Streuung im Laser verlorengehen (Schwellenbedingung, Gewinn > Verluste).

Die Erzeugung einer Besetzungsinversion erfordert die Zufuhr von Anregungsenergie. Je nach Lasertyp sind dazu verschiedene Verfahren geeignet:

- optische Strahlungsenergie, zugeführt durch leistungsstarke Lampen unterschiedlicher Art, kontinuierlich oder gepulst betrieben (Blitzlampe); bevorzugt für Festkörperlaser
- kinetische Energie beschleunigt bewegter Elektronen bei Stoßprozessen in einer Gasentladung; nur für Gaslaser geeignet
- Energieaustausch durch Stöße zweiter Art: $A^* + B = A + B^*$
  Das angeregte Atom A^* übergibt die Anregungsenergie an das Atom B.
- elektrische Energie durch Ladungsträgerinjektion mittels Diodenstrom bei Halbleiter-Laserdioden
- Reaktionsenergie bei exothermen chemischen Prozessen in Flüssigkeits- und Gaslasern (chemische Laser).

Eigenschaften und Wirkungen des optischen Resonators

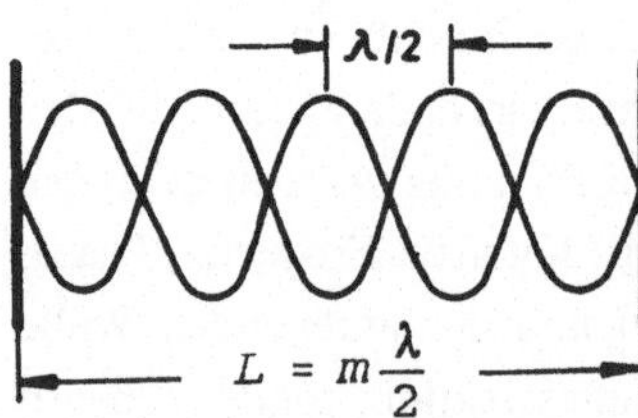

Bild 4.5 Resonanzfall im optischen Resonator

Ein optischer Resonator wird aus Spiegeln gebildet. Diese Spiegel können Planspiegel oder zur besseren Bündelung auch Hohlspiegel sein. Ein derartiges Spiegelsystem wird als Fabry-Perot-Resonator bezeichnet. Durch Reflexion der Welle an den Spiegeln erfolgt die Überlagerung von hin- und rücklaufender Welle, die im Resonanzfall zu einer stehenden Welle nach Bild 4.5 führt. An den Spiegelflächen liegen Schwingungsknoten, da die elektrische Feldstärke der Welle hier Null sein muß. Der Abstand zweier aufeinanderfolgender Schwingungsknoten ist gleich der halben Wellenlänge. Bei optischen Resonatoren ist die Resonatorlänge wesentlich größer als die Wellenlänge, je nach Typ ist $L = (10^3 \ldots 10^6)\lambda$

oder mehr. Im Resonanzfall gilt nach Bild 4.5 wenn m die Anzahl der Halbwellen im Resonator bedeutet:

$$L = m\,\frac{\lambda}{2} = m\,\frac{\lambda_0}{2n} = m\,\frac{c}{2f} = \frac{m c_0}{2nf} \tag{4.3}$$

Daraus folgen die Resonanzwellenlänge und die Eigenfrequenz des Resonators zu:

$$\lambda_0 = \frac{2nL}{m} \qquad\qquad f = \frac{m\,c}{2\,L} = \frac{m\,c_0}{2\,n\,L} \tag{4.4}$$

Dabei ist $\lambda = \lambda_0/n$ die Wellenlänge im Resonator und n die Brechzahl des aktiven Mediums im Resonator bei homogener Füllung.

Da m die Folge der natürlichen Zahlen durchlaufen kann, hat ein Resonator nicht nur eine Eigenfrequenz sondern eine sehr große Anzahl von diskreten Eigenfrequenzen aufzuweisen, die sich jeweils um $\Delta m = 1$ unterscheiden. Der Frequenzabstand Δf dieser Eigenfrequenzen für $\Delta m = 1$ folgt aus

$$f = \frac{m\ c}{2\ L} \quad \text{mit} \quad f_1 = \frac{m_1\ c}{2} \quad \text{und} \quad f_2 = \frac{(m_1+1)\ c}{2\ L} \quad \text{zu}$$

$$\Delta\,f = f_2 - f_1 = (m_1+1)\,\frac{c}{2\ L} - m_1\,\frac{c}{2\ L} = (m_1+1-m_1)\,\frac{c}{2\ L}$$

Der Frequenzabstand aufeinanderfolgender Moden im optischen Resonator ist also

$$\Delta\,f = \frac{c}{2L} = \frac{c_0}{2nL} \tag{4.5}$$

darin ist n die Brechzahl im aktiven Medium und $c = c_0/n$ die Phasengeschindigkeit im aktiven Medium bei homogener Füllung des Resonators.

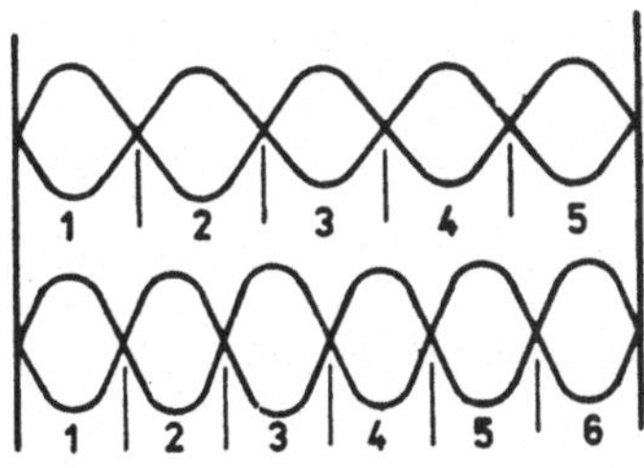

Bild 4.6 Resonatormoden

Aus dieser Gleichung folgt, daß Resonatoren großer Länge (Gaslaser) einen kleinen Modenabstand und Resonatoren kleiner Länge (Laserdiode) einen großen Modenabstand aufweisen. Bild 4.6 zeigt zwei Eigenschwingungen im optischen Resonator, der Anschaulichkeit halber für unrealistisch kleine m-Werte von $m = 5$ und $m = 6$.

Frequenz und Bandbreite der Laserstrahlung werden durch zwei Faktoren beeinflußt:

- Frequenz und Bandbreite (Linienbreite) der vom aktiven Medium infolge Niveauabstand und Niveaubreite emittierten Strahlung
- Frequenz und Bandbreite der Resonatormoden (Eigenfrequenzen des Resonators)

Die Linienbreite der stimulierten Emission des aktiven Mediums wird vor allem durch drei Größen bestimmt: natürliche Linienbreite, Wechselwirkungseffekte und Dopplereffekt (beim Gaslaser). Diese Faktoren bewirken für die vom aktiven Medium emittierte Strahlung eine resultierende Linienbreite (spektrale Bandbreite), die je nach Lasertyp im Intervall $10^9 \dots 10^{13}$ Hz liegt. Die Resonatorbandbreite dagegen ist erheblich kleiner, sie liegt in der Größenordnung von 10 MHz. Die Resonatorbandbreite ist etwa 1000mal kleiner als die des aktiven Mediums. Das Zusammenwirken von aktivem Medium und optischem Resonator bei der Bildung der emittierten Laserstrahlung ist aus Bild 4.7 zu erkennen.

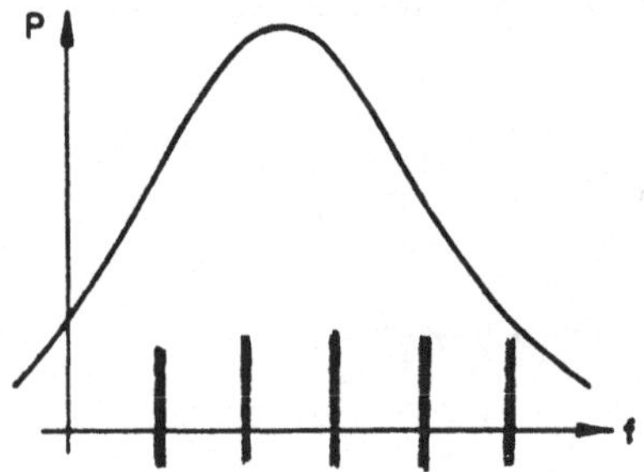

Bild 4.7 Spektrum der Resonatormoden und Bandbreite des aktiven Mediums

In Bild 4.7 ist unter der Verstärkungskurve des aktiven Mediums das Spektrum der Resonatormoden mit $\Delta m = 1$ eingezeichnet. Die Länge des Resonators ist so zu wählen, daß die gewünschte Resonatormode im Maximum der Verstärkungskurve des aktiven Mediums liegt. Um Einmodenbetrieb zu erzielen, soll der Modenabstand so groß und die Bandbreite des aktiven Mediums so klein sein, daß nur eine Linie verstärkt wird. Um Einmodenbetrieb zu erreichen, sind aber auch andere Methoden geeignet. Bei hoher Präzision und infolge der mit dem Rückkopplungseffekt verbundenen Selektion sind in der Praxis für die emittierte Laserstrahlung von Gaslasern Bandbreiten um 1 Hz erreichbar. Dieser Wert wird durch temperaturbedingte Schwankungen der Resonatorlänge begrenzt.

Die Bandbreite der emittierten Strahlung ist entscheidend für die Kohärenzlänge. Es gilt

$$L_K = \frac{c}{2\Delta f} \tag{4.6}$$

Für den HeNe-Laser mit $\Delta f = 1$ Hz wird die Kohärenzlänge $L_K = 1{,}5 \cdot 10^8$ m.

Energiebilanz, Laserschwelle, Dimensionierung
Im optischen Resonator ist die von den Spiegeln reflektierte, durch das aktive Medium laufende Welle der Photonenstrahlung zwei Einflüssen ausgesetzt: Sie wird durch die stimulierte Rekombination beständig verstärkt und durch verschiedene Verlustmechanismen (Reabsorption, Brechung, Streuung, Beugung) beständig geschwächt. Die Verstärkung wird beschrieben durch den Gewinnfaktor g (Verstärkungskoeffizient), die Verluste werden beschrieben durch die Dämpfungskonstante α. Hinzu kommen die Transmissionsverluste an den Spiegeln, die bei ungleichen Reflexionseigenschaften durch die Reflexionsfaktoren R_1 und R_2 erfaßt werden. Bei Berücksichtigung aller Vorgänge (Verstärkung, Dämpfung, Transmission) gilt für die von der Welle geführte optische Leistung als Funktion des Weges x:

$$P(x) = P_0 R_1 R_2 \, e^{(g - \alpha)x} \tag{4.7}$$

Der Gewinnfaktor g kann mit der Höhe der Besetzungsinversion durch den Anregungsvorgang beeinflußt werden. Mit wachsender Anregung wächst die Besetzungsinversion und damit die Verstärkung. An der Laserschwelle sind Gewinn und Verlust gleich groß, die von der Welle geführte Leistung bleibt für diesen Fall konstant, $P(x) = P_0$. Dann giltfür einen vollen Hin- und Rücklauf zwischen den Spiegeln des Resonators mit dem Weg $x = 2L$:

$$\begin{aligned} 1 &= R_1 R_2 e^{(g-\alpha)2L} \\ \ln 1 &= \ln R_1 R_2 + (g - \alpha)2L \\ (g - \alpha)2L &= \ln 1 - \ln R_1 R_2 = \ln \frac{1}{R_1 R_2} \end{aligned}$$

Damit folgt für den Schwellwert des Gewinnfaktors:

$$g_s = \alpha + \frac{1}{2L} \ln \frac{1}{R_1 R_2} \tag{4.8}$$

Sind die Spiegel in ihren Reflexionseigenschaften identisch, so wird:

$$g_s = \alpha + \frac{1}{L} \ln \frac{1}{R} \tag{4.9}$$

Als Bedingung für den Laserbetrieb gemäß der 2. Laserbedingung gilt damit, daß der Verstärkungskoeffizient $g > g_s$ sein muß. Der Gl.(4.9) sind Hinweise für die Dimensionierung zu entnehmen. Da g_s möglichst klein sein soll, muß α möglichst klein, aber R und L müssen möglichst groß sein. Die optische Verstärkung im aktiven Medium der Laserdiode ist gemäß e^{gL} abhängig von der Resonatorlänge L und dem Gewinnfaktor g.

4.5 Gaslaser

Gaslaser finden in der Praxis in einer Vielzahl von Typen mit unterschiedlichen Eigenschaften, insbesondere in emittierter Laserwellenlänge und Leistung, breite Anwendung. Sie haben sich zur Lösung vielfältiger Aufgaben vorzüglich bewährt. Als aktives Medium werden Gase und Dämpfe (auch Metalldämpfe hoher Temperatur) bestehend aus Atomen, Molekülen oder Ionen verwendet. Da eine große Anzahl verschiedener Stoffe dieser Art existieren, ist eine entsprechend große Anzahl von Lasertypen entwickelt worden. Die unterschiedlichen Eigenschaftern dieser Geräte werden bestimmt durch die Art des Gases, durch Druck, Temperatur und Zusammensetzung des Gases, durch unterschiedlichen Aufbau und unterschiedliche Anregung. Durch Variation dieser Parameter ist es möglich, bestimmte Geräteeigenschaften zielgerichtet so zu kultivieren, daß sie dem vorgesehenen Anwendungsfall optimal angepaßt sind.

Die Anregungsenergie wird bevorzugt in Form kinetischer Energie bei Elektronenstoßprozessen in einer Gasentladung zugeführt. Diese Form der Anregung ist bei Gasen naheliegend und leicht zu realisieren. Die optische Anregung wird infolge der schmalen Absorptionslinien der Gase nur selten eingesetzt. Eine dritte Variante zur Anregung ist die chemische Anregung bei exotherm ablaufenden chemischen Reaktionen. In Gasen mögliche Laserübergänge sind in Atomen reine Elektronenübergänge sowie Rotations- und Schwingungsübergänge in Molekülen.

Gaslaser sind durch folgende Eigenschaften charakterisiert:

- Die geringe Dichte eines Gases erfordert insbesondere bei hohen Leistungen eine vergleichweise große Länge des Laserrohres, um eine ausreichend hohe optische Verstärkung durch stimulierte Emission zu erreichen.
- Die Strahlqualität ist durch kleine Divergenzwinkel, hohe Frequenz- und Amplitudenkonstanz und große Kohärenzlängen ausgezeichnet.
- Bei Lasern hoher Leistung besteht die Möglichkeit, die entstehende Verlustwärme durch einen kontinuierlichen Gasaustausch schnell abzuführen. Dadurch sind hohe Ausgangsleistungen erreichbar.

Insgesamt ist mit Gaslasern aller Typen ein diskretes Linienspektrum (Festfrequenzen) im Intervall von rund 100 nm ...2 mm erzeugt worden. Die Leistungen liegen meist im mW-Bereich, es sind aber bei einigen Typen auch größere Werte möglich. Ausnahmen sind Spitzenwerte bis 100 kW bei cw-Betrieb für den CO_2-Laser mit kontinuierlichem Gasaustausch zur Wärmeabfuhr und 20 TW im Impulsbetrieb für den CO_2-TEA-Laser. Der

Wirkungsgrad liegt vielfach bei 0,1 % und erreicht nur ausnahmsweise Werte bis 10 % für den Edelgas-UV-Laser und 40 % für den CO_2-IR-Laser.

Zur Übersicht sollen die Daten einiger exponierter Typen angeführt werden. Die kürzeste Gaslaser-Wellenlänge von 116,1 nm im UV wird mit dem H_2-Laser erzeugt, Impulsleistung 1 kW bei 1 ns Impulsdauer. Der N_2-Laser liefert bei 337 nm eine Impulsleistung bis 5 MW. Höchste Impulsleistungen bis zu 400 MW im UV-Bereich bei 172 nm liefert der Xe-Edelgaslaser (Eximerlaser). Der KrF-Edelgashalogenidlaser (Exiplex-Laser) liefert bei 248 nm Impulsleistungen bis 30 MW. Die kürzeste kontinuierliche UV-Strahlung bei 325 nm und P = 15 mW wird mit dem HeCd-Laser erzeugt.

Für den sichtbaren Spektralbereich sind vor allem drei Typen wichtig: Der HeNe-Laser mit besonders hoher Frequenzstabilität, Leistung um 10 mW. Ar- und Kr-Edelgasionenlaser mit cw-Leistungen bis 20 W sowie Metalldampflaser, die ein breites Linienspektrum im VB abstrahlen.
Im IR-Bereich emittieren CO-Laser bei 5...6 μm und CO_2-Laser bei (9...11) μm mit vielen Linien hohe cw-Leistungen bis 100 kW und Impulsleistungen bis 20 TW bei einem Wirkungsgrad von 40...50 %. Der CH_3Br-Laser liefert die längste bisher mit einem Laser erzeugte Wellenlänge von 1,965 mm bei einer Impulsleistung von 1 mW.

Der Helium-Neon-Gaslaser
Als konkretes Beispiel für Aufbau und Funktion eines Gaslasers soll der HeNe-Laser ausführlich betrachtet werden.

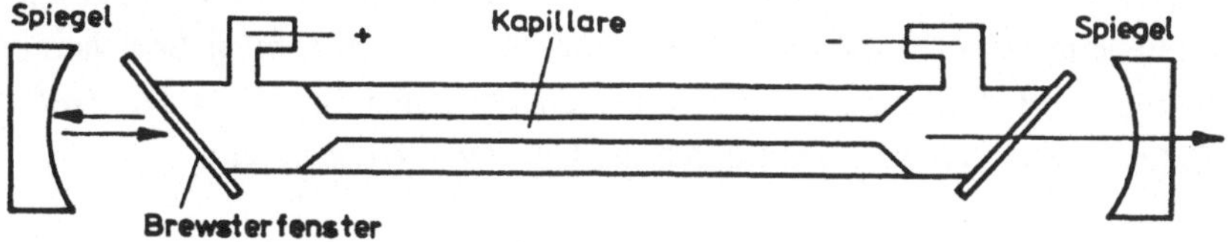

Bild 4.8 Prinzipaufbau des Helium-Neon-Lasers

Der Aufbau des Lasers ist aus Bild 4.8 zu erkennen. Ein Gasentladungsrohr enthält als aktives Medium ein Gasgemisch aus Helium und Neon im Mischungsverhältnis (5...7) : 1. Die He-Atome dienen als Energiespeicher für den Anregungsvorgang, der Laserprozeß läuft in den Ne-Atomen ab. Die Übergabe der Anregungsenergie an die Ne-Atome erfolgt durch Stöße 2.Art bei nahezu übereinstimmenden Niveauwerten. Der Gasdruck liegt bei 300 Pa. Der Resonator ist aus konfokalen Spiegeln mit hohen Reflexionsfaktoren aufgebaut. Der zur Auskopplung vorgesehene teildurchlässige Spiegel hat einen Reflexionsfaktor von 99 %, der andere soll 100 % sein. Die Auskopplung des Strahls kann auch über eine kleine Lochblende im Spiegel erfolgen. Die Spiegel können im Entladungsrohr, aber auch extern angeordnet sein. Die Resonatorlängen betragen bei Innenspiegel im Minimalfall 10 cm, bei Außenspiegel bis zu einigen Metern. Der Abstand der Spiegel wird durch einen Metallstab mit kleinem TK (Invar) konstant gehalten. Mit zunehmender Länge des Laserrohres wächst die Verstärkung und damit die Ausgangsleistung. Bei Außenspiegellasern sind die Stirnflächen des Rohres mit Brewsterfenster abgeschlossen, um Reflexionen zu vermeiden. Damit wird die Laserstrahlung linear polarisiert, denn nur senkrecht zur Einfallsebene schwingende Photonen können dieses Fenster ohne Dämpfung durchlaufen. Der erforderliche Brewsterwinkel folgt aus der Brechzahl des Glases nach der Gleichung $n = \tan \alpha$. Die Anregungsenergie wird in Form von kinetischer Energie durch Elektronenstoß in der Gasentladung zugeführt. Die Zündspannung der Gasentladung liegt bei einigen kV, der Strom bei 10 mA. Der Betrieb erfolgt kontinuierlich (cw).

Bevorzugtes Einsatzgebiet ist die Meßtechnik. Es ist eine gute Strahlqualität erreichbar. Strahldurchmesser 1 mm, Divergenzwinkel 0,5 mrad, Kohärenzlänge 100 km und mehr. Erreichbare Frequenzstabilität $\Delta f / f = 10^{-15}$, daher Verwendung als Frequenznormal und zur Längenmessung nach Interferometerverfahren. Holografie und optische Datenspeicherung sind weitere Anwendungsbeispiele. Ausgangsleistung (0,5...50 mW) je nach Resonatorlänge. Wichtigste Wellenlänge im VB (rot) 630 nm. Wirkungsgrad extrem gering, nur 0,1 % .

Das aus 4 Stufen bestehende Termschema für den HeNe-Laser ist in einer vereinfachten Darstellung aus Bild 4.9 zu entnehmen. Tatsächlich bestehen die Energiestufen der Ne-Atome aus Multipletts, es sind Stufen mit einer Feinstruktur aus mehreren eng beieinander liegenden Linien. Durch Elektronenstoß werden die beiden metastabilen He-Energieniveaus 2s1 und 2s3 angeregt, Niveauwerte etwa 20 eV und 21 eV. Aus diesem metastabilen Speicherniveau erfolgt die Übergabe der Anregungsenergie an die Energiestufen 3s und 2s der Ne-Atome durch Stöße 2.Art. Dieser Vorgang wird durch die Gleichung beschrieben:

$$He^* + Ne \rightarrow He + Ne^*$$

Die Energiewerte der Stufen sind paarweise nahezu identisch, die geringen Differenzen werden als kinetische Energie den Stoßpartnern übergeben.
Der Laserprozeß durch stimulierte Emission erfolgt zwischen den Ne-Stufen 3s und 2s als Ausgangsniveau sowie 3p und 2p als Endniveau. Es werden 3 Linien emittiert, Übergang und Wellenlänge sind Bild 4.9 zu entnehmen. Die Lebensdauer der Laser-Endstufe ist um eine Größenordnung kleiner als die der Laser-Ausgangsstufe, so daß stets eine ausreichende Besetzungsinversion vorhanden ist. Der Übergang in den metastabilen Zustand 1s erfolgt spontan, der Übergang in den Grundzustand geschieht durch thermische Relaxation über Wandstöße. Um günstige Bedingungen für Wandstöße mit hoher Stoßrate zu erreichen, ist

das Laserrohr als Kapillare ausgeführt, deren Durchmesser je nach Rohrlänge 0,5...5 mm beträgt. In Kurzform zusammengefaßt gilt für den HeNe-Gaslaser:

- aktives Medium: HeNe-Gasgemisch. Anregung erfolgt im Helium, Laserprozeß läuft im Neon ab. Termschema entspricht dem 4-Niveausystem, jedoch mit metastabilem Zwischenniveau 1s.
- Anregung der He-Atome durch Elektronenstoß in einer Gasentladung. Durch Aufnahme von kinetischer Energie werden im Helium zwei metastabile Energieniveaus bei 19,8 eV und 20,6 eV angeregt.
- Übergabe der Anregungsenergie durch Stöße zweiter Art an die Neon-Atome.
  Im Neon werden als Laserausgangsniveau die Zustände 3s2 und 2s2 angeregt, die gut mit den He-Zuständen übereinstimmen.
- Emission der Laserstrahlung erfolgt in drei Linien:
  3s2 → 3p4 mit λ = 3,39 μm, im IR
  2s2 → 2p4 mit λ = 1,15 μm, im IR
  3s2 → 2p4 mit λ = 633 nm, im VB rot
- Übergang zum Zustand 1s durch spontane Emission
- Zustand 1s ist metastabil, Übergang in den Grundzustand ist nur durch Wandstöße möglich. Günstige Bedingungen für einen schnellen Übergang mit hoher Stoßrate bestehen in einer Kappilare.

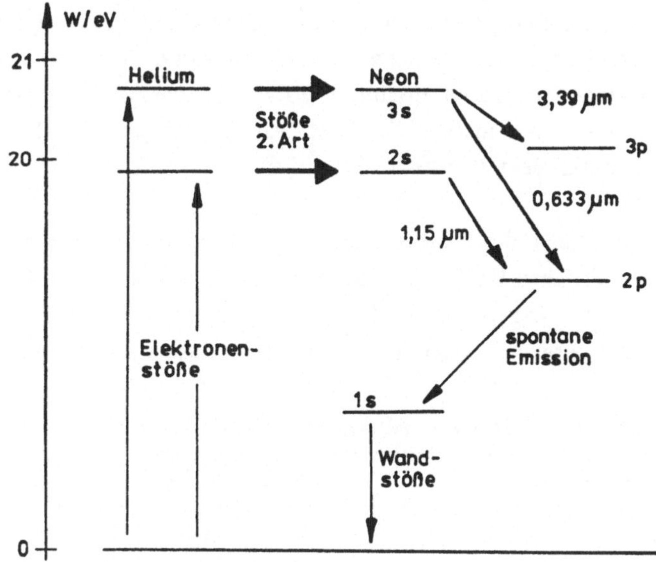

Bild 4.9 Vereinfachtes Thermschema des He-Ne-Lasers

4.6 Festkörperlaser

Der erste von Maimann im Jahre 1960 in Betrieb gesetzte Laser war ein Rubin-Festkörperlaser. Dieses Material hat sich seither vorzüglich bewährt, es wird auch heute noch verwendet. Inzwischen ist eine große Anzahl weitere Festkörperlaser entwickelt worden, die sich in Substrat und Dotierungsionen unterscheiden. Die emittierte Wellenlänge wird durch die am Laserprozeß beteiligten Energiestufen im aktiven Ion und durch das Substrat infolge unterschiedlicher Kristallfelder bestimmt. Festkörperlaser liefern je nach Material meist mehrere charaktristische Festfrequenzen, insgesamt wird das Intervall von 0,3...3 μm mit einem dichten Linienspektrum bedeckt.

Das aktive Medium besteht aus Kristallen oder Gläsern als Substrat mit eingelagerten Metallionen, Ionen seltener Erden oder Aktiniden, in denen der Laserprozeß abläuft. Einige Energieniveaus der Dotierungsionen spalten im Substrat unter dem Einfluß des Kristallfeldes zu breiten Bändern auf. Diese Bänder dienen als Anregungsniveaus. Die Anregung erfolgt durch optische Strahlungsenergie, verwendet werden Halogen-, Xenon-, Krypton- und Quecksilberhochdrucklampen. Das Emissionsspektrum der Anregungslampe muß zum Absorptionsspektrum des aktiven Ions passen. Durch zusätzliche Dotierung mit Sensibilisierungsionen der Elemente Er, Tm, Nd, Yb, Cr, Mn kann der Wirkungsgrad der optischen Anregung verbessert werden. Diese Ionen absorbieren die Photonen der Anregungsstrahlung und übertragen die aufgenommene Energie direkt durch Stöße 2. Art oder indirekt über Gitterschwingungen des Substrates auf die aktiven Ionen. Die breiten Absorptionsniveaus sind instabil, es erfolgt ein schneller Übergang der Anregungsenergie in ein nahegelegenes metastabiles Laser-Ausgangsniveau. Das Funktionsprinzip entspricht je nach Material dem 3- oder 4-Niveausystem.

Das Lasermaterial ist stabförmig, der optische Resonator entsteht durch Verspiegeln der plangeschliffenen Endflächen. Um für bestimmte Manipulationen (zB. um Einmodenbetrieb zu erreichen) Zugriff zur Strahlung im Resonator zu haben, kann einer der beiden Spiegel extern angeordnet werden. Tabelle 4.1 zeigt Laserstab-Abmessungen für einige Typen.

Tabelle 4.1 Typische Abmessungen der Festkörper-Laserstäbe in mm

Material	Länge	Durchmesser
Rubin Al_2O_3:Cr	100... 300	10... 20
Neodym-YAG $Y_3Al_5O_{12}$:Nd	75... 150	5... 10
Neodym-Glas $YAlO_3$:Nd	300...1000	15...100

Die Anordnung von Lichtquelle und Laserstab zwecks Anregung ist aus Bild 4.10 zu erkennen. In der linken Skizze ist der Stab wendelförmig von der Lichtquelle umgeben. In den folgenden Anordnungen befinden sich die ebenfalls stabförmige Lichtquelle und der Laserstab zur optimalen Energieübertragung in den Brennpunkten elliptischer Reflektoren. Die Ausgangsleistung der Festkörperlaser ist abhängig von Material, Aufbau und Anregung, sie liegt je nach Typ in einem weiten Bereich bis zu großen und sehr großen Werten im kW- und MW-Bereich mit cw- und pw-Betrieb. Der Wirkungsgrad erreicht 1%. Der Einsatz erfolgt bevorzugt zur Materialbearbeitung, zur Erzeugung hoher Temperaturen in der lasergesteuerten Kernfusion sowie in der nichtlinearen Optik. Der Aufbau der Geräte ist einfach und kompakt, auch für einen robusten Einsatz geeignet.

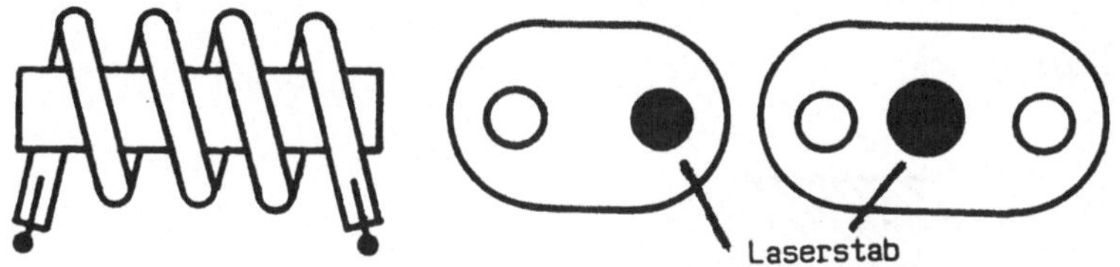

Bild 4.10 Übertragung der optischen Anregungsenergie auf den Laserstab

Prinzipiell ist die Strahlqualität der Festkörperlaser nicht so gut wie die der Gaslaser. Die Leistungsdichte im Strahl ist inhomogen, es entstehen Amplitudenschwankungen, die Kohärenzlänge beträgt nur etwa 1 m.
Aus der großen Anzahl der Festkörperlaser sollen hier drei typische Varianten, der Rubin-, der Neodym-YAG und der Neodym-Glas-Laser betrachtet werden.

Der Rubin-Laser

Als aktives Medium dienen Chrom-Ionen Cr^{3+}, eingelagert in einen Rubin-Kristall Al_2O_3 (Korund) als Substrat. Die Cr-Atome werden beim Einbau in das Rubin-Kristallgitter 3fach ionisiert. Das Termschema ist vom 3-Niveau-Typ, siehe Bild 4.11. Die Cr-Ionen gehen bei Anregung aus dem Grundzustand 4A2 in zwei angeregte Zustände 4F1 und 4F2 über. Die Anregungsniveaus haben infolge Wechselwirkung mit den Rubin-Atomen im Kristallgitter (elektrische Felder und Gitterschwingungen) eine große energetische Bandbreite. Die über $W = hf = hc/\lambda$ zugeordneten Wellenlängenbereiche sind 320...440 nm für das 4T1-Band und 500...600 nm für das 4T2-Band. Diese breiten Bänder ermöglichen die Verwendung von Strahlungsquellen entsprechend großer spektraler Breite. Die Anregungsstufen sind instabil, nach 10^{-8} s erfolgt durch strahlungslose Relaxation der Übergang in die metastabile Cr-Energiestufe 2E mit einer Lebensdauer von 10^{-3} s. Diese Stufe, die aus zwei eng benachbarten Linien besteht, ist das Laser-Ausgangsniveau. Bei hinreichend starker

Anregung erfolgt der Aufbau einer Besetzungsinversion gegenüber dem Grundzustand.Die Laserstrahlung entsteht durch induzierte Photonenemission beim Übergang von 2E nach 4A2, es werden zwei nahezu identische Wellen mit 693 und 694 nm emittiert. Da das untere Laserniveau identisch ist mit dem Grundzustand, also eine starke Besetzung aufweist, erfordert der Aufbau einer hohen Besetzungsinversion eine hohe Besetzungszahl im oberen Laserniveau, die nur durch eine leistungsstarke optische Anregung über die beiden breitbandigen Absorptionsbänder erreichbar ist. Eine direkte optische Anregung der Energiestufe 2E ist nicht möglich, da metastabile Zustände keine Strahlung absorbieren. Die Anregungsenergie wird mit Hilfe leistungsstarker Xe-Lampen zugeführt. Bei 200...10000 W Lampenleistung erreicht die pw-Laserleistung 10...5000 kW bei Impulslängen von 0,1...1 ms. Bei cw-Betrieb sind 100 W erreichbar. Der Wirkungsgrad liegt bei 1 % .

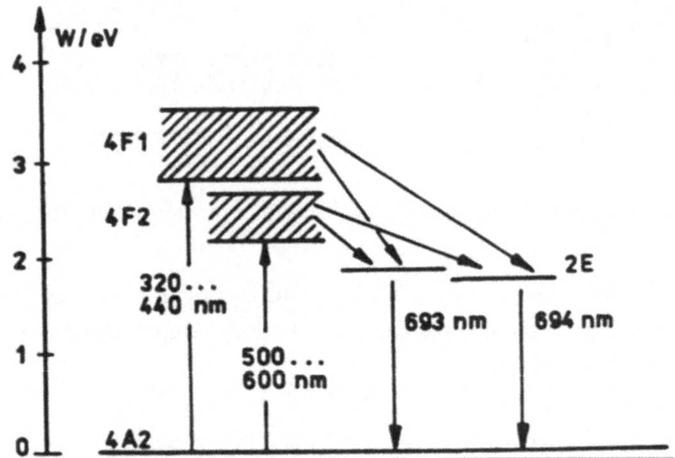

Bild 4.11 Energiediagramm für den Rubin-Laser

In Kurzform zusammengefaßt gilt für den Rubin-Festkörperlaser:

- Termschema entspricht dem 3-Niveausystem
- Der Rubin-Kristall Al_2O_3 (Korund) wird mit Cr-Ionen dotiert, wobei im Rubin die Cr-Ionen dreifach ionisiert sind. Diese Cr^{3+}-Ionen werden anstelle von Al-Ionen in das Gitter des Rubin-Kristalls eingebaut.
- Unter dem Einfluß des Kristallgitters werden die Energiezustände 4F1 und 4F2 der Cr-Ionen stark verbreitert. Sie dienen als Absorptionsbänder zur Aufnahme der Anregungsenergie. Für die Breite dieser Bänder gilt:

  4F1-Band λ = 320...400 nm

  4F2-Band λ = 500...600 nm

  Die große Breite dieser Bänder ermöglicht den Einsatz optischer Strahlungsquellen entsprechend großer spektraler Bandbreite.

- Die optisch angeregten Cr-Ionen gehen nach kurzer Zeit aus den instabilen 4F-Zuständen in den metastabilen Zustand 2E über. Hier erfolgt der Aufbau einer Besetzungsinversion.
- Emission der Strahlung durch induzierten Übergang in den Grundzustand.

Neodym-YAG- und Neodym-Glas-Laser

Neodym-YAG und Neodym-Glas sind die wichtigsten aktiven Medien für Festkörperlaser, sie liefern besonders hohe cw-und pw-Leistungen. Das dotierte Nd-Atom wird beim Einbau in den Substratkristall dreifach ionisiert, es ist im wesentlichen für die emittierte Lichtwellenlänge verantwortlich. Aber auch die vom Substrat eingebrachten Eigenschaften sind von Bedeutung und entscheidend für die Unterschiede insbesondere in den optischen, mechanischen und thermischen Eigenschaften dieser beiden Lasertypen.

Beim Neodym-YAG-Laser besteht das Substrat aus Yttrium-Aluminium-Granat, Kurzzeichen YAG, chemisches Symbol $Y_3Al_5O_{12}$. Die Neodym-Dotierung beträgt 0,5...3,5 % . Besondere Eigenschaften des YAG sind hohe mechanische Härte und Festigkeit. Die gute Wärmeleitfähigkeit vereinfacht Kühlungsprobleme. Die Lebensdauer im oberen metastabilen Laserniveau ist infolge anderer Kristallfelder höher als beim Glas.
Beim Neodym-Glas-Laser besteht das Substrat aus Silicat-, Phosphat-, oder Barium-Glas. Neodym-Konzentration 0,5...8 % . Besondere Eigenschaften der Gläser sind die einfache Herstellung des Stabes in hoher Qualität auch in großen Abmessungen. Jedoch ist die Wärmeleitfähigkeit geringer, es entstehen Kühlungsprobleme.

Bei beiden Typen handelt es sich um ein 4-Niveausystem. Das Termschema für den Neodym-YAG-Laser zeigt Bild 4.12, das Termschema für den Nd-Glas-Laser ist diesem sehr ähnlich. Bei gleichem aktivem Ion ist das Termschema und damit auch das Spektrum der emittierten Laserstrahlung nahezu identisch. Der YAG-Laser emittiert vier Linien, beim Glas-Laser sind es drei. Bei beiden ist die 1,064 μm-Linie die stärkste Komponente, auf diese Linie werden beide Laser optimal ausgerichtet.

Zur optischen Anregung werden zwei breite Absorptionslinien der Nd-Ionen gemäß Bild 4.12 genutzt, das Absorptionsspektrum mit ausgeprägten Maxima liegt im Intervall von 0,5...0,9 μm. Aus diesem instabilen Zustand erfolgt ein schneller Übergang in das obere metastabile Laserniveau 4F3/2. Der bevorzugte Laserübergang von 4F3/2 nach 4I11/2 liefert die energiereiche 1,064 μm-Emissionslinie. Vom unteren Laserniveau erfolgt mit einer Zeitkonstanten von 10^{-7} s ein schneller Übergang in den Grundzustand. Mit einem metastabilen und daher bei ausreichender Anregung beständig voll besetzten Laser-Ausgangsniveau und einem instabilen und daher beständig nahezu leeren Laser-Endniveau ist leicht eine hohe Inversion der Besetzungszahlen erreichbar. Daher liegt die Laserschwelle vergleichsweise niedrig bei 200 W.

Die optische Anregung erfolgt bei cw-Betrieb mit Halogenlampen, für höhere Laserleistungen mit Krypton-Bogenlampen. Bei pw werden zur Anregung Xenon-Blitzlampen eingesetzt. Die Laser-Ausgangsleistung erreicht 500 W cw und 1 MW pw. Die Strahlqualität ist von der optischen Qualität des Laserstabes abhängig. Bei hoher optischer Qualität ist Einmodenbetrieb mit der TEM_{00}-Welle erreichbar. Damit ist dieser Lasertyp besonders für die nichtlineare Optik als monochromatische kohärente Lichtquelle hoher Leistung von Bedeutung. Hochleistungs Nd-YAG- und Nd-Glas-Laser liefern Ausgangsleistungen bis 1 MW, mit Nachverstärkung bis 1 TW bei Impulsdauern von 0,1...1 ns und Impulsfrequenzen bis 10 kHz. Die Nachverstärkung erfolgt durch Reihenschaltung mehrerer Laser-Verstärkerstufen ohne Resonatorspiegel mit optischer Anregung bei Stablängen von je 1 m mit Stabdurchmesser von 10 cm.

Festkörperlaser sind auch in Miniaturausführung hergestellt worden. Ein Nd-YAG-Miniaturlaser für den Einsatz in der optischen Signalübertragung hat eine Stablänge von etwa 10 mm, die Ausgangsleistung ist etwa 10 mW cw. Bei Neodym mit anderen Substraten konnten Stablängen von nur 0,1 mm erreicht werden, das Emissionsspektrum besteht aus einigen diskreten Linien im Intervall von 1,0...1,3 μm. Trotz dieser beeindruckend geringen mechanischen Abmessungen ist ein umfassender Einsatz in der Nachrichtentechnik nicht zu erwarten. Es bestehen drei wesentliche Nachteile gegenüber der Laserdiode und der Lumineszenzdiode: Anregung und Modulation sind bei Halbleiter-Strahlungsquellen wesentlich einfacher und die Integration in optoelektronische Schaltungen ist überhaupt nur mit Halbleiterstrahlungsquellen möglich.

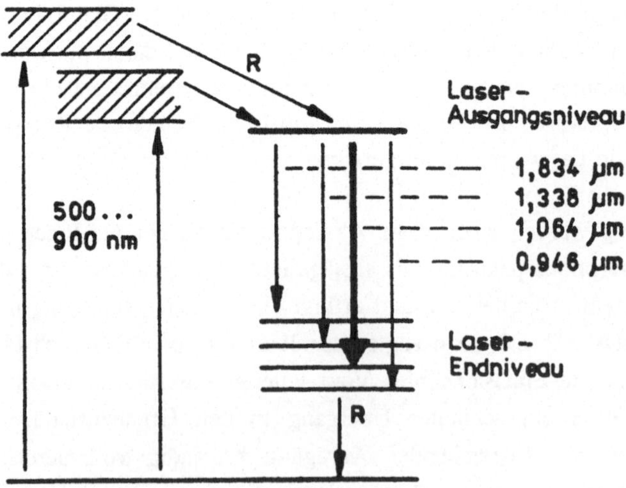

Bild 4.12 Energiediagramm für den Neodym-YAG-Laser

5 Eigenschaften des Lichtwellenleiters

In unserer hochtechnisierten Gesellschaft hat der Transport von Informationen eine große, beständig wachsende Bedeutung. In der elektrischen Nachrichtentechnik stehen zum Austausch von Informationen drei verschiedene Übertragungssysteme mit unterschiedlich hohen Trägersignalfrequenzen zur Verfügung:

- Koaxialleitungen aus Kupfer, die mit Trägersignalen im MHz-Bereich betrieben werden. Höhere Trägerfrequenzen sind infolge zunehmender Leitungsdämpfung nicht möglich.
- Richtfunkstrecken, die aus Hohlrohrleitungen in Verbindung mit Parabol-Spiegelantennen gebildet werden und mit Trägersignalen im GHz-Bereich betrieben werden. Zu diesen Systemen zählen auch die Satelliten-Nachrichtenstrecken, die für einen weltumspannenden interkontinentalen Nachrichtenverkehr eingesetzt werden.
- Lichtwellenleiter, die aus einer haarfeinen Faser aus einem transparenten dielektrischen Material, wie Glas oder Kunststoff, bestehen und für Trägersignale im THz-Bereich geeignet sind.

Diese verschiedenen Übertragungsmedien haben wesentlich unterschiedliche Übertragungseigenschaften. Eine entscheidende Größe zur Beurteilung der Leistungsfähigkeit eines Übertragungssystems ist die erreichbare Übertragungskapazität. Sie wird bestimmt durch die Frequenz des Trägersignals, mit der das jeweilige System betrieben werden kann. Hohe Trägersignalfrequenzen ermöglichen hohe Übertragungskapazitäten. Für die oben angegebenen Übertragungssysteme beträgt der Unterschied im möglichen Frequenzbereich des Trägersignals jeweils drei Größenordnungen. Aus dieser Tatsache folgt a priori die große Überlegenheit des Lichtwellenleiters hinsichtlich der Übertragungskapazität. Moderne digitale Nachrichtennetze arbeiten mit binärer Kodierung der Information unter Anwendung der Pulscodemodulation. Die zu übertragende Information wird in einzelne Bit, die kleinste Einheit der Information, zerlegt. Die Leistungsfähigkeit des Systems wird in übertragbare Bit je Sekunde angegeben. Diese Größe wird als Bitrate oder auch als Übertragungsgeschwindigkeit bezeichnet.
Als Richtwert für Wellenlänge und Frequenz des Trägersignals im Lichtwellenleiter wird als wichtiger Anwendungsfall von besonderer praktischer Bedeutung die Wellenlänge des Dämpfungsminimums der Quarzglasfaser gewählt:

$$\lambda = 1{,}5\ \mu m \quad \text{und} \quad f = 2 \cdot 10^{14}\ \text{Hz} = 200\ \text{THz}$$

Unter der Annahme, daß etwa 20 Perioden des Trägersignals ausreichend sind, um 1 bit bei Anwendung der PCM eindeutig als Impuls zu definieren, folgt daraus für die maximal übertragbare Bitrate der Richtwert:

$$B_{max} = 10^{13}\ \text{bit/s} = 10\ \text{Tbit/s}$$

Dieser theoretische Grenzwert, der die rein physikalisch gegebenen potentiellen Möglichkeiten des Trägersignals widerspiegelt, kann natürlich nur dann praktisch erreicht werden, wenn alle in der Übertragungsstrecke enthaltenen Systemkomponenten eine derart hohe Bitrate verarbeiten können. Entscheidend sind die den optischen Teil der Anlage bildenden Komponenten, zu denen vor allem Strahlungsquelle, Lichtwellenleiter und Strahlungsempfänger gehören. Die physikalischen Eigenschaften dieser drei Systemkomponenten zu analysieren, zu erkennen und zu beschreiben ist das besondere Anliegen dieses Buches. In diesem Kapitel wird zunächst der Lichtwellenleiter einer besonderen Betrachtung unterzogen. Danach sollen Strahlungsquellen und Strahlungsempfänger behandelt werden.

5.1 Prinzipieller Aufbau eines Systems zur optischen Signalübertragung mit Lichtwellenleiter

Ein System zur optischen Signalübertragung mit Lichtwellenleiter besteht im Prinzip aus der Strahlungsquelle, dem Lichtwellenleiter (LWL) als Übertragungsmedium und dem Strahlungsempfänger in einer Anordnung nach Bild 5.1.

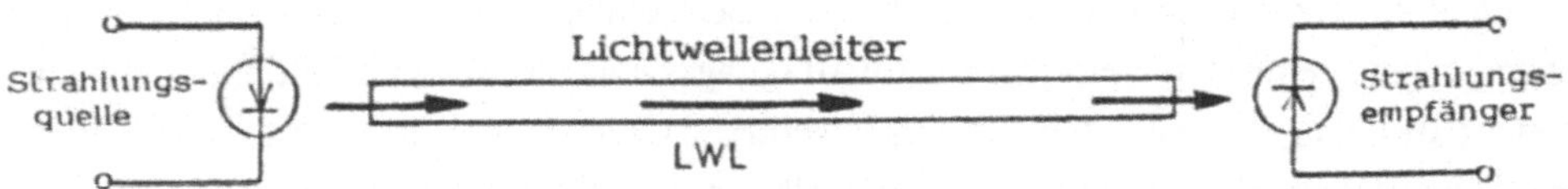

Bild 5.1 Prinzipanordnung eines optischen Übertragungssystems

Strahlungsquelle und Strahlungsempfänger sind Halbleiter-Bauelemente in Miniaturform. In der Strahlungsquelle erfolgt die Modulation der optischen Trägerfrequenz mit der zuvor in elektrischer Form aufbereiteten Information. Die Strahlungsquelle wirkt hierbei als elektrooptischer Signalwandler, das aus einem Elektronenstrom bestehende elektrische Eingangssignal wird in ein aus Lichtquanten bestehendes optisches Ausgangssignal umgewandelt. Der Lichtwellenleiter übernimmt den Transport des optischen Signals zum Empfangsort. Im Strahlungsempfänger erfolgt die Rückwandlung des optischen Signals in ein elektrisches Signal (opto-elektrischer Wandler), der Photonenstrom wird in einen Elektronenstrom zurückverwandelt. In weiteren elektrischen Baugruppen erfolgt die Rückgewinnung der kodierten Information.

Als Strahlungsquellen werden Lumineszenzdioden (LED) oder Laserdioden (LD) eingesetzt. Ursache der optischen Strahlung sind Rekombinationsprozesse der durch den Diodenstrom erzeugten Ladungsträger im pn-Übergang dieser Halbleiter-Bauelemente. Die bei der

Rekombination freiwerdende Energie wird in Form von Lichtquanten abgestrahlt. Die optische Strahlungsleistung ist dem Diodenstrom der in Durchlaßrichtung betriebenen Diode proportional. Daraus folgt die Möglichkeit der direkten Intensitätsmodulation durch den Diodenstrom. Sie kann analog oder digital erfolgen. In der optischen Nachrichtentechnik wird bevorzugt die Pulscodemodulation (PCM) angewendet. Die Information wird in Form extrem kurzer, impulsförmiger Lichtblitze hoher Impulsrate (Impulse je Sekunde) vom Lichtwellenleiter übertragen.

Lichtwellenleiter sind haarfeine Fasern aus Glas oder transparenten Kunststoffen. Während Glas aus dem täglichen Leben als sprichwörtlich zerbrechlich und spröde bekannt ist, hat es in Faserform ganz andere Eigenschaften. Eine Glasfaser ist flexibel wie eine Angelsehne aus Perlon. Man kann sie als enge Zylinderspule um einen Bleistift wickeln oder zu einem Knoten knüpfen, ohne daß die Faser dabei zerbricht. Lichtwellenleiter bestehen aus Faserkern und Fasermantel in koaxialer zylindrischer Form. Es gibt drei LWL-Grundtypen, die sich in zwei entscheidenden Parametern unterscheiden: in Kerndurchmesser sowie Brechzahldifferenz von Kern und Mantel. Mit diesen beiden Größen werden bereits entscheidende Übertragungseigenschaften der Faser festgelegt: Akzeptanzwinkel und numerische Apertur, maximale Bitrate und Übertragungskapazität der Faser (Anzahl der parallel und unabhängig voneinander mit einer Trägerfrequenz im Zeitmultiplexverfahren zu betreibenden Übertragungskanäle), sowie die Anzahl der Moden, die im jeweiligen LWL ausbreitungsfähig sind. Lediglich die Dämpfung des LWL wird von diesen beiden Größen nicht beeinflußt, sie ist abhängig vom Fasermaterial, von der Reinheit des Materials und von der Wellenlänge. Die Durchmesser der drei Standard-Typen in Mikrometern in der Reihenfolge Kern/Mantel betragen 10/125, 50/125 und 200/400. Die Brechzahldifferenz zwischen Faserkern und Fasermantel liegt in der Größenordnung von 1 % .

Als Strahlungsempfänger werden Photodioden (FD) verwendet. Es sind zwei Typen zu unterscheiden: pin-Photodiode und Lawinen-Photodiode. Letztere wird der englischsprachigen Bezeichnung folgend auch als "Avalanch-Photodiode" bezeichnet mit der Abkürzung APD. Die Funktion der Photodiode beruht auf der Erzeugung freier Ladungsträgerpaare (Elektronen und Löcher) durch einfallende Lichtquanten in der Raumladungszone des pn-Übergangs bei Betrieb in Sperrichtung. Die Ladungsträgerpaare werden im elektrischen Feld der Raumladungszone getrennt und induzieren im äußeren Kreis einen Photostrom. Die Stärke des Photostromes ist der einfallenden optischen Leistung proportional. Bei der APD wird durch Stoßionisation mit Lawineneffekt intern eine Vervielfachung des Photostromes erreicht und dadurch die Empfindlichkeit erhöht.

Optische Übertragungssysteme arbeiten mit Trägerfrequenzen aus dem kurzwelligen Infrarotbereich, nahe dem sichtbaren Bereich des Lichtes. Quarzglasfasern übertragen mit ausreichend geringer Dämpfung ein Wellenlängenintervall von 0,8 ...1,8 μm. Dem entspricht eine Frequenzintervall von rund 160 ...370 THz. Die aus dieser extrem hohen Trägerfrequenz als theoretische Möglichkeit folgende extrem hohe Übertragungskapazität ist nur dann praktisch zu realisieren, wenn alle beteiligten Systemkomponenten diese hohe Übertragungseigenschaft aufweisen. Begrenzt wird die Übertragungskapazität in der Praxis vor allem durch die Reaktionsgeschwindigkeit der Strahlungsquelle bei der Umwandlung des elektrischen in ein optisches Signal, durch Signalverzerrungen, die bei der Übertragung im Lichtwellenleiter auftreten, sowie durch die Reaktionsgeschwindigkeit des Strahlungsempfängers bei der Rückwandlung des optischen in ein elektrisches Signal. Die Eigenschaften eines optischen Übertragungssystems resultieren insbesondere aus den Eigenschaften dieser drei Systemkomponenten. Eine ganz besondere Bedeutung kommt dabei dem Lichtwellenleiter zu. Seine physikalisch-technischen Eigenschaften bestimmen die Länge der Übertragungsstrecke und die maximal mögliche Bitrate, und damit die Anzahl der im Zeitmultiplexverfahren gleichzeitig mit einer Trägerwellenlänge in einer Faser zu übertragenden Informationskanäle.

Um die Bedeutung einer hohen Bitrate verständlich zu machen, ist in Tabelle 5.1 die Rangfolge im PCM-Zeitmultiplexsystem dargestellt.

Tabelle 5.1 Stufenfolge im PCM-Zeitmultiplexsystem

Stufe	Bitrate in Mbit/s	NF-Kanalzahl
1	2	30
2	8	120
3	34	480
4	139	1920
5	565	7680
6	1150	15360

Die Tabelle zeigt die mit der jeweiligen Bitrate gleichzeitig über eine Faser mit einer Trägerwellenlänge übertragbare Anzahl von Telefonkanälen. Während zur Übertragung eines NF-Kanals 64 kbit/s erforderlich sind, benötigt ein TV-Kanal eine um 3 Größenordnungen höhere Bitrate, je nach System sind Werte um 100 Mbit/s erforderlich.

Um das Bild abzurunden, ist eine weitere Tabelle beigefügt, in der mit LWL-Systemen in der Weitverkehrstechnik in der Praxis erreichte Ergebnisse dargestellt sind. Die erreichbaren Entfernungen sind abhängig von der Betriebswellenlänge. Größte Repeaterabstände sind im Dämpfungsminimum der Faser bei 1,55 μm (rund 200 THz) erreichbar.

Tabelle 5.2 Beispiele in Betrieb befindlicher LWL-Systeme

λ in μm	Faser	B in Gbit/s	L in km	B·L in (Gbit/s)·km
0,85	G-LWL	0,034	10	0,340
1,3	G-LWL	0,140	30	4,200
1,3	E-LWL	0,140	233	32,620
1,3	E-LWL	0,445	170	75,650
1,3	E-LWL	2	90	180
1,3	E-LWL	10	50	500
1,55	E-LWL	10	62	620

Die erste Zeile der Tabelle gilt für ein System, das mit einer für Weitverkehrssysteme infolge hoher Faserdämpfung ungünstigen Wellenlänge aus dem 1. optischen Fenster arbeitet. Systeme dieser Art entstammen der Anfangszeit der LWL-Technik, die Wellenlänge im ersten optischen Fenster ist durch das Halbleitermaterial Galium-Arsenid (GaAs) bedingt, das seinerzeit zum Aufbau von Strahlungsquellen verwendet wurde. Bessere Ergebnisse sind mit längeren Wellen erreichbar. Bei 1,3 μm sind mit Gradientenfasern 140 Mbit/s bei 30 km Repeaterabstand übliche Werte. Die folgenden Zeilen zeigen eine Übersicht zu international erreichten Spitzenwerten, die durch Auswahl von Systemkomponenten höchster Qualität möglich wurden. Derartige Rekordwerte sind nur mit Monomodefasern im Intervall von 1,2...1,6 μm erreichbar. Die angegebenen Streckenlängen gelten ohne Zwischenverstärker.

Die in optischen Übertragungssystemen eingesetzten Strahlungsquellen unterscheiden sich unter anderem in einem wesentlichen Punkt: Die Strahlung der LED ist inkohärent, während die LD eine kohärente Strahlung emittiert. Strahlungskohärenz ist jedoch bei den derzeit angewendeten Modulations- und Empfangsverfahren (Intensitätsmodulation mit Direktempfang) keine Notwendigkeit. Zukünftig wird jedoch auch bei LWL-Systemen der Überlagerungsempfang Anwendung finden. Damit ist eine weitere wesentliche Steigerung der Streckenlänge möglich. Anwendungsfälle dafür sind Sonderfälle der Weitverkehrstechnik, wenn ohne Repeater große Entfernungen überbrückt werden sollen, zum Beispiel Unterwasserkabel bei interkontinentalen Nachrichtenstrecken. Dann ist die Kohärenz der Laserstrahlung eine notwendige Voraussetzung.

5.2 Anwendungsmöglichkeiten für optische Übertragungssysteme

Den praktischen Bedürfnissen folgend werden LWL-Systeme in drei Einsatzbereiche eingeteilt, die nach Länge der Übertragungsstrecke gestaffelt sind und zur Lösung jeweils typischer Aufgaben eingesetzt werden:

Kurzstreckensysteme mit Längen bis zu einigen zehn Metern, Einsatzbereiche:

- Signalübertragung in Anlagen der Datenverarbeitung
- Automatisierungstechnik in Produktionsanlagen
- Einsatz der Faser als Sensor in der Meßtechnik.

Mittelstreckensysteme mit Längen bis zu einigen Kilometern, Einsatzbereiche:

- industrieller Einsatz zur Übertragung von Meß-, Steuer- und Regelsignalen in automatisierten Produktionsanlagen
- Signalübertragung an Bord von Flugzeugen, Raumflugkörpern, Fahrzeugen und Schiffen
- Einsatz im Verkehrswesen zur Informationsübertragung im Signal- und Sicherungswesen der Eisenbahn und im Straßenverkehr.

Weitverkehrssysteme mit maximalen Verstärkerabständen je nach Faserdämpfung und Bitrate, als Richtwerte gelten: 50 km mit 10 Gbit/s, 100 km mit 5 Gbit/s und 300 km mit 1 Gbit/s. Durch Einsatz von Zwischenverstärkern (Repeater oder optische Faserverstärker) können bei Anwendung der PCM Nachrichten über beliebig lange Strecken ohne Qualitätsverlust übertragen werden. Der Einsatz erfolgt vornehmlich im Fernmeldewesen (optische Nachrichtentechnik).

Die zur Lösung derart weit gefächerter Aufgaben an das Übertragungssystem zu stellenden Anforderungen, insbesondere hinsichtlich Übertragungskapazität und Dämpfung, sind sehr unterschiedlich. Den verschiedenen Aufgaben entsprechend wurden Strahlungsquellen, Lichtwellenleiter und Strahlungsempfänger mit abgestuften Eigenschaften entwickelt, die auch erhebliche Unterschiede im Preis aufweisen. Eine optimale technische und ökonomische Lösung einer Aufgabe ist durch Auswahl der jeweils optimalen Systemkomponenten möglich.

Die Eigenschaften der LWL-Systeme, insbesondere ihre große Übertragungskapazität und Streckenlänge, ermöglichen im Fernmeldewesen nicht nur eine bessere Lösung der bisherigen Aufgaben, sondern erlauben zusätzlich die Einführung neuer Informationsdienste und Serviceprogramme für den Anwender. Bei nur einer Glasfaser im Hausanschluß können dem Nutzer im Rahmen eines integrierten digitalen Nachrichtensystems (ISDN) eine Vielzahl von Serviceleistungen ins Haus geliefert werden:

- Telefongespräche störungsfrei in hoher Qualität durch PCM
- Bildtelefon in Farbe (erhöhter Informationsinhalt gegenüber dem Telefon)
- Rundfunkprogramme in Hifi-Qualität
- Fernsehprogramme in Farbe mit Stereoton, auch HDTV
- Bildschirmtext
- Fernschreiben, Fernkopieren zur elektronischen Übertragung von Bildern und Dokumenten, Zeichnungen, Schaltplänen, Skizzen und ähnlichem in Originalform
- für Computer besteht die Möglichkeit zum Anschluß an zentrale Datenbanken zur Übertragung von Bildern, Grafiken und Daten.

5.3 Reflexion, Brechung und Totalreflexion im Lichtwellenleiter

Die Ausbreitung des Lichtes in einer optischen Faser erfolgt im Faserkern. Im Stufenprofil-LWL wird ein unter dem Winkel γ gegen die Grenzfläche Kern/Mantel treffender Lichtstrahl 1 im allgemeinen Fall in zwei Strahlen zerlegt, in den reflektierten Strahl 2 und den gebrochenen Strahl 3, siehe Bild 5.2a).

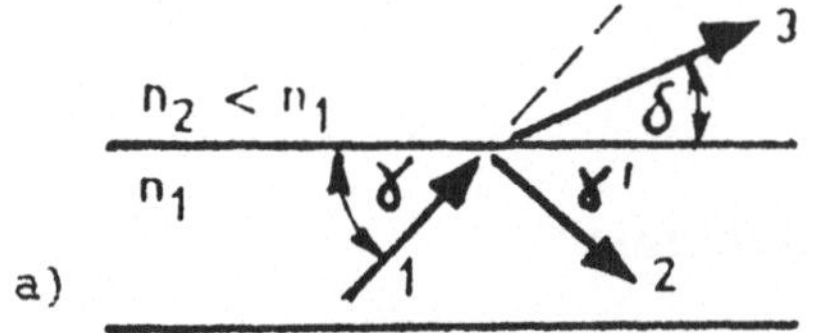

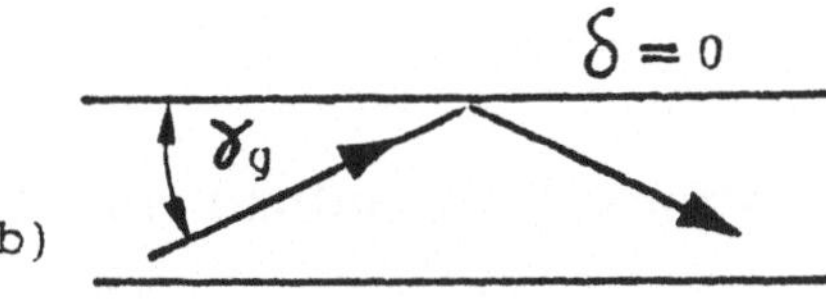

Bild 5.2 Ausbreitung des Lichtes im Kern des LWL
a) mit Strahlung in den Mantel für $\gamma > \gamma_g$ b) strahlungsfrei für $\gamma \leq \gamma_g$

Dabei gelten das Reflexionsgesetz, das Brechungsgesetz und der Energiesatz.

Reflexionsgesetz: $$\gamma = \gamma' \quad (5.1)$$

Brechungsgesetz: $$n_1 \cos \gamma = n_2 \cos \delta \quad (5.2)$$

Energiesatz: $$W_1 = W_2 + W_3 \quad (5.3)$$

Das Reflexionsgesetz besagt, daß Einfallswinkel und Reflexionswinkel gleich groß sind, das Brechungsgesetz beschreibt den Zusammenhang von Einfallswinkel und Brechungswinkel. Der Energiesatz besagt, daß die von Strahl 1 geführte Energie aufgeteilt und übernommen wird von den Strahlen 2 und 3. Der gebrochene Strahl 3 ist damit die Ursache fortlaufender Energieverluste, die Energie wird aus dem Kern durch Brechung in den Mantel abgestrahlt. Lichtstrahlen, die sich im Mantel ausbreiten, sind für die Signalübertragung ungeeignet. Sie unterliegen einer höheren Dämpfung, haben eine veränderte Ausbreitungsgeschwindigkeit und

werden teilweise in die nachfolgende Umhüllung gebrochen und dort absorbiert. Mantelstrahlen gelangen nicht wieder zurück in den Faserkern, eine Brechung in Rückwärtsrichtung ist nicht möglich, jedoch kreuzen meridionale Mantelstrahlen zwischen zwei Reflexionen den Kern, ohne vom Kern aufgenommen zu werden. Strahlungsfrei ohne Brechung in den Mantel wird das Licht im Kern des LWL geführt, wenn der Reflexionswinkel γ so klein ist, daß der Brechungswinkel δ zu Null wird, so wie in Bild 5.2b) dargestellt. Dann verschwindet der gebrochene Strahl und die Gesamtenergie verbleibt im Kern des LWL, siehe Bild 5.3. Die Bedingung für den dann vorliegenden Fall der Totalreflexion folgt aus Gl.(5.2) mit
$\cos \delta = 1$ zu:

$$\gamma \leq \gamma_g = \arc \cos \frac{n_2}{n_1} \tag{5.4}$$

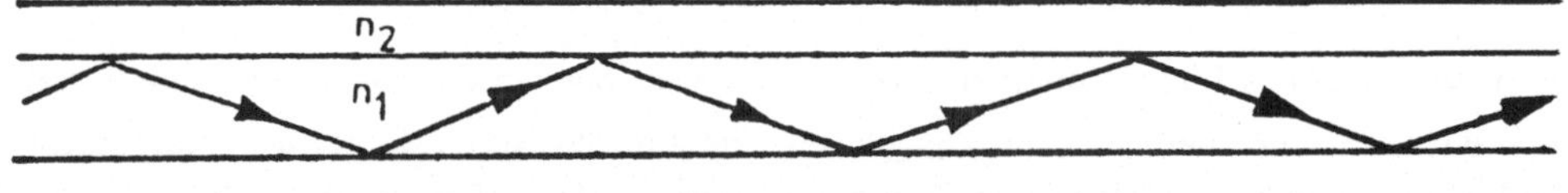

Bild 5.3 Strahlungsfreie Ausbreitung des Lichtes im LWL durch Totalreflexion

5.4 Prinzipieller Aufbau eines Lichtwellenleiters

Ein Lichtwellenleiter besteht grundsätzlich aus einem zylindrischen Faserkern, der koaxial von einem ebenfalls zylindrischen Fasermantel umgeben ist. Die Realisierung der Lichtleiterfunktion durch Totalreflexion erfordert, daß die Mantelbrechzahl n_2 kleiner ist als die Kernbrechzahl n_1. Strahlen mit einem Einfallswinkel nach Gl.(5.4) sind im Kern der Faser gefangen. Das Licht folgt der durch die Faser vorgegebenen Richtung, auch im gekrümmten LWL, sofern die Krümmung nicht zu stark wird. Da kein Energieverlust durch Brechung auftritt, wird das Licht nur durch das Fasermaterial gedämpft. Bei hinreichend kleiner Dämpfung wird es durch den LWL über große Entfernungen übertragen. Technisch realisiert wird die Brechzahldifferenz durch Zuschlagstoffe, die in definierter Weise dem Grundmaterial hinzugefügt werden. Als Grundmaterial für LWL wird bevorzugt in hochreiner Form hergestelltes Siliziumdioxid SiO_2 verwendet, es wird als Quarzglas oder glastechnisch exakter als Kieselglas bezeichnet. Zur Dotierung sind verschiedene Stoffe geeignet. Sie ergeben je nach Material eine Erhöhung oder Verminderung der Brechzahl des Grundmaterials. Dazu einige Beispiele:

$\Delta n < 0$, geeignet zur Manteldotierung, wird erreicht mit B_2O_3 und F

$\Delta n > 0$, geeignet zur Kerndotierung, wird erreicht mit Al_2O_3, GeO_2 und P_2O_5

Neben der absoluten Brechzahldifferenz $\Delta n = n_1 - n_2$ ist noch die relative Brechzahldifferenz von Bedeutung. Die relative Brechzahldifferenz zwischen Kern und Mantel wird mit dem Symbol Δ bezeichnet. Sie ist definiert durch die Gleichung:

$$\Delta = \frac{\Delta n}{n} = \frac{n_1 - n_2}{n_1} \tag{5.5}$$

In Gradienten-Lichtwellenleitern bedeutet n_1 den Maximalwert der Brechzahl in der Kernachse. Neben der relativen Brechzahldifferenz Δ ist der Kerndurchmesser d_1 des LWL eine entscheidende physikalische Größe. Durch die Wahl von d_1 und Δ sowie des Fasermaterials werden alle weiteren physikalischen Größen des LWL festgelegt. Für die SiO_2-Faser sind Kerndurchmesser von 10 μm, 50 μm und 200 μm üblich; sie bestimmen die drei LWL-Grundtypen, die im nächsten Abschnitt vorgestellt werden. Der Kerndurchmesser ist entscheidend für die Anzahl der im LWL möglichen Wellenformen. Die Wellenformen werden als Moden bezeichnet. Im Strahlenmodell entsprechen den Moden Lichtstrahlen mit unterschiedlichen Reflexionswinkeln. Wird der Kerndurchmesser in der Größenordnung der Wellenlänge gewählt (etwa 10 μm), so ist nur die Grundwelle existenzfähig, es gibt nur eine Mode (nur einen Lichtstrahl). Ist dagegen $d_1 >> \lambda$, so existieren im LWL viele verschiedene Moden (viele verschiedene Lichtstrahlen mit unterschiedlichen Reflexionswinkeln). Dementsprechend wird zwischen einwelligen (monomoden) und vielwelligen (multimoden) Fasern unterschieden. Der Vorteil der Multimodefasern ist der für Faserproduktion, Verbindungstechnik und Lichteinspeisung günstige relativ große Kerndurchmesser. Der Nachteil der vielwelligen Fasern besteht darin, daß die vielen, im Kern vorhandenen Moden zu unterschiedlichen Zeiten das Leitungsende erreichen. Dadurch wird eine als "Modendispersion" bezeichnete Störung verursacht (siehe Abschnitt 5.7.3), die eine drastische Einschränkung der Übertragungskapazität insbesondere von Stufenprofil-LWL bewirkt. Im Monomode-LWL gibt es keine Modendispersion; dadurch ist eine sehr hohe Übertragungskapazität erreichbar. Bei Multimoden-LWL bestimmen Brechzahldifferenz und der Verlauf des Brechzahlprofils über die Größe von Modendispersion und Akzeptanzwinkel. Eine kleine Brechzahldifferenz hat eine geringe Modendispersion und damit eine hohe maximal übertragbare Bitrate aber auch einen kleinen Akzeptanzwinkel und damit ungünstige Bedingungen für die Lichteinspeisung zur Folge. Als Richtwert zur Groborientierung gilt für die relative Brechzahldifferenz $\Delta = 0{,}01$. Den verschiedenen Zielstellungen folgend sind in der Praxis Werte im Intervall $\Delta = 0{,}002 \ldots 0{,}05$ anzutreffen. Fasern mit kleinen Δ-Werten werden in der Weitverkehrstechnik benötigt, um hohe Übertragungskapazitäten zu erreichen. Fasern mit großen Δ-Werten werden in Kurzstreckensystemen, zum Beispiel in der Automatisierungstechnik bevorzugt, um günstige Bedingungen für die Lichteinspeisung zu erhalten, während die maximale Bitrate in diesen Fällen keine entscheidende Größe ist. Die Übertragungskapazität eines LWL bei PCM-Betrieb wird durch die maximal übertragbare Bitrate (Impulse je Sekunde) angegeben. Sie ist auch abhängig von der Länge des LWL und wird mit zunehmender Länge kleiner. Ein zum Vergleich von LWL unterschiedlicher Längen geeignetes Maß der Übertragungskapazität ist das BL-Produkt (Bitrate mal Leitungslänge). Es gibt die maximale Bitrate an, die über einen LWL gegebener Konstruktion bei einer Leitungslänge von 1 km übertragen werden kann. Eine ausführliche Beschreibung der genannten Größen folgt in den nächsten Abschnitten.

5.5 Grundtypen für Lichtwellenleiter

In der Praxis sind drei LWL-Grundtypen gebräuchlich. Bei gleichem Fasermaterial werden unterschiedliche Übertragungseigenschaften optischer Fasern durch Unterschiede in Kerndurchmesser und Brechzahldifferenz erreicht. Grundlage der Klassifizierung ist der Kerndurchmesser. Entscheidendes Qualitätskriterium ist das BL-Produkt als Maß für die Übertragungskapazität, das den Vergleich verschiedener Fasern ermöglicht.
Nachfolgend sind diese drei Grundtypen beschrieben. In der Praxis sind häufig Varianten anzutreffen, bei denen bestimmte Parameter optimiert wurden, um eine bessere Eignung für spezielle Anwendungsfälle zu erreichen. Das gilt z.B. für den Kerndurchmesser bei der Multimoden-Stufenprofilfaser, für den Werte bis 1 mm anzutreffen sind. Derartige Fasern werden in Kurzstreckensystemen eingesetzt. Der große Kerndurchmesser erleichtert wesentlich die Lichteinkopplung und ist ebenso von Nutzen bei der Herstellung von Faserverbindungen mittels Stecker. Die zulässigen mechanischen Toleranzen der Steckverbinder werden größer, die Herstellung einfacher, der Preis niedriger.

Für den Kerndurchmesser von Monomodefasern gibt es keinen festgelegten Standardwert. Der für Einwellenbetrieb maximal zulässige Kerndurchmesser ist abhängig von der Wellenlänge. Er wird der vorgesehenen Betriebswellenlänge gemäß gewählt und darf mit zunehmender Wellenlänge größer sein. Für den Betriebsbereich der Quarzglasfaser liegen die für die alleinige Ausbreitung der Grundwelle zulässigen Werte bei etwa 10 μm. Dieser Wert wird nachfolgend symbolisch stets für den Kern angegeben, eingedenk der Tatsache, daß der tatsächliche Kerndurchmesser der Monomodefaser wellenlängenabhängig ist, also im Bereich der Quarzglasfaser von 0,8 bis 1,8 μm unterschiedliche Werte annimmt. Weitere Angaben zu diesem Problem in Abschnitt 5.13.
Bei der nachfolgenden Beschreibung der Standardfasern wird in den Abbildungen 5.4 bis 5.6 die Ausbreitung des Lichtes im Kern durch Strahlen veranschaulicht. Das ist als einfaches Hilfsmittel in den Multimodenfasern zulässig, aber das Strahlenmodell versagt in der Monomodefaser. Die in Bild 5.6 verwendete reflexionsfreie gerade Linie hat daher nur

symbolische Bedeutung, sie ist physikalisch nicht real. Die Beschreibung des Lichtes durch Strahlen ist in der Monomodefaser nicht zulässig, das Strahlenmodell des Lichtes hat hier seine Grenze erreicht.

1. Multimoden-Stufenprofil-Lichtwellenleiter (S-LWL)

Den Aufbau der Faser in koaxialzylindrischer Form, den Verlauf der Brechzahl in Kern und Mantel über dem Radius r und die Ausbreitung des Lichtes in der Faser bei Darstellung im Strahlenmodell zeigt Bild 5.4.

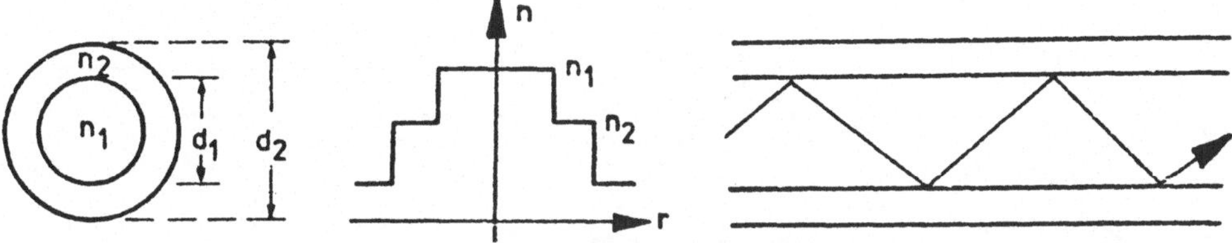

Bild 5.4 Stufenprofilfaser mit Faserquerschnitt, Brechzahlprofil und zickzackförmigem Strahlenverlauf

Die Faser wird durch folgende Eigenschaften charakterisiert:

- Durchmesser Kern/Mantel in μm: 200/380.
- Kerndurchmesser $d_1 >> \lambda$ hat Multimodenausbreitung des Lichtes im Faserkern zur Folge. Im Kern sind viele Lichtstrahlen mit unterschiedlichen Reflexionswinkeln vorhanden.Die Winkel liegen im Intervall $\gamma \leq \gamma_g$, wobei der Grenzwinkel γ_g durch das Verhältnis der Brechzahlen gemäß $\cos \gamma_g = n_2/n_1$ bestimmt wird.
- Das Brechzahlprofil ist stufenförmig mit Sprung an der Kern/Mantelgrenze, die Brechzahl hat im Kern den konstanten Wert n_1. Für die undotierte Quarzglasfaser hat die Kernbrechzahl je nach Wellenlänge einen Wert um 1,45. Der Wert der Mantelbrechzahl ist etwa 1 % kleiner. Relative Brechzahldifferenz bis 5 % mit Akzeptanzwinkel von 18°.
- Lichtstrahlen verlaufen zickzackförmig, die Geschwindigkeit $c = c_0/n_1$ hat im Kern einen konstanten Wert.
- Infolge unterschiedlicher Reflexionswinkel haben die Lichtstrahlen unterschiedlich lange Zickzackwege. Dadurch entstehen hohe Laufzeitdifferenzen zwischen den Strahlen.
- Hohe Laufzeitdifferenzen haben eine starke Zunahme der Impulsbreite zu Folge. Dadurch wird die Übertragungskapazität begrenzt. Richtwert für BL-Produkt: BL = 10 (Mbit/s) km. Die Stufenprofilfaser ist nur für Kurzstreckensysteme zur Übertragung kleiner Bitraten geeignet.
- einfacher Aufbau, einfache Technologie, niedriger Preis
- großer Kerndurchmesser und großer Akzeptanzwinkel ermöglichen eine einfache Lichteinspeisung mit gutem Wirkungsgrad

- einfache Koppeltechnik, billige Steckverbinder
- geeignete Strahlungsquelle: LED. Ursache der begrenzten Übertragungskapazität sind Laufzeitdifferenzen der Lichtstrahlen (Modendispersion), die Materialdispersion ist ein Effekt 2.Ordnung. Daher ist eine breitbandige Strahlungsquelle zulässig.

2. Multimoden-Gradienten-Lichtwellenleiter (G-LWL)
Aufbau der Faser, Brechzahlprofil und Weg der Lichtstrahlen sind in Bild 5.5 dargestellt.

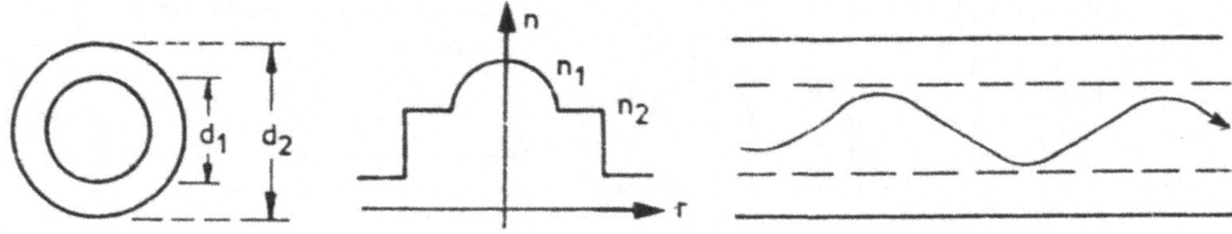

Bild 5.5 Gradientenfaser mit Faserquerschnitt, Brechzahlprofil und wellenartigem Strahlenverlauf

Charakteristische Eigenschaften der Faser sind:
- Durchmesser Kern/Mantel in μm: 50/125.
- Kerndurchmesser $d_1 >> \lambda$ hat Multimodenausbreitung des Lichtes im Faserkern zur Folge.
- Das Brechzahlprofil ist parabelförmig ohne Sprung an der Kern/Mantel-Grenze. Die Brechzahl im Kern ist nicht konstant, Maximum mit Wert n_1 in der Kernachse, zum Rand erfolgt Abfall auf den Mantelwert n_2. Die relative Brechzahldifferenz wird zu etwa 1 % gewählt, der Akzeptanzwinkel hat dann einen Wert von 11°.
- Die Strahlen verlaufen infolge kontinuierlicher Brechung wellenartig, die Geschwindigkeit ist gemäß $c = c_0/n$ an der Kern /Mantel-Grenze höher als in der Kernachse.
- Das parabelförmige Brechzahlprofil bewirkt einen Geschwindigkeitsausgleich der Lichtstrahlen und führt zu reduzierten Laufzeitdifferenzen mit verminderter Zunahme der Impulsbreite, die Übertragungskapazität wird größer.
- Als Richtwert für das BL-Produkt gilt: BL = 1 (Gbit/s) km; damit ist der G-LWL für den Einsatz in Mittel- und Langstreckensystemen geeignet.
- Die Herstellung des optimierten parabelförmigen Brechzahlprofils erfordert eine komplizierte Technologie in der Faserproduktion und hat einen höheren Preis zur Folge.
- Der kleine Durchmesser von nur 50 μm macht die Lichteinspeisung in den Faserkern schwierig und läßt nur einen geringen Einkoppelwirkungsgrad zu.

- Die Koppeltechnik ist schwierig, für Steckverbinder wird eine hohe Präzision gefordert, die mit einem hohen Preis verbunden ist.
- In der Gradientenfaser ist die Modendispersion so stark reduziert, daß die Materialdispersion zur dominierenden Größe für die Zunahme der Impulsbreite wird. Als Strahlungsquelle ist daher für kurze Strecken die LED geeignet, große Strecken und hohe Bitraten erfordern den Einsatz der Laserdiode um den Einfluß der Materialdispersion zu reduzieren.

3. Einmoden-Lichtwellenleiter (E-LWL)

Bild 5.6 zeigt Aufbau der Faser, Brechzahlprofil und Strahlenverlauf.

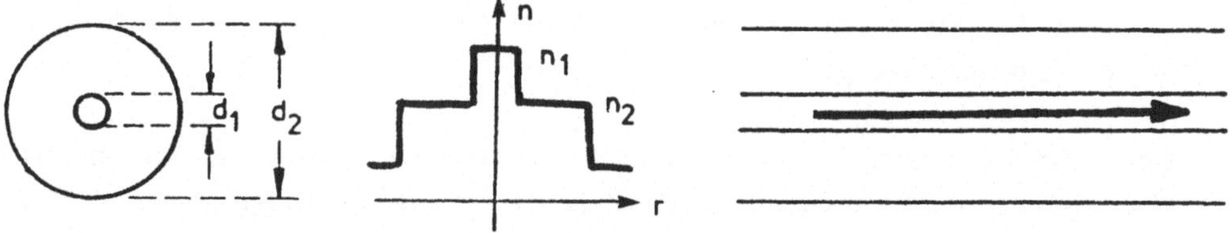

Bild 5.6 Monomodefaser mit Faserquerschnitt, Brechzahlprofil und Strahlenverlauf in der Kernachse des Lichtwellenleiters

Typisch für die Monomodefaser ist:

- Durchmesser Kern/Mantel in μm: 10/125, der Kerndurchmesser wird λ-abhängig möglichst groß gewählt.
- Das Brechzahlprofil ist stufen- oder parabelförmig. Die relative Brechzahldifferenz wird mit etwa 0,2 % sehr klein gewählt, um den Kerndurchmesser groß wählen zu können. Unvermeidliche Folge ist jedoch ein extrem kleiner Akteptanzwinkel von etwa 5°.
- Der Kerndurchmesser liegt in der Größenordnung der Wellenlänge, daher ist nur die Grundwelle existenzfähig.
- Es ist nur eine Mode vorhanden, also ist keine Modendispersion möglich. Damit entfällt die Dispersionskomponente, die den stärksten Einfluß auf die Zunahme der Impulsbreite hat. Die Materialdispersion wird zu Null für die Wellenlänge 1,27 μm und ist klein im Intervall 1,2...1,6 μm. Durch konstruktive Maßnahmen können dispersionskompensierte Monomodefasern geschaffen werden, die eine zweite Dispersionsnullstelle in der Nähe des Dämpfungsminimums bei 1,55 μm aufweisen.
- Bei fehlender Modendispersion und nur geringer Materialdispersion ist die Zunahme der Impulsbreite sehr gering, daher sind hohe Übertragungskapazitäten möglich. Als Richtwert gilt BL = 100 (Gbit/s) km, damit ist die Monomodefaser geeignet für Langstreckensysteme mit hohen Bitraten. Sie wird bevorzugt in der optischen Nachrichtentechnik eingesetzt.

- Komplizierte Technologie in der Faserproduktion hat einen hoher Preis zu Folge.
- Es ist sehr schwierig, das Licht der Strahlungsquelle mit gutem Wirkungsgrad in den Faserkern mit derart kleinen Abmessungen und geringem Akzeptanzwinkel einzukoppeln.
- Ebenfalls sehr schwierig ist es, Faserverbindungen herzustellen. Steckverbinder müssen in höchster Präzision hergestellt werden. Besser nur Spleißverbindungen verwenden.
- Geeignete Strahlungsquelle ist die Laserdiode. Der geringe Divergenzwinkel ist vorteilhaft für die Lichteinkopplung in die Faser, die kleine Bandbreite ermöglicht hohe Bitraten. Die LED ist als Strahlungsquelle unbrauchbar, Divergenzwinkel und Bandbreite sind zu groß.

5.6 Allgemeine Eigenschaften eines Lichtwellenleiters

Mit der folgenden Aufzählung werden in einer Übersicht wichtige Eigenschaften eines Lichtwellenleiters zusammengestellt.

1 Der theoretische Grenzwert der maximal übertragbaren Bitrate liegt für optische Übertragungssysteme auf Grund der extrem hohen Frequenz des Trägersignals bei etwa 10 Tbit/s. Der in der Praxis für den LWL erreichbare Grenzwert ist abhängig vom Aufbau des LWL. Je nach Typ gelten etwa folgende Richtwerte zur Groborientierung:

Stufenprofil-LWL:	BL = 10 (Mbit/s) km
Gradientenprofil-LWL:	BL = 1 (Gbit/s) km
Monomode-LWL:	BL = 100 (Gbit/s) km

2 Die Dämpfung eines LWL ist wellenlängenabhängig. Für die Signalübertragung ausreichend klein ist die Dämpfung im Wellenlängenintervall 0,8 ...1,8 μm. Ein absolutes Dämpfungsminimum von 0,2 dB/km besteht für Quarzglasfasern höchster Reinheit bei $\lambda = 1{,}55$ μm. Die Dämpfung ist kleiner als 0,5 dB im Intervall von 1,2 ...1,6 μm. An den Grenzen des Wellenlängenbereiches steigt die Dämpfung auf 3 ...5 dB/km.

3 Bei Einsatz eines LWL hoher Qualität können infolge geringer Dämpfung und geringer Dispersion große Streckenlängen mit hoher Übertragungskapazität ohne Zwischenverstärker erreicht werden. Übliche Werte sind 50...100 km, je nach Bitrate, in Sonderfällen bis 300 km. Mit 10 Gbit/s kann eine Entfernung von 50 km erreicht werden. Bei Einsatz von Faserverstärkern können mit PCM-Betrieb Nachrichten über beliebige Entfernungen ohne Qualitätsverlust übertragen werden.

4 Die Dämpfung ist innerhalb der Modulationsbandbreite frequenzunabhängig.

5 Im LWL erfolgt keine Störung der Signalübertragung durch elektromagnetische Fremdfelder, und es ist keine eigene Abstrahlung von elektromagnetischen Störfeldern möglich. Daher gibt es prinzipiell keine Abschirmprobleme. Auch in Räumen mit starker Störstrahlung erfolgt die Informationsübertragung sicher und zuverlässig. Die Glasfaser erfüllt vollkommen alle Bedingungen der EMV.

6 Es gibt im LWL keine Funkenbildung. Daraus folgt eine gefahrlose Übertragung von Kontroll-, Meß- oder Steuersignalen in explosionsgefährdeten Räumen der chemischen Industrie, in Treibstofflagern oder Tankschiffen für den Erdöltransport.

7 LWL sind elektrische Isolatoren. Daraus resultiert eine absolute Trennung von Sender- und Empfängerpotential. Es gibt keine Erdungsprobleme. LWL sind hochspannungsfest, die Übertragung von Meßwerten aus Hochspannungsanlagen ist mit LWL absolut gefahrlos.

8 Nachrichtenstrecken mit LWL sind weitgehend abhörsicher. Die in elektrischen Leitungen leicht mögliche induktive oder kapazitive Ankopplung zum Mithören fremder Gespräche ist mit LWL nicht durchführbar.

9 Der Einsatz von LWL kann im Temperaturbereich von -50°C bis +150°C erfolgen.

10 Gewicht und Volumen sind erheblich geringer als bei elektrischen Leitungen. Damit sind Kabel hoher Faserzahl möglich. Zum Einsatz in Telefonnetzen von Großstädten wurden Kabel mit 4000 Fasern entwickelt, der Kabeldurchmesser beträgt 85 mm. Ein Kabel mit 800 Fasern hat einen Durchmesser von 35 mm.

11 LWL sind weitgehend korrosionsfest gegenüber aggressiven oder Flüssigkeiten.

12 Große wirtschaftliche Bedeutung hat die Materialsubstitution Kupfer-Glas.

> Um eine LWL-Faser von 1 km Länge mit 125 μm Manteldurchmesser herzustellen, sind 30 g Glas erforderlich.
> 1 kg Glas ermöglicht eine Faserlänge von 33 km.
> 1 kg Glas können 1000...10000 kg Kupfer ersetzen, je nach Übertragungskapazität.

13 Besondere Sorgfalt ist in LWL-Systemen notwendig für Lichteinspeisung und Koppeltechnik. Kleiner Kernquerschnitt und geringer Akzeptanzwinkel machen besondere Maßnahmen erforderlich.

14 Wachsende Bedeutung finden LWL als Sensoren in der Meßtechnik zur Bestimmung mechanischer, akustischer, optischer, elektrischer, magnetischer, chemischer und anderer Größen. Sie sind anderen Sensortypen vielfach hinsichtlich Einfachheit, Robustheit, Betriebssicherheit, Empfindlichkeit, Meßbereich oder Preis überlegen.

5.7 Übertragungseigenschaften eines Lichtwellenleiters

Die Übertragungseigenschaften eines Lichtwellenleiters werden vor allem durch die drei folgenden Größen charakterisiert:

- Akzeptanzwinkel und numerische Apertur. Beide sind miteinander verknüpft durch die Beziehung $N = n_0 \sin \beta$. Diese Größen sind entscheidend für den Wirkungsgrad der Lichteinkopplung in die Faser.
- Impulsdispersion, ist entscheidend für die maximal übertragbare Bitrate B_{max} und bestimmt damit die Übertragungskapazität (Anzahl der gleichzeitig über eine Faser übertragbaren NF- oder TV-Kanäle).
- Dämpfungskonstante α, entscheidend für die infolge Faserdämpfung maximal mögliche Streckenlänge. Bei hohen Bitraten ist zusätzlich eine Längenbegrenzung durch Dispersionseffekte wirksam. Die Länge einer Übertragungsstrecke kann somit dämpfungsbegrenzt oder dispersionsbegrenzt sein.

Diese drei Größen werden in den folgenden Abschnitten erläutert.

5.8 Akzeptanzwinkel und numerische Apertur

Der Akzeptanzwinkel ist für die Einspeisung des Lichtes in den Lichtwellenleiter von Bedeutung. Ein LWL nimmt von einer Lichtquelle um so mehr Licht auf, je größer dieser Winkel ist. Der Akzeptanzwinkel β gibt den maximalen Winkel an, unter dem ein Lichtstrahl in einen LWL mit ebener Stirnfläche eintreten kann, um vom LWL noch durch den Vorgang der Totalreflexion weitergeleitet zu werden. Strahlen, die unter einem größeren Winkel einfallen, haben im LWL einen Reflexionswinkel, der größer ist als der Winkel γ_g der Totalreflexion und gehen infolge wiederholter Brechung kontinuierlich in den Mantel des LWL über und werden dort absorbiert.

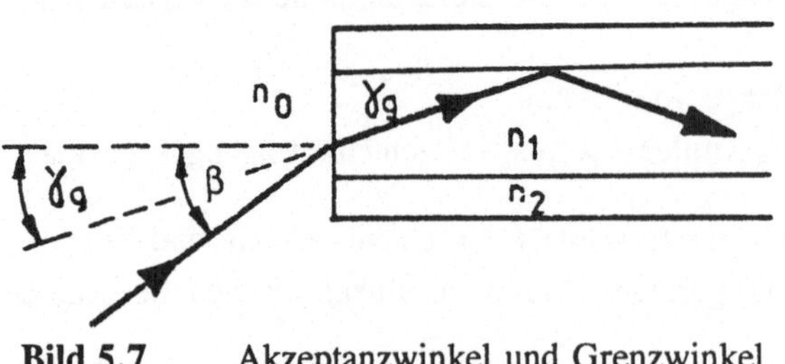

Bild 5.7 Akzeptanzwinkel und Grenzwinkel der Totalreflexion

Der Zusammenhang zwischen Akzeptanzwinkel und Grenzwinkel der Totalreflexion ist aus Bild 5.7 abzulesen. Der Akzeptanzwinkel entsteht aus dem Grenzwinkel der Totalreflexion in Verbindung mit der Brechung des Lichtes beim Eintritt in den LWL. Daher ist $\beta > \gamma_g$, sofern $n_0 < n_1$. Die letzte Bedingung ist mit Luft als Umgebungsmedium immer erfüllt.

Der Zusammenhang zwischen beiden Winkeln wird durch das Brechungsgesetz beschrieben:

$$\frac{\sin\beta}{\sin\gamma_g} = \frac{n_1}{n_0} \qquad \text{oder} \qquad n_0 \sin\beta = n_1 \sin\gamma_g \tag{5.6}$$

Das Produkt aus der Brechzahl n_0 des Übergangsmediums und dem Sinus des Akzeptanzwinkels wird als numerische Apertur bezeichnet und in den nachfolgenden Gleichungen mit dem Symbol N geschrieben:

$$N = n_0 \sin\beta \tag{5.7}$$

Akzeptanzwinkel und numerische Apertur kennzeichnen den von einem LWL aufgenommenen Lichtkegel. Ausgehend von dieser allgemein in der Optik gültigen Definitionsgleichung der numerischen Apertur können weitere, speziell für Lichtwellenleiter geeignete Gleichungen hergeleitet werden.

Mit $\cos\gamma_g = n_2/n_1$ folgt für die Stufenprofilfaser

$$N = n_0 \sin\beta = n_1 \sin\gamma_g = n_1\sqrt{1 - \cos^2\gamma_g} = n_1\sqrt{1 - \left(\frac{n_2}{n_1}\right)^2}$$

$$N = \sqrt{n_1^2 - n_2^2} \approx n_1\sqrt{2\Delta}$$

da $n_1^2 - n_2^2 = (n_1 + n_2)(n_1 - n_2)$. Mit $n_2 \approx n_1$ wird

$$n_1^2 - n_2^2 \approx 2n_1(n_2 - n_1) = 2n_1^2 \frac{n_1 - n_2}{n_1} = 2n_1^2\Delta$$

Für numerische Apertur und Akzeptanzwinkel der Stufenprofilfaser gilt also:

$$N = n_0 \sin\beta = \sqrt{n_1^2 - n_2^2} \approx n_1\sqrt{2\Delta}$$
$$\sin\beta = \frac{N}{n_0} = \frac{1}{n_0}\sqrt{n_1^2 - n_2^2} \approx \frac{n_1}{n_0}\sqrt{2\Delta} \tag{5.8}$$

Ist das Übergangsmedium Luft, so ist $n_0 = 1$. Numerische Apertur und Akzeptanzwinkel werden durch die relative Brechzahldifferenz bestimmt; beide Werte wachsen nach Gl.(5.8) mit der Wurzel aus Δ.

Der Winkel β definiert an der ebenen, senkrecht zur Faserachse stehenden Stirnseite des LWL einen Kreiskegel. Nur Lichtstrahlen, die in diesem Kegel einfallen, werden vom LWL durch den Vorgang der Totalreflexion strahlungsfrei übertragen und verlassen den LWL ohne

Energieverlust durch Brechung am anderen Ende in einem Kegel gleicher Art. Der Akzeptanzwinkel am Eingang des LWL ist gleich dem Divergenzwinkel am Ausgang des LWL. Der Öffnungswinkel des Kegels ist gleich dem doppelten Akzeptanzwinkel.

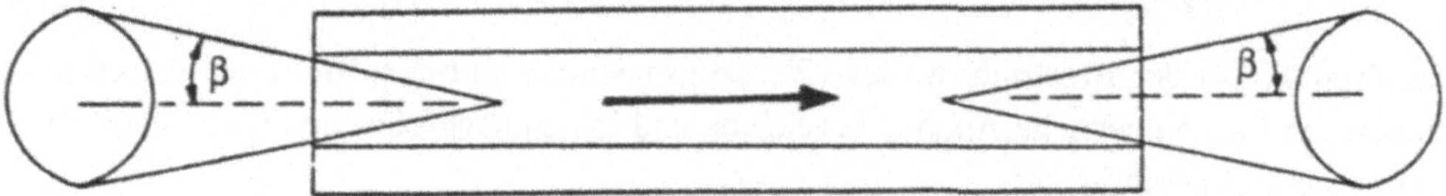

Bild 5.8 Akzeptanzwinkel und Divergenzwinkel am Lichtwellenleiter

Für einen Gradienten-Lichtwellenleiter ist die Kernbrechzahl nicht konstant, vielmehr ist n = n(r). Daraus folgt, daß dann auch numerische Apertur und Akzeptanzwinkel nicht konstant sind, sondern im Kernquerschnitt abhängen vom lokalen Radius r mit $0 \geq r \geq a$, wobei a den Kernradius bedeutet. Der größte Wert besteht in der Kernachse mit r = 0. An der Kern/Mantel-Grenze mit r = a sind Apertur und Akzeptanzwinkel Null. Die lokalen Werte für numerische Apertur und Akzeptanzwinkel auf einem Kreis mit Radius r im Kern sind:

$$\begin{aligned} N &= n_0 \sin\beta = \sqrt{n^2(r) - n_2^2} \\ \sin\beta &= \frac{N}{n_0} = \frac{1}{n_0}\sqrt{n^2(r) - n_2^2} \end{aligned} \qquad (5.9)$$

Vom Faserhersteller wird zur Beschreibung der Eigenschaften des LWL die numerische Apertur angegeben. Die Berechnung des Akzeptanzwinkels erfolgt dann nach der oben angegebenen Gleichung. Der unmittelbaren meßtechnischen Erfassung zugänglich ist hingegen nur der Akzeptanzwinkel. Die meßtechnische Bestimmung dieses Winkels ermöglicht eine Kontrolle der vom Hersteller angegebenen Werte für die numerische Apertur.

Tabelle 5.3 Numerische Apertur und Akzeptanzwinkel werden durch die relative Brechzahldifferenz bestimmt

Δ	0,001	0,002	0,004	0,006	0,01	0,02	0,04	0,05
N	0,067	0,094	0,134	0,164	0,2	0,3	0,37	0,47
β	3,8°	5,4°	7,7°	9°	11,5°	17°	21°	28°

Numerische Apertur und Akzeptanzwinkel sind abhängig von der relativen Brechzahldifferenz. Letztere wird bei der Produktion der Faser festgelegt und so ausgewählt, daß die Eigenschaften der Faser dem vorgesehenen Verwendungszweck entsprechen. Für Gradientenfasern liegen die Δ-Werte im Intervall 0,001...0,01, für Stufenprofilfasern sind Werte von 0,01...0,05 üblich. Die damit entstehenden Werte für numerische Apertur und Akzeptanzwinkel sind in Tabelle 5.3 angegeben. Die Berechnung erfolgte mit $n_0 = 1$ für Luft, für die Brechzahl wurde der hier ausreichende Näherungswert $n_1 = 1{,}5$ verwendet.

5.9 Impulsdispersion

Die digitale Nachrichtentechnik mit binär kodierter Information erfordert die angenähert fehlerfreie Übertragung von Impulsfolgen. Insbesondere müssen Breite und Abstand der Impulse so weit erkennbar bleiben, daß der nachfolgende Dekoder richtige Entscheidungen über ihre Identität treffen kann. Infolge verschiedener Effekte wird die Form der Impulse beim Durchlaufen einer Leitung verändert. Zu beobachten sind zwei Einflüsse:

- Abnahme der Impulshöhe infolge Leitungsdämpfung
- Zunahme der Impulsbreite durch Laufzeitdifferenzen, bezeichnet als Impulsdispersion

Die Impulsdämpfung begrenzt bei niedrigen Bitraten die maximal mögliche Leitungslänge. Die Impulsdispersion begrenzt bei gegebener Länge die Übertragungskapazität der Leitung, gemessen durch die maximal übertragbare Bitrate.

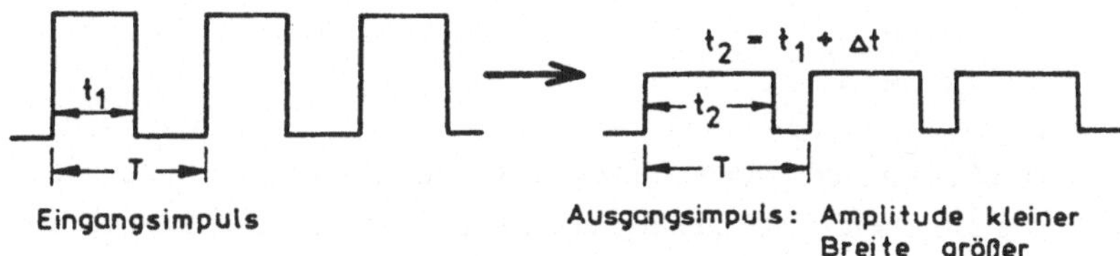

Bild 5.9 Eingangs- und Ausgangsimpuls in idealisierter Rechteckform

Bild 5.9 zeigt Eingangs- und Ausgangsimpuls eines LWL in idealisierter Rechteckform. T ist die Periodendauer, t_1 die Eingangsimpulsbreite und t_2 die Ausgangsimpulsbreite. Die Zunahme der Impulsbreite wird als Impulsdispersion bezeichnet:

$$\Delta t = t_2 - t_1 \tag{5.10}$$

Durch die Zunahme der Impulsbreite wird die Lücke zwischen den Impulsen kleiner. Die maximal übertragbare Bitrate wird durch den Wert der Impulsdispersion Δt bestimmt, bei dem die Impulslücke geschlossen wird und damit am Leitungsausgang keine Einzelimpulse mehr erkennbar sind, siehe Bild 5.10.

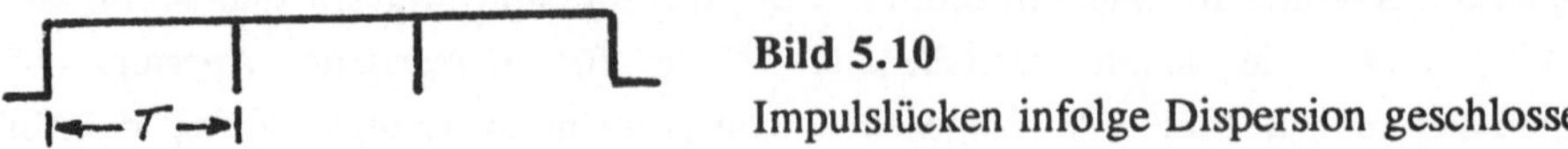

Bild 5.10
Impulslücken infolge Dispersion geschlossen

Beim skizzierten Impulsmuster in Bild 5.10 sind Impulsbreite und Impulslücke gleich groß angenommen; dann wird der Grenzfall geschlossener Impulslücken erreicht für

$$\Delta t = \frac{T}{2} \qquad \textit{also} \qquad T = 2\,\Delta t \tag{5.11}$$

Aus der Impulsperiodendauer T folgt der Grenzwert der Bitrate zu:

$$B_{max} = \frac{1}{T} = \frac{1}{2\,\Delta t} \qquad [B] = \text{Mbit/s} \tag{5.12}$$

Damit ist ein erster Richtwert für die durch Impulsdispersion begrenzte Bitrate gefunden. Ausgangszustand für diese Betrachtungen war der in Bild 5.10 angeommene Fall schon vollständig geschlossener Impulslücken, bei dem bereits nichts mehr geht. Für die Anwendung günstiger ist es, den Grenzwert so zu definieren, daß damit noch gearbeitet werden kann. In der Praxis geht man daher zur Bestimmung der maximalen Impulsrate von der Gleichung

$$B_{max} = \frac{1}{(3...4)\,\Delta t} \tag{5.13}$$

aus und erhält damit einen niedrigeren Grenzwert, bis zu dem die Übertragungsstrecke noch voll funktionsfähig ist. Diese Verschiebung des Grenzwertes ist auch dadurch bedingt, daß in der Praxis nicht die hier angenommene idealisierte Rechteck-Impulsform vorliegt. Auch das spezielle Impulsmuster der Kodierung ist zu berücksichtigen.

Die am Leitungsausgang zu beobachtende Zunahme der Impulsbreite ist abhängig von der Laufzeit der Impulse, also abhängig von der Leitungslänge. Eine größere Leitungslänge ergibt eine größere Impulsdispersion Δt, der Zusammenhang ist linear (Modenkopplung zunächst vernachlässigt). Ein längenunabhängiges Maß, das den Vergleich der Dispersionseigenschaften verschiedener Fasern ermöglicht, entsteht, wenn Δt durch die Leitungslänge L dividiert wird. Für diese, auf die Längeneinheit bezogene, spezifische Impulsdispersion gilt:

$$\frac{\Delta t}{L} = \Delta t_s \qquad [\Delta t_s] = \frac{s}{m} \tag{5.14}$$

In der Praxis werden die Einheiten ns / km oder ps / km verwendet.

Auch die maximal übertragbare Bitrate ist abhängig von der Leitungslänge. Eine längere Leitung hat eine kleinere maximale Bitrate zur Folge, der Zusammenhang ist umgekehrt proportional zur Leitungslänge. In diesem Fall entsteht ein längenunabhängiges, zum Vergleich geeignetes Maß durch Multiplikation von Bitrate und Leitungslänge. Diese Größe wird als BL-Produkt bezeichnet:

$$BL = \frac{L}{(3 \ldots 4)\Delta t} \qquad [BL] = (\text{Mbit/s})\ \text{km} \qquad (5.15)$$

Das BL-Produkt hat die Bedeutung einer spezifischen, auf die Längeneinheit bezogenen Übertragungskapazität, es gibt die für L = 1 km mögliche maximale Bitrate an.

In den folgenden Abschnitten soll zunächst ein allgemeiner Überblick zu den Dispersionserscheinungen gegeben werden. Eine weiterführende Betrachtung zur Modendispersion in der Stufenprofil- und Gradientenfaser folgt in den Abschnitten 5.9.4 und 5.9.5

5.9.1 Ursachen der Impulsdispersion

Impulsdispersion bedeutet Zunahme der Impulsbreite infolge Laufzeitdifferenzen der Wellen bei Ausbreitung in der Faser. Laufzeitdifferenzen im LWL können verschiedene Ursachen haben und begründen damit verschiedene Komponenten der Impulsdispersion. Es ist zu unterscheiden zwischen Modendispersion, Materialdispersion, Wellenleiterdispersion und Profildispersion.

Moden-Dispersion: Wird verursacht durch unterschiedliche Ausbreitungsgeschwindigkeit der Moden im LWL. Es entstehen Laufzeitdifferenzen zwischen den Moden (intermodale Dispersion), die eine Zunahme der Impulsbreite bewirken. Die höchste Ausbreitungsgeschwindigkeit hat die Grundmode. Mit wachsender Ordnungszahl der Moden wird die Ausbreitungsgeschwindigkeit kleiner und Laufzeitunterschiede zwischen Grundmode und Moden höherer Ordnung werden größer.

Zur Berechnung der Modendispersion im Stufenprofil- und Gradienten-LWL gelten die Gleichungen:

$$\Delta t = t \cdot \Delta = \frac{L}{c} \cdot \Delta = \frac{nL}{c_0} \cdot \Delta \qquad \text{für} \quad \text{S-LWL}$$

$$\Delta t = t \cdot \Delta^2 = \frac{L}{c} \cdot \Delta^2 = \frac{nL}{c_0} \cdot \Delta^2 \qquad \text{für} \quad \text{G-LWL} \tag{5.16}$$

Die Gleichungen zeigen, daß die Modendispersion abhängig ist von der relativen Brechzahldifferenz. Es besteht ein einfacher Zusammenhang zwischen beiden Größen. Für den Stufenprofil-LWL ist der Zusammenhang linear, für die Gradientenfaser quadratisch. Somit gilt $\Delta t_G = \Delta t_S \cdot \Delta$. Da Δ den Richtwert 0,01 hat, ist die Modendispersion in der Gradientenfaser größenordnungsmäßig um den Faktor 0,01 kleiner als in der entsprechenden Stufenprofilfaser.

Die Wirkung der Modendispersion ist abhängig vom Fasertyp. Besonders stark ist die Wirkung in der Stufenprofilfaser, sie ist Null in der Monomodenfaser. Im Gradienten-LWL erfolgt durch ein spezielles Brechzahlprofil im Faserkern eine Reduzierung der Modendispersion auf einen Minimalwert. Dieser Wert wird etwa durch die oben angegebene GLeichung (5.16) erfaßt.

Durch die Modendispersion wird die Übertragungskapazität des LWL begrenzt. Für das BL-Produkt von Stufenprofilfaser und Gradienten-LWL folgt:

$$BL = \frac{L}{2\Delta t} = \frac{c_0}{2n\Delta} \qquad \text{für} \quad \text{S-LWL}$$

$$BL = \frac{L}{2\Delta t} = \frac{c_0}{2n\Delta^2} \qquad \text{für} \quad \text{G-LWL} \tag{5.17}$$

Infolge der vergleichsweise großen Wirkung der Modendispersion ist es in vielen Fällen zulässig, die weiteren Dispersionskomponenten zu vernachlässigen und nur mit diesen Gleichungen zu rechnen.

Material-Dispersion: Wird verursacht durch die Wellenlängenabhängigkeit der Brechzahl des Fasermaterials in Verbindung mit der spektralen Bandbreite $\Delta\lambda$ der Strahlungsquelle. Die im Spektrum der Strahlungsquelle enthaltenen Wellen erhalten im LWL infolge $c = c_0/n$ mit $n = n(\lambda)$ verschiedene Geschwindigkeiten $c = c(\lambda)$. Langwelliges Licht ist infolge der kleineren Brechzahl schneller als kurzwelliges Licht. Da in jeder Mode das Spektrum der Lichtquelle enthalten ist, entstehen durch die Materialdispersion Laufzeitdif ferenzen innerhalb jeder Mode (intramodale Dispersion), die eine Zunahme der Lichtimpulsbreite bewirken. In Bild 5.11 ist die spektrale Bandbreite und das im LWL dazugehörige Brechzahl- und Geschwindigkeitsintervall dargestellt. Die linke Skizze zeigt die Ausgangs-

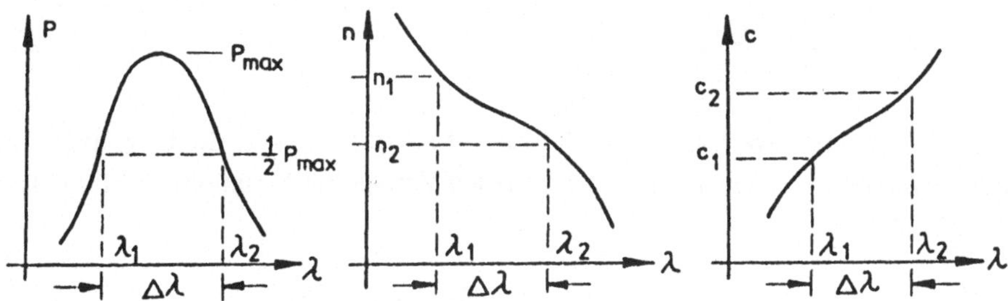

Bild 5.11 Spektrale Bandbreite einer Strahlungsquelle, Brechzahl und Geschwindidgkeit im Lichtwellenleiter

leistung der Quelle als Funktion der Wellenlänge und die durch die Halbwertsbreite definierte spektrale Bandbreite. Die beiden nebenstehenden Diagramme lassen in qualitativer Darstellung das durch $\Delta\lambda$ in der Faser bestimmte Brechzahl- und Geschwindigkeitsintervall erkennen.

Die spektrale Bandbreite $\Delta\lambda$ ist ein entscheidender Qualitätsparameter für eine Strahlungsquelle. Als Richtwert für die Bandbreite gilt etwa:

Lumineszenzdiode	$\Delta\lambda \approx 30$ nm
Laserdiode	$\Delta\lambda \approx 1$ nm
Gaslaser	$\Delta\lambda \approx 1$ pm

Trotz der faszinierend kleinen Bandbreite werden Gaslaser aus betriebstechnischen Gründen für optische Übertragungssysteme wegen der erforderlichen hohen Betriebsspannung, der großen Bauform und der ungünstigeren, nur extern möglichen Modulation nicht eingesetzt. Eine notwendige Bedingung für alle Systemkomponenten ist die Kompatibilität zur Mikroelektronik: miniaturisierte Bauform, kleine Betriebsspannungen von nur einigen Volt, geringe Ströme. Diese Bedingungen werden nur von Halbleiter-Strahlungsquellen erfüllt.

Die Berechnung der Impulsverbreiterung infolge Brechzahl-Dispersion erfolgt nach der Gleichung:

$$\Delta t = K(\lambda)\, L\, \Delta\lambda \qquad [K(\lambda)] = \frac{\mathrm{ps}}{\mathrm{km \cdot nm}} \tag{5.18}$$

Darin ist L die Leitungslänge in km und K(λ) der Materialdispersionskoeffizient, der definiert wird durch die Gleichung:

$$K(\lambda) = \frac{1}{c} \cdot \frac{dn_g}{d\lambda} = \frac{-\lambda}{c} \cdot \frac{d^2 n}{d\lambda^2} \tag{5.19}$$

Die Laufzeitdifferenzen wachsen innerhalb jeder Mode linear mit der Leitungslänge und der spektralen Bandbreite der Quelle. Den prinzipiellen Verlauf der Funktion K(λ) für Quarzglas zeigt Bild 5.12.

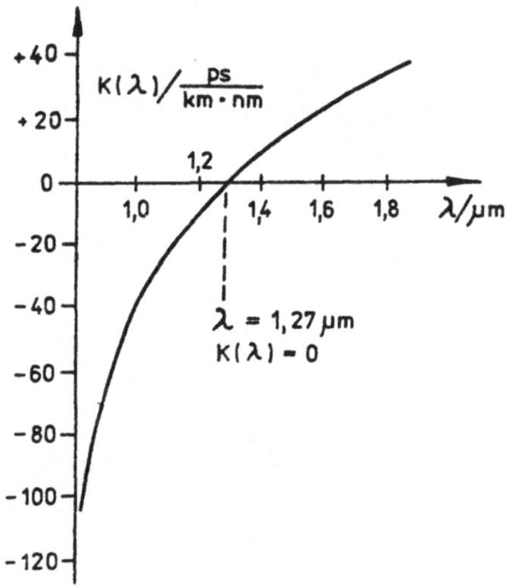

Bild 5.12 Wellenlängenabhängigkeit des Materialdispersionskoeffizienten für Quarzglas

Der Materialdispersionskoeffizient ist in starkem Maße von der Wellenlänge abhängig. Große Werte bestehen im kurzwelligen Bereich der SiO_2-Faser von 0,8...0.9 µm, sie führen zu hohen Werten der Materialdispersion. Von großer Bedeutung für die Praxis ist die Nullstelle im Verlauf der Funktion K(λ) bei λ = 1,27 µm. Für diese Wellenlänge gibt es im reinen Quarzglas keine Materialdispersion. Die Lage der Nulldispersionsstelle wird durch Dotierung beeinflußt, sie ist nach beiden Seiten um geringe Beträge verschiebbar. Die konstruktive Gestaltung der Faser hat auf die Materialdispersion keinen Einfluß, die Wirkung der Materialdispersion ist in allen Fasertypen bei gleichem Material gleich groß.

Wellenleiter-Dispersion: Aus der Theorie elektromagnetischer Wellen in dielektrischen zylindrischen Wellenleitern folgt, daß die Ausbreitungsgeschwindigkeit des Lichtes in der optischen Faser abhängig ist vom Verhältnis d / λ. Bei konstantem Kerndurchmesser d resultiert daraus eine λ-Abhängigkeit der Ausbreitungsgeschwindigkeit. Die Wellenleiterdispersion ist in jedem LWL-Typ wirksam, aber gegenüber den beiden zuvor beschriebenen Dispersionskomponenten von vergleichsweise geringem Einfluß. Sie ist aber in der Monomodefaser in der Umgebung der Nulldispersionsstelle von Bedeutung und in diesem Fall die einzige verbleibende Dispersionskomponente.

Profil-Dispersion: Die Bezeichnung bezieht sich auf das Brechzahlprofil im Kern des Wellenleiters. Die relative Brechzahldifferenz $\Delta = (n_2 - n_1)/n_1$ ist wegen n(λ) ebenfalls wellenlängenabhängig. Mit Δ wird dieser Effekt auf die Modendispersion übertragen, die Modendispersion ist damit abhängig von der Wellenlänge. Die Profildispersion tritt daher stets nur in Verbindung mit der Modendispersion auf und wird aus diesem Grunde auch manchmal als zu dieser gehörend betrachtet und nicht als selbständige Komponente gewertet. Im Stufenprofil-LWL ist die Wirkung der Profildispersion angesichts der hohen Werte der Modendispersion bedeutungslos, ein Effekt 2.Ordnung, der vernachlässigt werden kann. Von hoher Bedeutung hingegen ist der Einfluß der Profildispersion im Gradienten-LWL. Hier ist dieser Effekt Ursache der λ-Abhängigkeit des Profilparameters g. Dadurch wird das spezielle Brechzahlprofil im G-LWL λ-abhängig. Das hat zur Folge, daß die reduzierte Modendispersion nur für jeweils eine gewünschte Betriebswellenlänge λ_0 minimierbar ist und zu beiden Seiten von λ_0 zu größeren Werten ansteigt.

5.9.2 Vergleich der Dispersionskomponenten

Die vier Dispersionskomponenten unterscheiden sich in der Größe ihrer Wirkung sowie in der Abhängigkeit von der Wellenlänge und sind in den drei LWL-Grundtypen von unterschiedlichem Einfluß. Von Bedeutung infolge hoher Werte sind vor allem Modendispersion und Materialdispersion. Ihre Eigenschaften und Wirkungen sind in den Tabellen 5.4 und 5.5 zusammengestellt.

Tabelle 5.4 Allgemeine Eigenschaften von Moden- und Materialdispersion

Modendispersion	Materialdispersion
• unabhängig von λ • abhängig von Δ • abhängig vom LWL-Typ: starke Wirkung im S-LWL reduzierte " " G-LWL keine " " E-LWL	• stark abhängig von λ • unabhängig von Δ • unabhängig vom LWL-Typ • linear abhängig von $\Delta\lambda$

Tabelle 5.5 Wirkung der Modendispersion, abhängig vom LWL-Typ

	Stufenprofil-LWL		Gradienten-LWL		Monom.-LWL
Δ	$\Delta t/L$ in ns/km	BL in (Mbit/s)km	$\Delta t/L$ in ns/km	BL in (Mbit/s)km	keine Moden-Dispersio
0,01	50	10	0,5	1000	
0,05	250	2	12,5	40	

Tabelle 5.4 zeigt im Vergleich Eigenschaften von Modendispersion und Materialdispersion. Tabelle 5.5 zeigt die Wirkung der Modendispersion in den drei Fasertypen für zwei spezielle Werte der relativen Brechzahldifferenz. Angegeben ist die spezifische Laufzeitdifferenz $\Delta t/L$ und als Maß für die Übertragungskapazität das BL-Produkt. Man erkennt den bedeutenden

Unterschied im Verhalten der drei Fasertypen. Im Monomode-LWL ist naturgemäß keine Modendispersion vorhanden.

Tabelle 5.6 Wirkung der Materialdispersion ist abhängig von Wellenlänge und spektraler Bandbreite

λ in µm	K in ps/km·nm	Δt/L in ps/km für Δ = 1 nm	Δ/L in ps/km für Δ λ = 50 nm	Wirkung der Materialdispersion ist λ-abhängig
0,8	– 120	120	6000	• sehr ungünstig für λ = 0,8...0,9 µm
0,9	– 65	65	3250	
1,0	– 40	40	2000	
1,1	– 23	23	1150	• günstig im Intervall λ = 1,2...1,4 µm
1,2	– 10	10	500	
1,27	0	0	0	
1,3	+ 3	3	150	• wird zu Null für λ = 1,27 µm
1,4	+ 10	10	500	
1,5	+ 18	18	900	
1,6	+ 25	25	1250	

Tabelle 5.6 zeigt die Wirkung der Materialdispersion. Während die Modendispersion nahezu unabhängig von der Wellenlänge ist (eine geringe λ-Abhängigkeit entsteht durch die Profildispersion), hat die Materialdispersion einen stark λ-abhängigen Verlauf. Ihre Wirkung ist nach Gl.(5.18) abhängig vom Fasermaterial und von der spektralen Bandbreite der Strahlungsquelle aber unabhängig von der Faserkonstruktion. Daher ist die Wirkung in allen drei Fasertypen bei gleichem Fasermaterial und bei gleicher Quelle gleich groß. Die Abhängigkeit von der Bandbreite der Quelle ist linear. Die beiden in Tabelle 5.6 für Δλ gewählten Werte sind Grenzwerte für Halbleiter-Strahlungsquellen.

Vergleich der Tabellen 5.5 und 5.6 läßt erkennen, daß im Stufenprofil-LWL die Modendispersion die bei weitem stärkste Dispersionskomponente ist. Selbst bei Wellenlängen < 1 µm und ungünstigen Strahlungseigenschaften der Quelle bleibt die Materialdispersion deutlich kleiner. Im Gradienten-LWL dagegen kann insbesondere im Intervall 0,8...0,9 µm die Materialdispersion dominieren oder zumindest vergleichbare Werte erreichen. Dann sind beide Komponenten zu beachten. Die Materialdispersion wird jedoch wiederum kleiner als die Modendispersion, wenn im Intervall 1,2...1,4 µm gearbeitet wird. Gegenüber Moden- und Materialdispersion sind Wellenleiter- und Profildispersion vergleichsweise klein und meist als Effekte 2.Ordnung zu vernachlässigen. Sie gewinnen aber dann an Bedeutung, wenn die ersten beiden Effekte Null sind oder sehr klein werden. Das gilt für die Profildispersion bei der stark reduzierten Modendispersion in der Gradientenfaser und für die Wellenleiterdispersion in der Umgebung der Nullstelle für die Materialdispersion in der Monomodefaser.

5.9.3 Wirkung der Dispersionskomponenten in den drei Fasertypen

Der Einfluß der Dispersionskomponenten auf die Signalübertragung ist in den drei Fasertypen unterschiedlich. Die Wirkung auf Laufzeitdifferenz und BL-Produkt als Maß für die spezifische, auf 1 km Leitungslänge bezogene Übertragungskapazität soll betrachtet werden.

Multimoden-Stufenprofil-Lichtwellenleiter

Es sind alle vier Komponenten vorhanden, dominierender Effekt ist jedoch die Modendisper sion. Ihre Wirkung ist unabhängig von der Wellenlänge im gesamten Übertragungsbereich der Faser von gleicher Größe und direkt proportional zur relativen Brechzahldifferenz Δ. Als Richtwert für Modendispersion und BL-Produkt gelten die Gleichungen:

$$\Delta t = t \cdot \Delta = \frac{L}{c} \cdot \Delta = \frac{nL\Delta}{c_0}$$

$$BL = \frac{L}{2\Delta t} = \frac{c}{2\Delta} = \frac{c_0}{2n\Delta} \qquad (5.2o)$$

Für $\Delta = 0{,}01$ und den hier ausreichenden Richtwert $n = 1{,}5$ wird $\Delta t/L = 50$ ns/km und die Übertragungskapazität der Stufenprofilfaser wird begrenzt auf BL = 10 (Mbit/s) · km. Alle weiteren Dispersionskomponenten sind in dieser Faser im Vergleich zur Modendispersion vernachlässigbar klein.

Gradienten-Lichtwellenleiter

Durch ein optimiertes Brechzahlprofil werden in der Gradientenfaser die Laufzeiten der Moden nahezu ausgeglichen und die Laufzeitdifferenzen der Moden auf ein Minimum reduziert. Die Impulsdispersion Δt ist dem Quadrat der relativen Brechzahldifferenz proportional. Als Richtwert für reduzierte Modendispersion und BL-Produkt gelten die Gleichungen:

$$\Delta t = t \cdot \Delta^2 = \frac{L}{c} \cdot \Delta^2 = \frac{nL\Delta^2}{c_0}$$

$$BL = \frac{L}{2\Delta t} = \frac{c}{2\Delta^2} = \frac{c_0}{2n\Delta^2} \qquad (5.21)$$

Mit $\Delta = 0{,}01$ und $n = 1{,}5$ wird $\Delta t/L = 0{,}5$ ns/km und die durch das BL-Produkt charakterisierte spezifische Übertragungskapazität ist BL = 1 (Gbit/s) · km. Im Vergleich zur Modendispersion ist die Materialdispersion bei Betrieb mit der Laserdiode als Strahlungsquelle vernachlässigbar klein, bei Betrieb mit einer Lumineszenzdiode im Intervall 0,8...1 μm aber zu beachten. Im langwelligen Bereich der Faser entstehen auch mit der LED ausreichend kleine Disperionswerte.

Die Profildispersion ist von Einfluß auf den Profilparameter g (siehe Abschnitt 5.7.7) und hat zur Folge, daß eine Gradientenfaser jeweils nur für eine gewünschte Betriebswellenlänge λ_0 optimiert werden kann. Für diese Wellenlänge erreicht die Übertragungskapazität den größten Wert, zu beiden Seiten erfolgt ein Abfall nach Art einer Glockenkurve. Die Wellenleiterdispersion ist vergleichsweise bedeutungslos und kann vernachlässigt werden.

Monomode-Lichtwellenleiter
Da in der einwelligen Faser nur die Grundmode vorhanden ist, ist die Modendispersion Null. Damit ist die Dispersionskomponente mit der stärksten Wirkung prinzipiell ausgeschaltet. Die Profildispersion ist ebenfalls Null, da sie stets nur in Verbindung mit der Modendispersion auftritt. Wirksam sind Material- und Wellenleiterdispersion. Die Materialdispersion wird in reinem Quarzglas für $\lambda = 1{,}27$ μm zu Null und hat sehr kleine Werte nahe Null (siehe Tabelle 5.6) im Intervall 1,2...1,4 μm. Dies ist der optimale Betriebsbereich zur Übertragung hoher Bitraten bei Wellenlängen-Multiplex. Das BL-Produkt der Monomodefaser hat infolge minimaler Laufzeitdifferenzen im genannten Wellenlängenbereich den Richtwert BL = 100 (Gbit/s) km.

5.9.4 Modendispersion in der Multimoden - Stufenprofilfaser

Ergänzend zu der bisher gegebenen Übersicht zur Impulsdispersion sollen nun weiterführende Betrachtungen zur Modendispersion folgen. Es wird zunächst die Gleichung zur Berechnung der Modendispersion im Stufenprofil-LWL entwickelt und danach das Verhalten der Gradientenfaser betrachtet.

Eine anschauliche Erklärung und einfache mathematische Erfassung der Modendispersion ist im Strahlenmodell des Lichtes möglich. Im Strahlenmodell entsprechen den Moden Lichtstrahlen mit unterschiedlichen Reflexionswinkeln. Durch unterschiedliche Weglängen entstehen Laufzeitdifferenzen. Bild 5.13 zeigt diesen Vorgang der Übersichtlichkeit wegen für nur drei Lichtstrahlen, tatsächlich sind in der Multimodenfaser einige Hundert Lichtstrahlen mit unterschiedlichen Reflexionswinkeln vorhanden. Jeder Lichtstrahl liefert am Ausgang des LWL ein Bild des Eingangsimpulses. Diese Einzelimpulse überlagern sich zu einem resultierenden Ausgangsimpuls der Breite t_2.

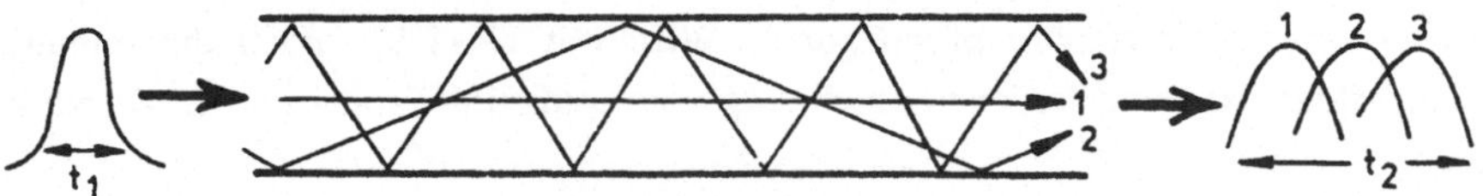

Bild 5.13 Entstehung der Modendispersion durch Überlagerung von Lichtstrahlen mit unterschiedlichen Reflexionswinkeln (Moden)

Die Zunahme der Impulsbreite $\Delta t = t_2 - t_1$ ist die Modendispersion. Zur Berechnung von Δt wird zunächst nach Bild 5.14 die Wegdifferenz ΔL gebildet: $\Delta L = L_2 - L_1$. Die größtmög-

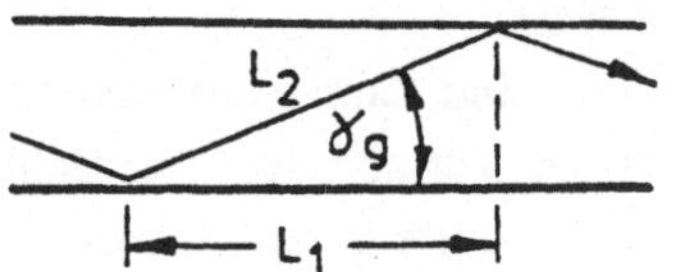

Bild 5.14
Zickzackbahn eines Lichtstrahls als Ursache der Wegdifferenz ΔL

liche Wegdifferenz entsteht zwischen dem Achsstrahl und dem Lichtstrahl mit dem Reflexionswinkel γ_g, größere Winkel können nicht auftreten. In Bild 5.14 ist L_1 der Weg, den der Achsstrahl zurücklegt. Damit folgt:

$$\frac{\Delta L}{L} = \frac{L_2 - L_1}{L_1} = \frac{L_2}{L_1} - 1 = \frac{1}{\cos \gamma_g} - 1 = \frac{n_1}{n_2} - 1 = \frac{n_1 - n_2}{n_2}$$

Mit der Näherung $n_2 \approx n_1$ wird:

$$\frac{\Delta L}{L} = \frac{n_1 - n_2}{n_2} \approx \frac{n_1 - n_2}{n_1} = \Delta \qquad (5.22)$$

Die maximal mögliche relative Wegdifferenz der Lichtstrahlen ist in der Stufenprofilfaser gleich der relativen Brechzahldifferenz. Nun ist $L = ct$, also gilt für den Weg ΔL, der in der Zeit Δt vom Licht zurückgelegt wird:

$$\Delta L = c\,\Delta t$$

$$\frac{\Delta L}{L} = c\frac{\Delta t}{L}$$

$$\Delta = c\frac{\Delta t}{L}$$

$$\Delta t = \frac{L}{c}\Delta = \frac{nL}{c_0}\Delta = t\Delta$$

Im Stufenprofil-LWL ist die Modendispersion der Phasenlaufzeit t = L/c des Lichtes und der relativen Brechzahldifferenz proportional. Wird mit Gl.(5.8) noch die numerische Apertur eingeführt, so entstehen zur Berechnung von Laufzeitdifferenz und BL-Produkt die Gleichungen:

$$\Delta t = \frac{nL}{c_0}\Delta = \frac{LN^2}{2nc_0} \qquad BL = \frac{L}{2\Delta t} = \frac{nc_0}{N^2} \tag{5.23}$$

Da es in der Praxis üblich ist, für LWL die numerische Apertur und nicht die Brechzahldifferenz anzugeben, sind diese Varianten zweckmäßig.

5.9.5 Modendispersion in der Multimoden-Gradientenfaser

Ursache der starken Modendispersion in der Stufenprofilfaser sind Laufzeitdifferenzen der Moden. In der Gradientenfaser wird durch einen speziellen Verlauf der Brechzahl im Kernquerschnitt eine weitgehende Reduzierung der Laufzeitdifferenzen erreicht. Die Brechzahl im Kern wird durch Dotierung so eingestellt, daß in der Kernachse der Maximalwert n_1 besteht und zum Rand ein kontinuierlicher parabelförmiger Abfall auf den Mantelwert n_2 erfolgt.

Im Wellenmodell hat das zur Folge, daß Moden höherer Ordnung, deren Felder in den Randbereichen konzentriert sind, durch die kleinere Brechzahl am Rande des Kernbereiches gemäß $c = c_0/n$ eine höhere Geschwindigkeit erreichen. Die Geschwindigkeit der Grundmode, deren Felder im wesentlichen in der Kernachse verlaufen, bleibt erhalten. Die Kunst besteht darin, das Brechzahlprofil so zu optimieren, das alle Moden möglichst die gleiche Geschwindigkeit haben, damit Laufzeitdifferenzen möglichst klein werden.

Im Strahlenmodell hat die Einführung des parabelförmigen Brechzahlprofils zur Folge, daß die Lichtstrahlen nicht zickzackförmig, sondern wellenartig verlaufen. Verursacht wird diese Bahnform durch die mit wachsendem Abstand von der Achse kontinuierlich wachsende Brechung im inhomogenen Medium. Schiefe Strahlen, die nicht durch die Achse gehen, erhalten eine räumlich verlaufende Bahn nach Art einer Schraubenlinie. Des weiteren ist die Eindringtiefe der Strahlen in den Randbereich unterschiedlich. Strahlen mit kleinem Reflexionswinkel verlaufen flach und verbleiben in Achsnähe. Strahlen mit größerem Reflexionswinkel verlaufen steiler und dringen weiter in die Randzone des Kernbereiches ein, ehe sie auf einer Bahn, die einer Sinuskurve gleicht, umkehren.

Ein weiterer entscheidender Unterschied zum Strahlenmodell im Stufenprofil-LWL besteht darin, daß die Geschwindigkeit der Lichtstrahlen in der Gradientenfaser nicht mehr konstant, sondern zufolge $c = c_0/n$ mit n ortsabhängig ist. Sie ist in Randnähe größer als in der

Achse. Daher erhalten Strahlen, die infolge häufiger Reflexionen längere Wege haben, die nahe zum Rand liegen, in diesen Randbereichen höhere Geschwindigkeiten und erreichen damit in kürzerer Zeit das Ende der Leitung.

Das Brechzahlprofil der Gradientenfaser wird bestimmt durch die Profilfunktion:

$$n(r) = n_1 \sqrt{1 - 2\Delta\left(\frac{r}{a}\right)^g} \tag{5.24}$$

In dieser Gleichung ist g der Profilparameter (oder Pzofilexponent), a der Kernradius, r der lokale Radius in der Kernfläche mit $0 \leq r \leq a$, und n_1 die maximale Brechzahl in der Kernachse für r = 0.

Der Profilparameter g bestimmt den Verlauf der Brechzahl im Kern des LWL. Für g = 1; 2; ∞ entstehen die in Bild 5.15 angegebenen Kurven:

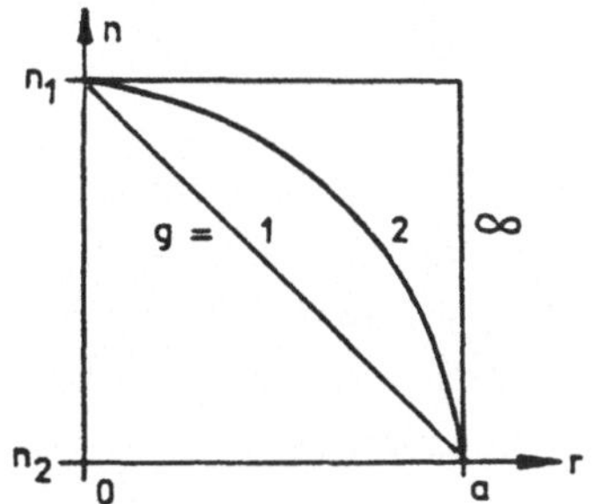

Bild 5.15
Brechzahlprofil bei Wahl verschiedener Profilparameter g

g = 1 linearer Abfall der Brechzahl zwischen Kernachse und Mantel

g = 2 quadratischer Verlauf der Brechzahl

g = ∞ sprunghafte Änderung der Brechzahl an der Kern/Mantel-Grenzfläche, im Kern ist n_1 konstant.

Die Profilfunktion enthält als Sonderfall mit g = ∞ auch den Brechzahlverlauf der Stufenprofilfaser.

Minimale Laufzeitdifferenzen zwischen den Moden entstehen bei einem parabelförmigen Brechzahlprofil für g-Werte, die etwas kleiner als 2 sind. Als Richtwert gilt die Näherung $g \approx 2 - 2\Delta$. Der Optimalwert von g ist infolge Profildispersion mit Δ gleichfalls λ-abhängig. Er liegt für λ = 0,7 ...1,6 μm im Intervall g = 2 ...1,80. Für λ = 1,3 μm ist g = 1,88 zu wählen, um minimale Modendispersion zu erhalten. Für den Optimalwert von g erreicht die Modendispersion Δt ein Miniumum, das dem Quadrat der relativen Brechzahldifferenz proportional ist, während das BL-Produkt einen Maximalwert annimmt. Dieser Tatbestand ist aus Gl.(5.25) abzulesen.

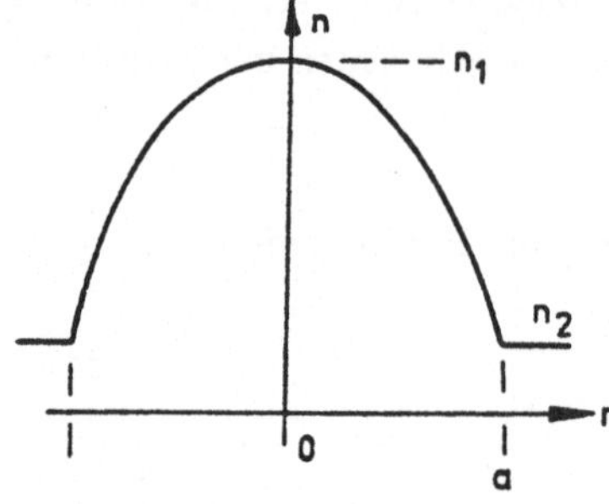

Bild 5.16
Gradientenfaser mit
Parabelprofil

Bedingt durch die λ-Abhähngigkeit des Profilparameters g = g (λ) kann eine Gradientenfaser jeweils nur für eine bestimmte Betriebswellenlänge λ_0 optimiert werden. Der zugehörige Wert g_0, also der Verlauf der Brechzahl im Kern, ist bei der Faserproduktion sehr exakt einzuhalten. Abweichungen von g_0 sind sehr kritisch, sie bewirken eine steile Zunahme der Modendispersion und damit eine starke Abnahme der Übertragungskapazität.

$$\Delta t = t\,\Delta^2 = \frac{L}{c}\,\Delta^2 = \frac{n_1 L\,\Delta^2}{c_0}$$
$$BL = \frac{L}{2\Delta t} = \frac{c_0}{2 n_1 \Delta^2} \qquad (5.25)$$

Bild 5.17 zeigt das BL-Produkt für drei Gradientenfasern, die für unterschiedliche Betriebswellenlängen λ_0 optimiert wurden. Bei den für 0,9 μm und 1,3 μm optimierten Fasern bestand das Entwicklungsziel darin, hohe BL-Produkte zu erreichen. Bei der für λ_0 = 1,1 μm optimierten Faser wurde zu Lasten maximaler Bitrate eine hohe Bandbreite angestrebt, um mit einer Faser einen weiten Wellenlängenbereich zu erfassen.

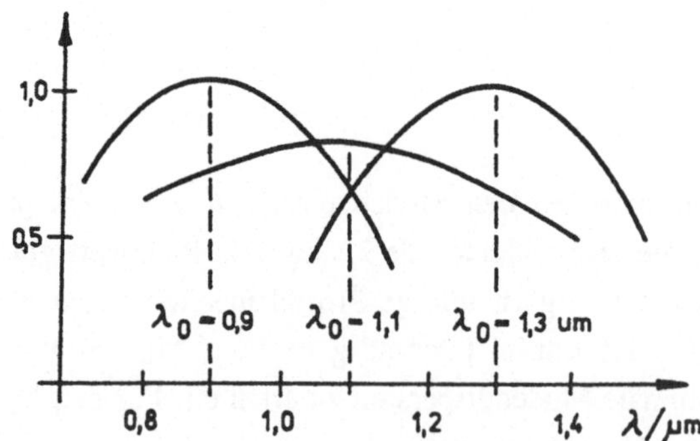

Bild 5.17 Wellenlängenaghängigkeit der Übertragungskapazität von Gradientenfasern verschiedener Konstruktion

5.10 Dämpfung der Siliciumdioxidfaser

Eine entscheidende physikalische Größe für einen LWL ist die Dämpfung. Sie soll in einem möglichst großen Wellenlängenbereich möglichst kleine Werte aufweisen. Die Dämpfung einer Faser ist abhängig vom Fasermaterial und von der Wellenlänge. Eine Quarzglasfaser ist nur für elektromagnetische Signale, die im kurzwelligen Infrarotbereich im Intervall $\lambda = (0,8...1,8)\ \mu m$ liegen, als Wellenleiter geeignet, nur in diesem Bereich ist die Dämpfung ausreichend klein. Als Richtwert für dämpfungsarme Fasern gilt $\alpha = 1$ dB/km. Dämpfung bedeutet Energieverlust bei der Ausbreitung des Lichtes längs der Leitung. Energieverluste in der optischen Faser werden durch drei Grundvorgänge verursacht: Brechung, Streuung und Absorption.

Brechung des Lichtes

Brechung im LWL erfolgt für Lichtstrahlen, deren Reflexionswinkel γ größer ist als der Grenzwinkel γ_g der Totalreflexion, und verursacht Energieverluste durch Abstrahlung von Licht in den Mantel (Strahlungsverluste). Lichtstrahlen, die mit einem Reflexionswinkel $\gamma > \gamma_g$ in den LWL eingespeist werden, werden durch den in diesem Fall mit jeder Reflexion verbundenen, wiederholt ablaufenden Vorgang der Brechung während einer gewissen Einlaufstrecke praktisch vollkommen in den Mantel übergekoppelt. Danach existieren im Idealfall nur noch durch den Vorgang der Totalreflexion geführte Strahlen, deren diskrete Reflexionswinkel im Intervall $\gamma = 0 \ldots \gamma_g$ liegen. In der Praxis trifft dieser idealisierte Fall nicht ganz zu, da im Verlauf des LWL Krümmungen unvermeidlich sind und an diesen Krümmungen Reflexionswinkel auftreten, die größer als der Grenzwinkel der Totalreflexion sind und somit Energieverluste durch Strahlung entstehen. Neben den mit Richtungsänderungen der Faser verbundenen Krümmungen (Makrokrümmungen) sind hier insbesondere Mikrokrümmungen zu berücksichtigen. Mikrokrümmungen treten auch in der geradlinig verlegten Faser auf. Sie entstehen an der lose im PVC-Schlauch verpackten Faser ebenso wie beim Verdrillen und Verseilen der Faser im festverschnürten Kabel. An Makrokrümmungen im LWL auftretende Strahlungsverluste infolge Brechung können durch Wahl eines ausreichend großen Krümmungskreises vernachlässigbar klein gehalten werden. Dazu soll der Durchmesser des Krümmungskreises wenigstens 20mal größer als der Kabeldurchmesser sein. Strahlungverluste an Mikrokrümmungen im LWL-Kabel können durch eine zielgerichtete Kabeltechnologie unter Kontrolle gebracht werden.

Streuung des Lichtes

Streuung erfolgt an Inhomogenitäten in der Faser und bedeutet eine Richtungsänderung der Lichtstrahlen im Faserkern, also eine Änderung des Reflexionswinkels. Ein derartiger Prozeß, bei dem ein durch den Reflexionswinkel γ_1 definierter Lichtstrahl in einen anderen, durch den Winkel γ_2 definierten Lichtstrahl transformiert wird, wird als Modenwandlung bezeichnet. Streuung des Lichtes im LWL ist stets mit einer Modenwandlung verbunden. Dabei sind zwei Fälle zu unterscheiden: $\gamma_2 > \gamma_g$ und $\gamma_2 < \gamma_g$.

- Ist $\gamma_2 > \gamma_g$, so erfolgt eine Brechung des Lichtes in den Fasermantel oder Rückstreuung (Reflexion in Eingangsrichtung). Dieser Fall bedeutet also Minderung der im LWL geführten Energie durch Strahlung.

- Ist $\gamma_2 < \gamma_g$ so erfolgt die Transformation eines Lichtstrahls in einen anderen, ebenfalls durch den Vorgang der Totalreflexion im LWL geführten Lichtstrahl. Dabei wird keine Energie nach außen abgestrahlt, die Strahlungsleistung im Kern bleibt konstant. Modenwandlung führt in diesem Fall zum Energieaustausch zwischen den vom LWL geführten Moden. Die Modentransformation durch Streuung ist ein im LWL kontinuierlich ablaufender Prozeß, der im stationären Fall zum Modengleichgewicht führt.

Für die Streuung im LWL sind zwei Ursachen anzuführen: Rayleigh-Streuung und Wellenleiter-Streuung.

Rayleigh-Streuung: Lichtstreuung an mikroskopisch kleinen Inhomogenitäten im Fasermaterial. Derartige Inhomogenitäten entstehen bei der Faserproduktion als Dichteschwankungen in Mikrobereichen beim Abkühlprozeß der Faser und haben Abmessungen von etwa 0,1λ. Die Rayleigh-Streuung ist ein sehr starker, wellenlängenabhängiger Effekt. Er wird mit wachsender Wellenlänge kleiner. Mit abnehmender Wellenlänge erreicht der Effekt so große Werte, daß dadurch die kurzwellige Grenze im Durchlaßbereich der Faser bestimmt wird. Die durch Rayleigh-Streuung bedingte Zusatzdämpfung ist der 4.Potenz der Wellenlänge umgekehrt proportional: $\alpha_R \sim 1/\lambda^4 = \lambda^{-4}$.

Wellenleiter-Streuung: Lichtstreuung an Geometriefehlern im Verlauf der Faser. Diese Geometriefehler entstehen als produktionsbedingte geringe Schwankungen im Kerndurchmesser und in der Form (Elliptizität). Die Wellenleiterstreuung ist bei exakter Beherrschung der Faserproduktion im Vergleich zur Rayleigh-Streuung ein Effekt 2. Ordnung.

Absorption des Lichtes

Absorption bedeutet Energieverlust im Fasermaterial durch Umwandlung von optischer Strahlungsenergie in Wärmeenergie bei Resonanz zwischen der elektromagnetischen Welle und schwingungsfähigen elektrisch geladenen Teilchen im Molekül (Elektronen und Ionen). Dabei sind drei Effekte zu unterscheiden: IR-Absorption und UV-Absorption im Siliciumdioxid und Resonanzabsorption an Fremdstoffen.

Infrarot-Absorption: wird durch Molekülschwingungen im SiO_2 bewirkt, die infolge Resonanz zwischen Licht und SiO_2-Ion entstehen. Ist ein sehr starker, wellenlängenabhängiger Effekt. Die Dämpfung wird mit wachsender Wellenlänge größer (kurzwellige Flanke der IR-Absorptionskurve). Die IR-Absorption bestimmt die langwellige Grenze im Durchlaßbereich der Faser.

Ultraviolett-Absorption: wird ebenfalls durch Anregungsvorgänge im Energiebandsystem des amorphen Quarzes verursacht. Es besteht Resonanz zwischen der Frequenz des einfallenden Lichtes und dem Valenzelektron des SiO_2. Die Wirkung ist gleichfalls λ-abhängig, sie wird mit wachsender Wellenlänge kleiner (langwellige Flanke der UV-Absorptionskurve) und ist insgesamt ein Effekt 2.Ordnung ohne gravierenden Einfluß auf die Gesamtdämpfung der Faser.

Resonanzabsorption an Fremdstoffen: Im Grundmaterial der Faser sind als unerwünschte Fremdstoffe vor allem Schwermetallionen und OH-Ionen enthalten. Diese Fremdstoffe haben im Wellenlängenbereich der Faser liegende Resonanzstellen. Die Resonanzabsorption ist ein selektiver Effekt mit hohen Dämpfungsspitzen. Durch eine spezielle Technologie bei der Faserproduktion ist ein extrem hoher Reinheitsgrad von etwa 1 ppb erreichbar, so daß Schwermetalle praktisch vollständig und OH-Ionen weitgehend, aber nicht vollkommen entfernt werden können. Die Beseitigung der Metallionen gelingt durch fraktionierte Destillation und Abscheidung des SiO_2 aus der Dampfphase. OH-Ionen werden durch Dehydrierung der Vorform stark reduziert.

Verunreinigungen werden in ppm (part per million) oder ppb (part per billion) angegeben. 1 ppb entspricht einer Verunreinigung von 10^{-9} oder einem Reinheitsgrad von 10^9, also ein Fremdteilchen auf 10^9 SiO_2-Moleküle.

Die Wirkungen von Fremdstoffen in der Quarzfaser sind den Tabellen 5.7 und 5.8 zu entnehmen. Die erste Tabelle läßt den Einfluß der Metallionen erkennen, die zweite den der OH-Ionen, jeweils für einen Anteil von 1 ppm.

Tabelle 5.7 Zusatzverluste durch Metallionen für 1 ppm bei einer Wellenlänge von 850 nm

Metall	V	Cr	Fe	Mn	Ni	Co	Cu
α in dB/km	2500	1300	130	60	27	24	22

Die Resonanzabsorption ist stark λ-abhängig, bei anderen Wellenlängen besteht eine andere Verteilung der α-Werte.

λ in μm	α in dB/km
1,37	2900
1,24	150
0,95	72

Tabelle 5.8
Zusatzverluste durch OH-Ionen bei einer Konzentration von 1 ppm

Hohe Zusatzverluste durch OH-Ionen entstehen im Durchlaßbereich der SiO_2-Faser vor allem bei den drei in Tabelle 5.8 angegebenen Wellenlängen von 1,37 μm sowie 1,24 μm und 0,95 μm, bei denen jeweils eine Resonanzstelle vorhanden ist. Es bedeutet α die für 1 ppm entstehende Zusatzdämpfung in dB/km. Bei Fasern hoher Reinheit ist nur noch die langwellige OH-Ionen Resonanzstelle bei 1,37 μm störend bemerkbar.

Im Zusammenwirken der durch Streuung und Absorption bedingten Verlustmechanismen entsteht für den LWL eine resultierende Gesamtdämpfung mit einem stark λ-abhängigen Verlauf. Für eine SiO_2-Faser aus reinem Grundmaterial ist der prinzipielle Verlauf der Einzelkomponenten und der resultierenden Dämpfung $\alpha(\lambda)$ in Bild 5.18 als Funktion der Wellenlänge skizziert. Der Verlauf der resultierenden Kurve wird entscheidend von Rayleigh-Streuung und IR-Absorption bestimmt. Wellenleiter-Streuung und UV-Absorption sind vergleichsweise Effekte 2. Ordnung, sie haben keinen gravierenden Einfluß auf die Gesamtdämpfung. Die resultierende, etwa V-förmig verlaufende Durchlaßkurve besitzt für SiO_2 ausreichend kleine Dämpfungswerte in einem Wellenlängenbereich von 0,8 ...1,8 μm. Die Dämpfung erreicht bei $\lambda = 1,55$ μm einen Minimalwert von 0,2 dB/km. Dieser Wert bietet ideale Bedingungen für die Weitverkehrstechnik. An den Grenzen des Wellenlängenbereiches erreicht die Dämpfung Werte von 3 ...5 dB/km. Das Intervall von 1,2 ...1,6 μm, das neben dem Dämpfungsminimum auch den Punkt der Nulldispersion bei 1,27 μm einschließt, kann infolge geringer Dämpfung und geringer Materialdispersion als optimaler Betriebsbereich der Quarzglasfaser angesehen werden.

Enthält das Grundmaterial in unzulässig hohem Maße Fremdstoffe, insbesondere OH-Ionen, so wird der breite Durchlaßbereich des reinen LWL durch selektive Dämpfungsspitzen mit hohen Maximalwerten nach Tabelle 5.8 in mehrere schmale Teilbereiche zerlegt, die dann als Übertragungsfenster bezeichnet werden, siehe Bild 5.19. In modernen Fasern hoher Reinheit sind Fremdstoffe soweit reduziert, daß nur noch die OH-Resonanzstelle bei 1,37 μm eine Rolle spielt, siehe Bild 5.20.

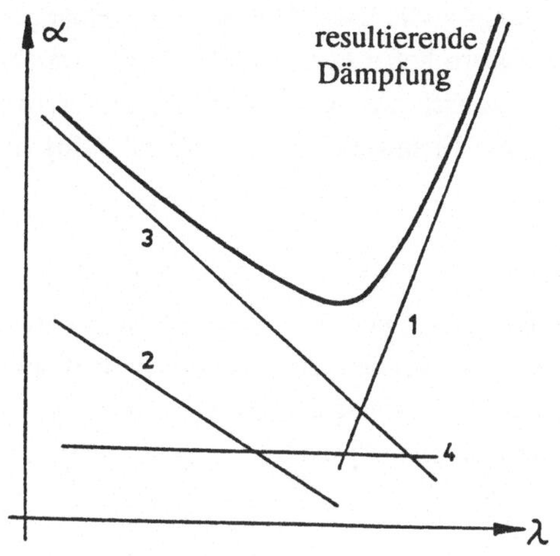

Bild 5.18
Dämpfungsursachen und resultierende Dämpfung der reinen SiO_2-Faser
1 IR-Absorption
2 UV-Absorption
3 Rayleigh-Streuung
4 Wellenleiter-Streuung
Die Kurve der resultierenden Dämpfung ist die physikalisch bedingte theoretische Grenzlinie für kleinste erreichbare Dämpfungswerte der Quarzglasfaser.
Dämpfungsminimum α = 0,2 dB/km bei λ = 1,55 μm

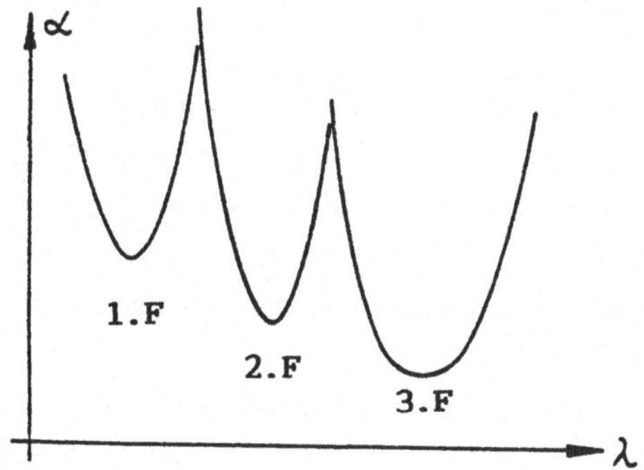

Bild 5.19
Dämpfungsspitzen durch Resonanzabsorption an Fremdstoffen bei nicht ausreichender Reinheit des Fasermaterials.
Im Dämpfungsdiagramm entstehen "Übertragungsfenster"

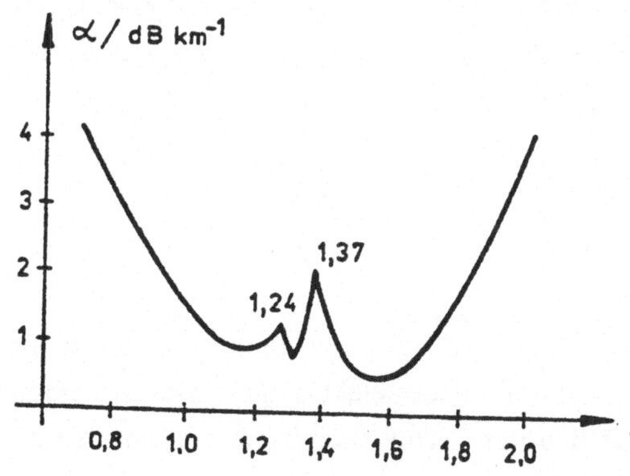

Bild 5.20
Verlauf der Dämpfung von Quarzglasfasern hoher Reinheit.
OH-Ionen-Resonanz bei λ = 1,24 und λ = 1,37 μm

Die resultierende Dämpfungskurve $\alpha(\lambda)$ der reinen Quarzglasfaser nach Bild 5.19 liefert die theoretische Grenze für kleinste erreichbare Dämpfungswerte. Diese Grenze ist wellenlängenabhängig. Die Grenzwerte sind in der Praxis für Fasern hoher Qualität tatsächlich erreicht. Damit hat die Dämpfung der SiO_2-Faser eine physikalisch bedingte untere Grenze erreicht. Entscheidende Qualitätssprünge in der Dämpfung von Lichtwellenleitern sind zukünftig nur mit anderen Fasermaterialien zu erwarten.

Es ist in der Praxis üblich, den Durchlaßbereich der Quarzglasfaser von 0,8...1,8 μm in drei Bereiche einzuteilen. Die Angabe dieser Übertragungsbereiche wird zur Groborientierung über die Betriebswellenlänge eines LWL-Systems verwendet. Aus historisch bedingten Gründen werden diese Übertragungsbereiche auch Übertragungsfenster genannt, obgleich diese Bezeichnung bei modernen Fasern hoher Reinheit aus physikalischer Sicht nicht mehr gerechtfertigt ist.

1. Bereich: "kurzwelliger" Arbeitsbereich um $\lambda = 0{,}85\ \mu$m
2. Bereich: Bereich min. Materialdispers. um $\lambda = 1{,}27\ \mu$m
3. Bereich: Bereich minimaler Dämpfung um $\lambda = 1{,}55\ \mu$m

Jeder dieser Bereiche ist durch eine bestimmte Halbleitertechnologie für Strahlungsquelle und Strahlungsempfänger gekennzeichnet. Für den "Kurzwellenbereich" um 850 nm sind AlGaAs und Si charakteristisch, im "Mittelwellenbereich" um 1,27 μm wird InGaAsP für Sender und Empfänger verwendet und im Bereich langer Wellen um 1,55 μm ist AlGaSb das typisch Material. Der Einsatz gerade dieser Stoffe ist durch den jeweils notwendigen Bandabstand im atomaren Energiesystem des Halbleitermaterials bedingt.
Im Kurzwellenbereich sind Dispersion und Dämpfung der Faser groß, aber es stehen ausgereifte und preiswerte Konstruktionsformen von Sende- und Empfangsbauelementen zurVerfügung; für Kurzstreckensysteme ist dieser Bereich daher durchaus interessant. Die hervorragenden physikalischen Eigenschaften der Quarzglasfaser kommen jedoch erst im 2. und 3. Übertragungbereich optimal zur Entfaltung, hier sind große Streckenlängen und hohe BL-Produkte erreichbar. Die hinsichtlich Übertragungskapazität und Streckenlänge bestehenden Vorteile sind so überzeugend, daß Langstreckensysteme und Systeme zum Transport hoher Bitraten diese Bereiche bevorzugen.

5.11 Moden eines Lichtwellenleiters

Die Ausbreitung des Lichtes in einem Multimoden-LWL erfolgt in vielen voneinander unabhängigen Wellen mit unterschiedlichen Schwingungsformen des elektromagnetischen Feldes. Diese verschiedenen Wellentypen sind Eigenwellen des Lichtwellenleiters, sie werden als

Moden bezeichnet. Die Existenz der Moden folgt aus der Maxwellschen Theorie des elektromagnetischen Feldes in zylindersymmetrischen dielektrischen Wellenleitern. Elektromagnetische Felder in dielektrischen Wellenleitern werden mathematisch durch partielle Differentialgleichungen beschrieben. Die Eigenwellen sind Lösungen dieser Funktionen. Das elektromagnetische Feld der Lichtwelle ist im LWL nicht auf den Faserkern beschränkt, sondern mit radial abklingender Amplitutde auch im Mantel der Faser vorhanden. Im Kernbereich der Faser werden die Felder durch Besselfunktionen dargestellt, die exponentiell abklingenden Felder im Mantel der Faser werden durch Hankelfunktionen beschrieben. Der Begriff der Mode ist nicht an den Bereich des Lichtes gebunden. Moden treten grundsätzlich bei der Ausbreitung elektromagnetischer Schwingungen in Wellenleitern auf. Sie können im Bereich der cm-Wellen (f = 3 ...10 GHz) experimentell leicht mit Hilfe von Meßleitungen in runden oder rechteckigen Hohlrohren nachgewiesen und meßtechnisch analysiert werden. Eine anschauliche physikalische Erklärung für das Auftreten einer Serie von Eigenwellen im Lichtwellenleiter ist mit Hilfe des Strahlenmodells im ebenen Wellenleiter möglich durch Betrachtung der Interferenz der Wellen und Beachtung der Forderung nach konstruktiver Überlagerung mit gegenseitiger Verstärkung.

Die Anzahl der verschiedenen Moden im Lichtwellenleiter kann sehr groß sein und 1000 oder mehr betragen, aber sie ist nicht willkürlich, nicht beliebig groß, sondern wohldefiniert. Aus der Theorie folgt zur Berechnung der Anzahl der Moden die Gleichung:

$$M = \frac{1}{2} \frac{g}{g+2} V^2 \tag{5.26}$$

Darin ist g der Profilexponent nach Gl(5.24) und V der Strukturparameter, der bestimmt wird durch:

$$V = \frac{2\pi a N}{\lambda} \tag{5.27}$$

Im Fall der Gradientenfaser mit parabelförmigem Brechzahlprofil ist der Profilexponent g abhängig von der Betriebswellenlänge, für die die Faser berechnet wurde, er liegt geringfügig unter dem Wert 2. Mit ausreichender Näherung kann hier g = 2 gesetzt werden. Dann gilt für die Gradientenfaser mit Kernradius a:

$$M = \frac{1}{4} V^2 = \left(\frac{\pi a N}{\lambda} \right)^2 = \frac{1}{4} \left(\frac{\pi d N}{\lambda} \right)^2 \tag{5.28}$$

Wird die numerische Apertur nach Gl.(5.8) durch die relative Brechzahldifferenz ersetzt, so folgt:

$$M = \frac{1}{2}\left[\frac{n_1 \pi d}{\lambda}\right]^2 \Delta \qquad \text{da} \qquad N = n_1\sqrt{2\Delta} \tag{5.29}$$

Für eine Stufenprofilfaser ist g = ∞ zu beachten. Damit wird:

$$M = \frac{1}{2}\,V^2 = \frac{1}{2}\left[\frac{\pi d N}{\lambda}\right]^2 = \left[\frac{n_1 \pi d}{\lambda}\right]^2 \Delta \tag{5.30}$$

Für einen S-LWL mit N = 0,25 und d = 50 μm sowie λ = 1 μm folgt daraus M = 771.

Aus diesen Gleichungen ist zu entnehmen, daß die Anzahl der möglichen Moden im LWL abhängig ist von folgenden Faktoren:

- Kerndurchmesser d, M ist proportional zu d^2
- numerische Apertur, M ist proportional zu N^2
  oder relativer Brechzahldifferenz, M ist proportional zu Δ
- Lichtwellenläge λ, M ist proportional zu λ^{-2}
- Brechzahlprofil, dargestellt durch den Profilparameter g
- Die Anzahl der möglichen Moden ist bei gleichen Bedingungen in der Gradientenfaser nur halb so groß wie in der Stufenprofilfaser

Die Moden im Lichtwellenleiter schwingen alle mit der gleichen Frequenz. Sie unterscheiden sich in folgenden Eigenschaften:

- unterschiedliche Konfiguration des elektromagnetischen Feldes
- unterschiedliche Ausbreitungsgeschwindigkeit und Wellenlänge. Die höchste Geschwindigkel. 3 4e Geschwindigkeit und gemäß c = λ f bei gleicher Frequenz auch die Wellenlänge kleiner.
- unterschiedliche Dämpfungskonstante. Die Grundwelle hat die geringste Dämpfung, alle folgenden Moden werden zunehmend stärker gedämpft.
- unterschiedliche Grenzfrequenz f_g und Grenzwellenlänge λ_g (auch als kritische Frequenz und kritische Wellenlänge bezeichnet). Die Grenzfrequenz wird festgelegt durch den Kerndurchmesser. Höhere Moden haben eine tiefere Grenzfrequenz, also eine größere Grenzwellenlänge. Liegt die Frequenz des Lichtes unter dieser Grenzfrequenz, so sind höhere Moden nicht existenzfähig.

Das bisher entwickelte Bild der Moden bedarf noch einer aus der Wellentheorie des Lichtes folgenden ergänzenden Korrektur: Jeder Modus tritt in zwei orthogonalen Polarisationen auf und mit Ausnahme der Grundmode sind zusätzlich für jeden Modus zwei verschiedene Orientierungen des Feldes möglich. In den zuvor entwickelten Gleichungen Gl.(5.29) und Gl.(5.30) ist die Gesamtzahl aller möglichen Moden enthalten. In einer Einwellenfaser ist die Grundmode in zwei senkrecht zueinander polarisierten Wellen vorhanden, für die Monomodefaser gilt daher $M = 2$.

Die Ausbreitung einer bestimmten Mode im Lichtwellenleiter ist nur möglich, wenn das einfallende Licht die Bedingung $f > f_g$ oder $\lambda < \lambda_g$ erfüllt. Moden höherer Ordnung können daher nur in einem Wellenleiter mit ausreichend großem Kernquerschnitt existieren oder bei gegebenem Kerndurchmesser nur für eine ausreichend hohe Frequenz des Lichtes auftreten.

Da die Anzahl der möglichen Moden abhängig ist von Lichtfrequenz und Kerndurchmesser, kann eine Ausbreitung in nur einer Wellenform erzwungen werden. Die Ausbreitung des Lichtes nur in der Grundmode des Wellenleiters erfordert:

- bei gegebener Frequenz des Lichtes einen ausreichend kleinen Kerndurchmesser. Eine höhere Frequenz des Lichtes erfordert einen kleineren Durchmesser.
- bei gegebenem Kerndurchmesser eine ausreichend niedrige Lichtfrequenz. Ein größerer Kerndurchmesser erfordert eine tiefere Frequenz, um Monomodenausbreitung zu erreichen.

Den Eigenwellen oder Moden eines Lichtwellenleiters entsprechen im Strahlenmodell die Lichtstrahlen, die sich in der Stufenprofilfaser zickzackförmig und in der Gradientenfaser wellenförmig ausbreiten. Jeder Mode entspricht ein Lichtstrahl mit genau definiertem Reflexionswinkel. Während die Moden jedoch bei gleichen Weglängen L (Leitungslänge) unterschiedliche Geschwindigkeiten haben, haben alle Strahlen bei gleicher Geschwindigkeit verschieden lange Zickzackwege, die größer sind als L.

Das Strahlenmodell des Lichtes ist ein grobes Bild der Wirklichkeit. Es hat den Vorteil, sehr anschaulich zu sein, aber den Nachteil, daß es von allen Lichtmodellen der objektiven Realität am wenigsten entspricht. Man kann es als ein Modell erster Näherung bezeichnen. Es führt nur in gewissen einfachen Fällen zur richtigen Lösung. Trotzdem hat es seine Existenzberechtigung und es sollte wo immer möglich herangezogen werden, eben wegen der Anschaulichkeit, aber man muß sich seiner Grenzen bewußt sein.

5.12 Modengleichgewichtsverteilung

In einem Lichtwellenleiter werden nicht alle theoretisch möglichen Moden auch wirklich angeregt. Die Anzahl der angeregten Moden ist abhängig von:

- den Eigenschaften der Strahlungsquelle
- den Eigenschaften des Lichtwellenleiters
- den Anregungsbedingungen.

Durch eine LED mit großer spektraler Bandbreite und inkohärenter Strahlung erfolgt die Anregung einer großen Anzahl der möglichen Moden, während die schmalbandige kohärente Laserdiode weniger Moden zur Anregung bringt. Auch die Anzahl der Moden, mit der die Strahlungsquelle selbst schwingt, sowie die Verteilung der Strahlungsenergie auf diese Moden, sind von Bedeutung.

Wichtige Eigenschaften des LWL für die Ausbildung von Moden sind stufen- oder gradientenförmiges Brechzahlprofil, Akzeptanzwinkel oder numerische Apertur und der Kerndurchmesser.
Die am Eingang der Faser angeregten Moden und die Verteilung der Energie auf diese Moden bleiben bei der Ausbreitung längs der Leitung nicht erhalten. Bedingt durch Streuprozesse an Inhomogenitäten im Fasermaterial sowie an Makro- und Mikrokrümmungen erfolgt eine Modenwandlung und dadurch eine Verkopplung der Moden untereinander, die einen Energieaustausch zwischen den Moden und eine Reduzierung der Anzahl der bestehenden Moden zur Folge hat. Auf einem längeren Multimoden-LWL stellt sich nach einer gewissen Einlaufstrecke eine konstante relative Leistungsverteilung zwischen den Moden ein. Dieser Zustand, in dem die Anzahl der angeregten Moden und die von jeder Mode geführte Energie etwa konstant sind, wird als Modengleichgewichtsverteilung bezeichnet. Die zum Erreichen dieses Zustandes notwendige Leitungslänge heißt Modengleichgewichtslänge oder auch Koppellänge. Sie kann einige hundert bis eintausend Meter betragen. Die Modengleichgewichtsverteilung ist kein statischer Zustand sondern ein dynamischer Prozeß, in dem durch Streuvorgänge eine fortgesetzte Modenwandlung erfolgt. Die Energie wechselt kontinuierlich zwischen einer nur noch geringen Anzahl von Moden, wobei im statistischen Mittel ein etwa stabiles Gleichgewicht vorhanden ist. Die Energie kann dabei ungleichmäßig, aber mit konstantem relativem Anteil auf die beteiligten Moden verteilt sein.

Die mit der Modengleichgewichtsverteilung verbundene Modenwandlung und Reduzierung der Modenanzahl führt auch zu einer Verminderung der Modendispersion und damit in Multimoden-LWL zur Erhöhung der maximal möglichen Bitrate oder der durch Dispersion bedingten maximalen Leitungslänge.

Die Modengleichgewichtsverteilung ist von großer Bedeutung für die Meßtechnik. Sie ist Voraussetzung für exakte und reproduzierbare Meßwerte. Eine Verkürzung der Einlaufstrecke zur Erreichung dieses Zustandes ist durch besondere Maßnahmen möglich.

Bild 5.21 zeigt in einer Übersicht die beim Einkoppeln des Lichtes aus einer Strahlungsquelle in einen Lichtwellenleiter entstehenden Wellengruppen. Dabei wurde die hier nicht interessierende Brechung der Lichtstrahlen an der Stirnfläche der Faser nicht mit eingezeichnet. Je nach Größe des Einfallswinkels unterliegen diese Wellengruppen im LWL unterschiedlichen Ausbreitungsbedingungen.
Mit der in Bild 5.21 gewählten Numerierung sind folgende Wellengruppen zu unterscheiden:

1 aus dem Mantel der Faser abgestrahlte Moden
2 Mantelmoden
3 Leckmoden im Kern, die nicht der Totalreflexion unterliegen
4 im Kern des LWL durch Totalreflexion geführte Moden.

Es ist vor allem wichtig, Mantelwellen und Leckwellen zu eleminieren. Die Beseitigung dieser Wellen ist für die Signalübertragung und für die Meßtechnik von fundamentaler Bedeutung, nur in diesem Fall entstehen reproduzierbare Meßwerte. Der Lichtwellenleiter enthält dann nur noch durch den Vorgang der Totalreflexion im Kern geführte Moden. Für diese Moden führt der Vorgang der Modenkopplung zur Modengleichgewichtsverteilung.

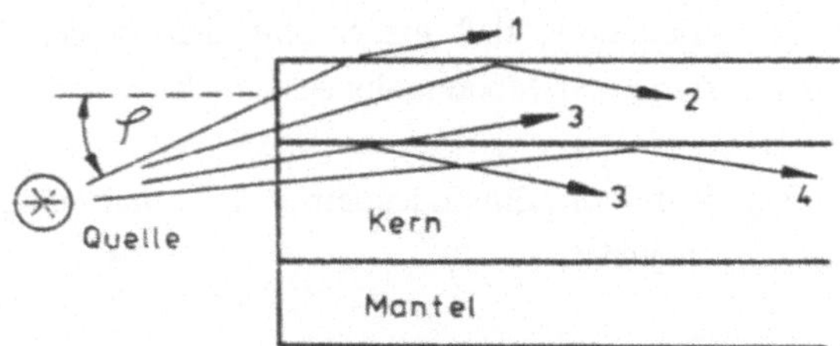

Bild 5.21 Zur Entstehung unterschiedlicher Wellengruppen bei der Einkopplung des Lichtes in den Lichtwellenleiter

5.13 Kerndurchmesser von Monomodefasern

Wird für eine gegebene Faser mit Kerndurchmesser d die Frequenz des Lichtes zu immer niedrigeren Werten verändert, so wird die Anzahl der ausbreitungsfähigen Moden immer kleiner, bis bei einer ausreichend tiefen Frequenz nur noch die Grundmode vorhanden ist.

Für die Grundmode selbst gibt es keine Grenzfrequenz, sie ist bis zu beliebig tiefen Frequenzen im Lichtwellenleiter nachweisbar.
Die Wellenausbreitung in einer Faser wird durch mehrere Größen beeinflußt: Kerndurchmesser, numerische Apertur (oder relative Brechzahldifferenz), Brechzahlprofil (definiert durch den Profilexponenten g) und durch die Wellenlänge des Lichtes. Diese Größen sind im Strukturparameter V nach Gl.(5.27) zusammengefaßt. Bei der Konstruktion einer Faser können diese Parameter so gewählt werden, daß bei einer gewünschten Wellenlänge nur eine bestimmte Anzahl von Moden ausbreitungsfähig ist. Dabei nimmt der Strukturparameter jeweils einen charakteristischen Zahlenwert an. Insbesondere ist es möglich, diese Faserparameter so auszuwählen, daß nur die Grundmode existieren kann. Nach der Wellentheorie des Lichtes erfolgen in einer Gradientenfaser und in einer Stufenprofilfaser Monomodeausbreitung, wenn der Strukturparameter die Bedingung erfüllt:

$$V_G < 3{,}53 \quad \text{für die Gradientenfaser} \tag{5.31}$$

$$V_S < 2{,}40 \quad \text{für die Stufenprofilfaser.} \tag{5.32}$$

Nach diesem Ergebnis ist es günstig, auch die Einwellenfaser mit einem parabelförmigen Brechzahlprofil auszurüsten, der maximal zulässige Kerndurchmesser darf dann größere Werte annehmen.

Auch aus der Strahlentheorie des Lichtes sind Bedingungen für den Strukturparameter bei Einmodenbetrieb herleitbar, die Werte sind etwas kleiner, sie lauten $V_G < 2{,}82$ und $V_S < 2{,}00$. Auch daraus folgt die Erkenntnis, daß die Strahlentheorie des Lichtes in ihrer Leistungsfähigkeit begrenzt ist, sie ist auf Monomodefasern nicht anwendbar.

Nach Gl.(5.27) und Gl.(5.31) ist der für Einmodenbetrieb maximal zulässige Kerndurchmesser der Gradientenfaser berechenbar:

$$V_G = \frac{\pi\, d\, N}{\lambda} < 3{,}53$$

$$d < \frac{3{,}53\,\lambda}{\pi\, N} = \frac{3{,}53\,\lambda}{\pi\, n_1 \sqrt{2\,\Delta}} \tag{5.33}$$

Für Faserproduktion, Koppeltechnik und Lichteinspeisung günstige größtmögliche Kerndurchmesser werden möglich für:

- langwellige Betriebsfrequenzen
- kleine Werte der relativen Brechzahldifferenz Δ (num. Apertur N)
- Gradientenprofil auch in der einwelligen Faser

Zwiespältig sind die Anforderungen an die Größe Δ. Kleine Werte ergeben große Kerndurchmesser aber gleichzeitig auch kleine Akzeptanzwinkel, damit wird die Lichteinkopplung in die Faser schwierig. In der Monomodefaser ist die Impulsdispersion nicht vorhanden, es wäre also ein großer Δ-Wert mit einem großen Akzeptanzwinkel zur Erleichterung der Lichteinkopplung zulässig. Das aber hat kleinere Kerndurchmesser zur Folge. Diese widersprechenden Forderungen verlangen unter Beachtung der technischen Möglichkeiten einen optimalen Kompromiß.

Der Einfluß der Größe Δ auf den Kerndurchmesser wird an folgendem Beispiel sichtbar:

für $\Delta = 0{,}01$ folgt $d = 5{,}3\ \lambda$
für $\Delta = 0{,}001$ folgt $d = 16{,}7\ \lambda$

Einen guten Überblick liefert Tabelle 5.9.

Tabelle 5.9 Kerndurchmesser von Monomodefasern mit Gradientenprofil bei verschiedenen Wellenlängen und unterschiedlichen Brechzahldifferenzen

Δ	N	β	λ = 0,8 μm	λ = 1,3 μm	λ = 1,6 μm
0,01	0,212	11,5°	d = 4,2 μm	d = 6,9 μm	d = 8,5 μm
0,002	0,095	5,4°	d = 13,4 μm	d = 21,7 μm	d = 26,7 μm

Aus diesen Werten ist der entscheidende Vorteil langwelliger Betriebsfrequenzen für die Produktion einwelliger Fasern zu erkennen. In Verbindung mit kleinen Δ-Werten entstehen Kerndurchmesser, die bei der Faserproduktion mit den erforderlichen Toleranzen beherrschbar sind.

5.14 Maximale Länge einer Übertragungsstrecke mit Lichtwellenleiter

Die ohne Zwischenverstärkung maximal mögliche Länge einer optischen Übertragungsstrecke wird durch mehrere Eigenschaften des Lichtwellenleiters beeinflußt:

- durch die Faserdämpfung
- durch Dispersionserscheinungen infolge Laufzeitdifferenzen
- durch Modenkopplung in Multimodenfasern.

Dämpfung und Dispersion führen zur Begrenzung der möglichen Streckenlänge, Modenkopplung führt in Multimodenfasern zur Vergrößerung der Streckenlänge.
Die Längenbegrenzung durch die Faserdämpfung wird beschrieben durch die Gleichung:

$$P_2 = P_1 \cdot 10^{-0,1\alpha L} \qquad \text{also} \qquad L = \frac{10}{\alpha} \lg \frac{P_1}{P_2} \tag{5.34}$$

Die Streckenlänge infolge Leitungsdämpfung ist abhängig von der Dämpfungskonstanten des LWL, von der in den LWL eingekoppelten Leistung P_1 und von der Mindesteingangsleistung, die der Empfänger am Ende der Faser benötigt, von dem kleinsten Wert also, den die Ausgangsleistung P_2 annehmen darf.

Dispersionseffekte im LWL sind längenabhängig, die Zunahme der Impulsbreite ist um so größer, je größer die Leitungslänge ist. Damit wird durch die Impulsdispersion nicht nur die maximal übertragbare Bitrate, sondern auch die Leitungslänge begrenzt. Die Längenbegrenzung infolge Dispersion wird durch das BL-Produkt beschrieben:

$$B\,L = konstant = C \qquad [C] = (\text{Mbit/s})\ \text{km} \tag{5.35}$$

Das BL-Produkt ist eine wichtige Kenngröße für eine optische Faser. C hat für den LWL einen chakteristischen konstanten Wert. Für die drei Fasertypen gelten als Richtwerte zur Groborientierung die nachfolgend angegebenen Werte, jedoch sind in der Praxis für jede konkrete Faser die dazugehörigen konkreten Werte zu verwenden:

S-LWL: BL = 10 (Mbit/s) km
G-LWL: BL = 1 (Gbit/s) km
E-LWL: BL = 100 (Gbit/s) km

Das BL-Produkt einer Faser liefert bei vorgegebener Leitungslänge die maximal mögliche Bitrate und bei vorgegebener Bitrate die mit der Faser maximal mögliche Leitungslänge. Aus BL = konst. folgt, daß eine kleine Streckenlänge eine hohe Bitrate ermöglicht, eine größere Streckenlänge aber eine kleinere Bitrate bedingt. Anschaulich ist dieser Sachverhalt in Bild 5.22 dargestellt. Es ist $B_1 \cdot L_1 = B_2 \cdot L_2$ = konstant, die zugehörige Fläche unter der Kurve ist stets gleich groß.

Während Dämpfung und Impulsdispersion längenbegrenzend wirken, hat die Modenkopplung in Multimodenfasern eine Vergrößerung der erreichbaren Streckenlänge zur Folge, indem Laufzeitdifferenzen der Moden teilweise kompensiert werden und damit der Einfluß der Modendispersion vermindert wird. Modenkopplung führt in Multimodenfasern zu Streckenlängen, die größer sind, als auf Grund des BL-Produktes zu erwarten ist.

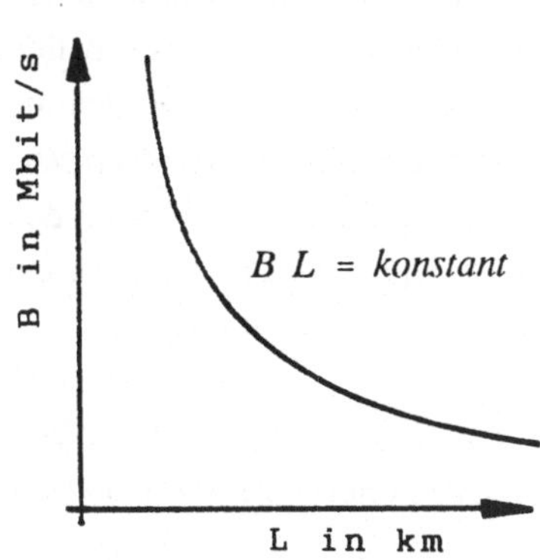

Bild 5.22 Maximalwerte von Bitrate und Leitungslänge sind durch BL = konstant verknüpft

Ursache der Modenkopplung sind die schon beschriebenen Vorgänge der Modenwandlung durch Streuprozesse (Rayleigh-Streuung und Wellenleiterstreuung) sowie an Makro- und Mikrokrümmungen des LWL. Im Strahlenmodell sind damit Richtungsänderungen der Lichtstrahlen, also Änderungen der Reflexionswinkel verbunden. Jeder Lichtstrahl (Mode) wird durch einen diskreten, genau definierten Reflexionswinkel festgelegt. Fortgesetzte kontinuierliche Änderungen der Reflexionswinkel führen zur kontinuierlichen Mischung der vom LWL geführten Moden. Diese Modenmischung ist mit einem Ausleseprozeß verbunden, sie erfolgt richtungsabhängig so, daß höhere geführte Moden des LWL in Moden niedrigerer Ordnung transformiert werden, die Anzahl der geführten Moden im LWL also geringer wird. Damit wird die Impulsdispersion kleiner und die Streckenlänge größer. Dieser Effekt wird jedoch erst voll wirksam, nachdem die Modengleichgewichtsverteilung erreicht ist, also größenordnungsmäßig nach einer Strecke von 1 km. Daher nimmt die Modendispersion in einem langen LWL zunächst proportional zur Streckenlänge zu und danach mit einer verminderten Längenabhängigkeit, die etwa durch die Wurzel aus L angenähert werden kann.

Modenkopplung vermindert nur die Laufzeitdifferenzen, die durch Modendispersion entstehen, sie hat keinen Einfluß auf die Materialdispersion (da intramodale Dispersion), die weiterhin proportional zur Länge anwächst. Entscheidend für die erreichbare Streckenlänge ist der Effekt, der die kürzere Länge liefert. Bei geringen Bitraten wird die Längenbegrenzung durch die Leitungsdämpfung bewirkt, bei hohen Bitraten und kleinen α-Werten kann die Impulsdispersion der längenbestimmende Faktor sein.

5.15 Zwischenverstärker zur Vergrößerung der Systemreichweite

Sollen Übertragungsstrecken erreicht werden, die größer sind, als auf Grund der hier beschriebenen Effekte möglich ist, so sind Zwischenverstärker einzu schalten. Diese Zwischenverstärker sind in zwei Varianten üblich: als Repeater mit Verstärkung im elektrischen Bereich und als optische Verstärker mit direkter Verstärkung der Lichtwelle in der Faser.

Repeater haben die Aufgabe, das nach Durchlaufen einer längeren Faserstrecke durch Dämpfung und Dispersion deformierte Impulsmuster der binär kodierten Information originalgetreu wiederherzustellen und auf den Anfangswert zu verstärken. Dazu werden die PCM-Impulse durch optoelektronische Wandler in den elektrischen Bereich zurückversetzt, hier in angedeuteter Weise bearbeitet und dann durch elektrooptische Wandler in den optischen Frequenzbereich zurücktransformiert. Das regenerierte Signal wird in den nächsten Leitungsabschnitt eingespeist.

Optische Verstärker zur Anhebung des Signalpegels bei der Übertragung über größere Entfernungen sind wiederum in zwei Varianten möglich: Als Halbleiter-Verstärker und als Faser-Verstärker.

Halbleiterverstärker arbeiten als optische Wanderwellenverstärker. Dazu werden Halbleiter-Laser-Strukturen ohne Spiegel verwendet. Dadurch wird das frequenzselektive Verhalten des Lasers aufgehoben und das Modenspektrum ist nicht mehr vorhanden. Diese Halbleiterstruktur arbeitet als breitbandiger optischer Verstärker. Die emittierte Laserstrahlung entspricht dem Bandabstand des verwendeten Halbleitermaterials, sie kann durch Auswahl anderer Materialien jeder Frequenz des Lichtes in der Faser angepaßt werden. Über einen Wellenbereich von 100 nm wird eine Verstärkung von 30 dB erreicht, Ausgangsleistung 35 mW, Leistungsbedarf 5 W. Die Verstärkung ist abhängig vom Polarisationszustand der Welle. Halbleiterverstärker sind klein, kompakt und gut in eine optoelektronische Schaltung integrierbar. Jedoch liegt die Einfügedämpfung in eine Faser bei 6 dB.

Faserverstärker bestehen aus Erbium-dotierten Quarzglasfasern. Die Erbium-Ionen bilden im Silicium-Kristall des Faserkerns ein 3-Niveau-Lasersystem. Die Anregung erfolgt optisch durch Laserdioden mit Wellenlängen bei 980 und 1480 nm. Das obere Laserniveau ist metastabil, es hat eine Lebensdauer von 1 ms. Die im oberen Laserniveau durch den Anregungsvorgang gespeicherte Energie wird durch stimulierte Emission an die Eingangswelle abgegeben. Die freigesetzten Photonen haben gleiche Frequenz, gleiche Phase und gleiche Richtung wie die stimulierende Welle, sie überlagern sich der Welle phasensynchron mit Addition der Amplituden, so daß die Welle dadurch verstärkt wird. Die emittierte Laserstrahlung liegt bei 1550 nm mit einer Bandbreite von 40 nm. Die Länge eines Faserverstärkers beträgt je nach Ausführung 5 m bis zu 50 m, es können Verstärkungen von 30 bis 45 dB erreicht werden, Ausgangsleistung bis 50 mW, Einfügedämpfung $< 0,5$ dB. Die Verstärkung ist unabhängig vom Polarisationszustand der Welle in der Faser. Faserverstärker haben ein geringes Eigenrauschen, Rauschzahl $F = 3,2$ dB. Infolge der Erbium-Dotierung können Faserverstärker derzeit nur für 1550 nm hergestellt werden, da bislang keine weiteren, für andere Wellenlängen geeigneten Dotanden bekannt sind. Allerdings entspricht der Erbium-Faserverstärker genau dem in der Praxis wichtigsten

Anwendungsfall der Verstärkung der Wellenlänge des Dämpfungsminimums der Quarzglasfaser. Ein Faserverstärker von 5 m Länge kann kompakt in ein Gehäuse mit den Maßen 20cm·10cm·3cm untergebracht werden.

Optische Verstärker heben den durch Faserverluste reduzierten Signalpegel auf das Anfangsniveau, aber die Zunahme der Impulsbreite durch Dispersion kann damit nicht aufgehoben werden. Langstreckensysteme mit Faserverstärkern erfordern Monomodefasern mit kompensierter Dispersion. Besonders geeignet sind Doppelmantelfasern, die so kompensiert werden, daß eine zweite Nulldispersionsstelle möglichst nahe am Dämpfungsminimum der Faser liegt. Eine andere Möglichkeit, die Zunahme der Impulsbreite rückgängig zu machen, besteht darin, die verbreiterten Impulse um das genau erforderliche Maß zu komprimieren. Das kann mit Hilfe von Materialien geschehen, die eine anomale Dispersion aufweisen. Einige Gase zeigen diese Eigenschaft im Wellenbereich der Quarzglasfaser. Durchläuft die impulsmodulierte Welle dieses Medium, so werden die Impulse zusammengeschoben. Auch Effekte der nichtlinearen Optik sind für diesen Zweck geeignet. Wie die Erfahrungen zeigen, ist es jedoch möglich, mit Faserverstärker und kompensierten Einwellenfasern 10 Gbit/s über Entfernungen von mehr als 1000 km ohne Kompensation der Impulsdispersion zu übertragen.

Optische Verstärker arbeiten als Breitbandverstärker. Sie werden in Multikanalsystemen bei Frequenzmultiplexbetrieb zur gleichzeitigen Verstärkung aller Kanäle eingesetzt. Dabei sind drei Einsatzvarianten zu unterscheiden:

- zur Anhebung des durch Faserdämpfung reduzierten Signalpegels in Weitverkehrssystemen. Bei großen Entfernungen erfolgt die Verstärkung in Kaskaden.
- zur Nachverstärkung der Ausgangsleistung einer schwachen Strahlungsquelle
- als rauscharme optische Vorverstärker für Strahlungsempfänger

Diese Einsatzvarianten können auch gemeinsam zur Anwendung kommen. Auf diese Weise konnte in einem optischen Übertragungssystem der Pegel insgesamt um 70 dB, also um den Faktor 10^7, angehoben werden.

Durch den Einsatz optischer Verstärker in dispersionskompensierten Monomodefasern erreicht die Breitbandkommunikation neue Dimensionen. In der Weitverkehrstechnik können hohe Bitraten über beliebige Entfernungen fortgeleitet werden. In einer großen Anzahl experimenteller Versuchsanordnungen wurden gute Erfahrungen gemacht. Dazu einige Beispiele:

- In einer kompensierten Monomodefaser wurde mit einer Welle von 1,55 μm eine Datenrate von 10 Gbit/s über eine Entfernung von 1250 km übertragen. Dazu waren 10 optische Faserverstärker mit einem mittleren Abstand von 62 km eingesetzt, Gesamtverstärkung 400 dB.

- Über eine Strecke von 4500 km wurden 10 Gbit/s übertragen.
- Ab 1995 ist die Verlegung interkontinentaler Unterwasserkabel zwischen den USA und Europa sowie zwischen den USA und Japan unter Einsatz von Faserverstärkern vorgesehen. Dabei sollen 14300 km mit 5 Gbit/s und 21000 km mit 2,4 Gbit/s betrieben werden.
- 1991 wurden 10 Gbit/s über eine Strecke von 11000 km mittels Solitonen übertragen.

5.16 Dispersionsfreie Signalübertragung mit Solitonen

Eine andere Methode zum Transport hoher Bitraten über große Entfernungen wird durch Anwendung solitärer Impulse möglich.

Bei Anwendung der PCM zur Signalübertragung wird ein Impuls durch eine größere Anzahl von Schwingungen des hochfrequenten Trägersignals gebildet. Solitäre Impulse oder Solitonen dagegen bestehen nur noch aus der oberen Halbwelle einer einzigen Schwingungsperiode. Solitonen sind impulsförmige Energiepakete, die sich in einer speziellen Wellenform, die nur aus einem Wellenberg besteht, ausbreiten. Der Wellenberg behält seine Form unverändert bei. Solitonen sind im Bereich mechanischer und elektrischer Wellen möglich. Sie können auch im Lichtwellenleiter erzeugt und zur dispersionsfreien Signalübertragung eingesetzt werden. Sie wurden zuerst an Wasserwellen im Jahre 1834 von John Scott-Russel beobachtet und beschrieben. 1981 wurden sie in den Bell-Laboratories auf Lichtwellenleiter nachgewiesen. Mit solitären Lichtimpulsen von 2 ps Dauer wurde eine Impulsrate von 100 Gbit/s übertragen. 1991 wurde in einer 11000 km langen Versuchsstrecke unter Einsatz von Faserverstärkern mittels Solitonen eine Impulsrate von 10 Gbit/s übertragen. Das entspricht einem B L-Produkt von 110 (Tbit/s) km.

Solitäre optische Impulse entstehen unter der gleichzeitigen Wirkung von zwei Effekten:

- Zunahme der Impulsbreite infolge Materialdispersion
- Abnahme der Impulsbreite durch Effekte der nichtlinearen Optik

Beide Effekte sind bei optimaler Dosierung der Intensität gleich groß, sie ergeben zusammen einen formstabilen, dispersionsfreien Impuls. Solitäre Lichtimpulse ermöglichen eine erhebliche Erweiterung der Übertragungskapazität, da die bisherigen, durch Dispersionseffekte bedingten Grenzen überwunden werden. Die Länge einer Übertragungsstrecke

(Verstärkerabstand) wird nicht mehr durch Dispersion, sondern nur noch durch die Faserdämpfung bestimmt.

5.17 Frequenzmultiplextechnik zur Erweiterung der Übertragungskapazität eines Lichtwellenleiters

In einem Lichtwellenleiter können mehrere Wellen unterschiedlicher Wellenlänge gleichzeitig fortgeleitet und als Trägerfrequenz zur Signalübertragung genutzt werden. Dieses Verfahren wird als Wellenlängem-Multiplex oder als Frequenz-Multiplex bezeichnet. Auf diese Weise kann die Übertragungskapazität des LWL vervielfacht werden. Die zur Übertragung benutzten Wellenlängen werden als Übertragungskanäle bezeichnet. Der Wellenlängen- oder Frequenzabstand der Kanäle muß so groß sein, daß eine gegenseitige Beeinflussung nicht erfolgen kann und eine saubere Trennung im Empfänger möglich ist. Frequenzmultiplex kann sowohl bei Intensitätsmodulation mit Direktempfang als auch bei kohärenter Signalübertragung mit Überlagerungsempfang erfolgen. Der Unterschied besteht in der Empfindlichkeit und in dem zulässigen kleinstmöglichen Kanalabstand. Die Empfindlichkeit bestimmt die Reichweite, der kleinstmögliche Kanalabstand bestimmt die in einem vorgegebenen Wellenlängenintervall insgesamt mögliche Anzahl von Übertragungskanälen.

Bei Direktempfang des Sigals erfolgt die Trennung der Kanäle mit optischen Schmalbandfiltern, die Filterbreite beträgt 1 nm (1250 GHz).
Bei Überlagerungsempfang mit kohärentem Trägersignal ist bei einer Kanalbreite von 5 GHz ein gut trennbarer Kanalabstand von 10 GHz erreichbar.

Bei Quarzglasfasern hoher Qualität hat die Faserdämpfung bei einer Wellenlänge von 1,55 μm (rund 200 THz) einen Minimalwert von 0,2 dB/km und dieser Wert wird auch noch in dem Wellenlängenbereich von 1,45 ...1,65 μm (Frequenzbereich 206 ...181 THz) nahezu eingehalten. Damit besteht in der Umgebung des Dämpfungsminimums ein Wellenlängenintervall von 200 nm (Frequenzintervall von 25 THz), das für die Weitverkehrstechnik mit Frequenzmultiplex vorzüglich geeignet ist.

Bei Direktempfang des Signals und einem Kanalabstand von 1 nm kann dieses Intervall 200 Übertragungskanäle aufnehmen, bei Überlagerungsempfang mit einem Kanalabstand von 10 GHz sind 2500 Übertragungskanäle möglich. Jeder Kanal hat eine Übertragungskapazität von 10 Gbit/s. Insgesamt ermöglicht die Frequenzmultiplextechnik in diesem Beispiel bei Direktempfang eine Übertragungskapazität von 2 Tbit/s und bei Überlagerungsempfang ist eine Übertragungskapazität von 25 Tbit/s für eine Faser möglich. Damit wird die nahezu unbegrenzte Übertragungskapazität der Quarzglasfaser deutlich.

Um diese Übertragungskapazität richtig einschätzen zu können, soll hier der Kapazitätsbedarf einiger kommerzieller Systeme im Vergleich zu einer 10 Gbit/s-Monomodefaser angegeben werden.

Tabelle 5.10 Anzahl der Übertragungskanäle in einer Faser mit einer Übertragungskapazität von 10 Gbit/s

System	Bitrate	Kanalzahl im LWL
Telefon	64 kbit/s	122 880
Bildtelefon	2 Mbit/s	4 069
Television (TV)	34 Mbit/s	256
HDTV	140 Mbit/s	64

In der dritten Spalte ist die Anzahl der Kanäle angegeben, die im Zeitmultiplexverfahren bei einer Bitrate von 10 Gbit/s in einer Faser mit nur einer Trägerfrequenz übertragen werden können. Es ist also möglich, 122 880 Telefongespräche gleichzeitig und unabhängig voneinander über diese Faser zu führen. Bei Frequenzmultiplex wird diese Zahl mit der Anzahl der Kanäle multipliziert.

Die Eigenschaften der Frequenzmultiplextechnik mit Überlagerungsempfang können in folgenden Punkten zusammengefaßt werden:

- hohe Empfindlichkeit, also große Streckenlänge möglich.
  Empfindlichkeit ist um 10 bis 25 dB besser als bei Direktempfang. Es sind Entfernungen von mehreren 100 km erreichbar
- hohe Trennschärfe, also kleiner Kanalabstand möglich.
  Bei einer optischen Trägerfrequenz von 200 THz ist ein Kanalabstand von 5 GHz erreichbar. Damit sind Multiplexsysteme hoher Kanalzahl möglich.
- Systemerweiterung zu höheren Kanalzahlen ist jederzeit problemlos durch Einfügen weiterer Kanäle möglich.
- Auswahl der Kanäle erfolgt im Empfänger durch einen Lokaloszillator. Dazu werden durchstimmbare Laserdioden eingesetzt.
- Heterodynsysteme ermöglichen Amplituden-, Frequenz-, und Phasenmodulation.
- Bei Einsatz optischer Verstärker in Multikanalsystemen erfolgt die Verstärkung für alle Kanäle gleichzeitig durch einen Verstärker. Elektronische Repeater dagegen erfordern für

jeden Kanal einen Verstärker, verbunden mit dem Umweg der Rücktransformation in den elektronischen Bereich.

- für die Frequenzmultiplextechnik mit Überlagerungsempfang ist ein erheblicher Aufwand notwendig. Es sind Monomodelaser hoher spektraler Reinheit und hoher Konstanz von Frequenz und Ampltide erforderlich. Die Sendelaser müßen Frequenzstabilisiert sein, der Lokallaser im Empfänger muß zur Kanalauswahl kontinuierlich durchstimmbar sein.
- Die effektive Überlagerung der beiden optischen Wellen im Empfänger erfordert gleichen Polarisationszustand der Wellen. Da diese Voraussetzung nich unbedingt gegeben ist, sind besondere Maßnahmen zur Regelung der Polarisation erforderlich oder es ist ein Polarisations-Diversity-Empfänger mit Mehrfachempfang einzusetzen.

6 Strahlungsquellen für Lichtwellenleiter-Übertragungssysteme

6.1 Übersicht und allgemeine Anforderungen an Strahlungsquellen

Zwei Halbleiter-Mikrostrukturen mit unterschiedlichen Eigenschaften werden als Strahlungsquellen zur optischen Signalübertragung eingesetzt: Lumineszenzdioden (LED) und Laserdioden (LD). Beide stimmen in wesentlichen Punkten weitgehend überein, beide haben aber auch wesentlich unterschiedliche Kennwerte aufzuweisen und beide erfüllen trotz einzelner Mängel in nahezu vollkommener Weise die für den Einsatz in der Signalübertragungstechnik mit Lichtwellenleiter erforderlichen Bedingungen. Gemeinsam ist beiden Typen Material und Grundstruktur, die Art der Anregung durch den Diodenstrom mit Injektion von Ladungsträgerpaaren in den pn-Übergang zum Aufbau einer Besetzungsinversion, die strahlende Rekombination der Ladungsträger als unmittelbare Quelle der Photonenstrahlung, die Modulation durch den Diodenstrom. Wesentlich unterschiedlich ist die Qualität der emittierten Strahlung.

- Die Strahlung der Laserdiode ist infolge stimulierter Rekombination, die durch die Rückkopplung in einem optischen Resonator erreicht wird, kohärent: Alle emittierten Photonen schwingen phasensynchron mit gleicher Frequenz und haben gleiche, durch die optische Achse des Resonators vorgegebene Ausbreitungsrichtung. Durch den optischen Resonator erfolgt sowohl eine Frequenz- als auch eine Richtungsselektion der Lichtquanten.
- Die Quanten der LED-Strahlung sind Folge einer ohne Rückkopplung nach statistischen Zufallsprozessen ablaufenden spontanen Rekombination. Da bei LED der optische Resonator fehlt, fehlt der emittierten Strahlung die Phasensynchronisation sowie die Frequenz- und Richtungsselektion. Die Photonen schwingen daher inkohärent (mit willkürlicher gegenseitiger Phasenlage) und ungerichtet (mit unterschiedlichen Ausbreitungsrichtungen). Die Ausbreitung der Quanten erfolgt ohne Vorzugsrichtung kugelförmig rundum nach allen Seiten in den Raumwinkel 4π, nur ein geringer Bruchteil hat die gewünschte Richtung zum vorgesehenen Austrittsfenster der Diode. Die Folge ist eine kleinere Ausgangsleistung und ein schlechterer Einkoppelwirkungsgrad bei der Einspeisung der Strahlung in den Lichtwellenleiter. Da die frequenzselektierende Wirkung des optischen Resonators fehlt, ist die Energie der Lichtquanten, den breiten Energiebändern des Halbleiters gemäß, über einen vergleichsweise großen Frequenzbereich verteilt. Daraus resultiert eine wesentlich größere spektrale Bandbreite der LED-Strahlung und eine niedrigere Modulations-Grenzfrequenz.

Trotz dieser nachteiligen Unterschiede gegenüber LD sind LED in der Praxis gefragt. Eine einfachere Technologie hat einen geringeren Preis zur Folge. Ihre technischen Parameter entsprechen den Eigenschaften der Stufenprofilfaser. LED und Stufenprofil-Lichtwellenleiter sind für Kurzstreckensysteme bei geringen Bitraten bis etwa 50 Mbit/s die geeigneten Partner. Der Einsatz der LED in Verbindung mit Gradientenfasern ist nur mit einem sehr geringen Einkoppelwirkungsgrad möglich. Für Monomodefasern sind LED ungeeignet.

Eine moderne Variante der LED ist die Superlumineszensdiode, Kurzbezeichnung SLD. Ohne optischen Resonator erfolgen bei einer etwa dreimal größeren Baulänge stimulierte Rekombinationen, es wird eine inkohärente Strahlung mit erhöhter Ausgangsleistung, kleinerer spektraler Bandbreite und kleinerem Divergenzwinkel emittiert. Mit diesen Eigenschaften ist die SLD insbesondere für Gradienten-Lichtwellenleiter eine geeignete Strahlungsquelle.

Die Laserdiode ist der Star unter den optischen Strahlungsquellen, sie vermag höchste Ansprüche zu erfüllen. Die geeigneten Wellenleiter zur Nutzung der hohen Qualität sind Monomodefaser und Gradienten-Lichtwellenleiter, es können Bitraten bis weit in den Giga-Bereich verarbeitet werden. Die Ausgangsleistung ist etwa um den Faktor 10 höher als bei LED. Exzellente Parameter der Laserdiode erfordern Spitzentechnologie in der Produktion, verbunden mit einem hohen Preis.

Der historische Ablauf der Entwicklung von Halbleiter-Strahlungsquellen ist eng verknüpft mit der allgemeinen Entwicklung der Quantenelektronik. Den ersten experimentellen Arbeiten im optischen Spektralbereich vorausgegangen waren Entwicklungen im cm- und dm-Wellenbereich (Mikrowellen), die zum Aufbau der MASER (Microwave Amplification by Stimulated Emission of Radiation) führten. Das Funktionsprinzip dieser Geräte, übertragen auf Wellen des Lichtes, führte zum LASER (Light Amplification ...).

Mit der Erfindung des Lasers wurde in einer überaus stürmischen Entwicklung in einem Zeitraum von nur zwei Jahrzehnten eine neue Technologie geschaffen, die in nie zuvor dagewesener Weise Rückwirkungen auf Wissenschaft und Technik ausübte und zur Basis der Hochtechnologie unserer Zeit wurde. Die optische Signalübertragung mit Lichtwellenleitern ist nur ein Beispiel für die Anwendung der neuen physikalischen Erkenntnisse und technischen Möglichkeiten. Ein knapper Einblick in den historischen Ablauf der Entwicklung von Quantengeneratoren wird durch die folgende Zeittafel gegeben:

1917	Theorie der stimulierten Emission	Einstein
1928	experimenteller Nachweis der stimulierten Emission	Ladenburg,Kopfermann

1950	experimenteller Nachweis einer Besetzungsinversion	Purcel, Pound
1954	erster NH_3-Gasstrahlmaser	Gordon, Zeiger, Townes
1957	erster Festkörpermaser	
1960	erster Festkörperlaser (Rubin)	Maimann
1961	erster Gaslaser (He-Ne)	Javan, Bennett
1962	erster Halbleiterlaser bei 77 K	Nathan u. a.
1966	erster Farbstofflaser	Sorokin, Lankard
1970	erster Halbleiterlaser bei 300 K	

Unter Einsatz vieler verschiedener Materialien ist es in den vergangenen Jahren gelungen, Halbleiterlaser in einem weiten Wellenbereich von (0,4 ...32) μm zu entwickeln. Bei gleicher Funktionsweise besteht der entscheidende Unterschied nur im verwendeten Material. Hier sollen, dem beabsichtigten Anwendungsfall folgend, nur HL-Strahlungsquellen für den Wellenbereich der Quarzglasfaser betrachtet werden.

Die Eigenschaften, die Strahlungsquellen für LWL-Systeme zur optischen Signalübertragung haben sollen, sind immer im Zusammenhang mit den Eigenschaften zu sehen, die im Übertragungsmedium Lichtwellenleiter und im Strahlungsdetektor vorhanden sind. Daher folgt:

1 Die Betriebswellenlänge der Quelle muß im Durchlaßbereich des Lichtwellenleiters liegen, für die SiO_2-Faser also im Intervall von (0,8 ...1,8) μm. Von besonderer Bedeutung ist der optimale Übertragungsbereich von (1,2 ...1,6) μm, in dem die Minima von Dispersion und Dämpfung liegen. Nur in diesem Bereich kommen die hervorragenden Eigenschaften der Glasfaser voll zur Entfaltung und Anwendung.

2 Die exakte Betriebswellenlänge der Quelle ist unter Beachtung des spektralen Verlaufs der LWL-Dämpfungskurve und der Eigenschaften des Strahlungsempfängers festzulegen. Eventuell im Lichtwellenleiter vorhandene OH-Resonanzstellen bei 0,95 sowie 1,25 und 1,39 μm sind zu beachten. In diesem Fall sind die drei optischen Übertragungsfenster zu bevorzugen.

3 Die Erzeugung der Strahlung soll mit gutem Wirkungsgrad möglich sein.

4 Für die Signalübertragung mit Lichtwellenleiter werden Ausgangsleistungen in der Größenordnung von 10 mW benötigt.

5 Es soll leicht und mit gutem Wirkungsgrad möglich sein, die Ausgangsleistung der Quelle in den Lichtwellenleiter einzukoppeln. Dazu sind zwei Bedingungen zu beachten, die die strahlende Fläche und die Strahlungscharakteristik betreffen: Zur effektiven Einspeisung der optischen Strahlung in den Faserkern müssen die Abmessungen der emittierenden Fläche dem Kerndurchmesser entsprechen. Der Durchmesser der strahlenden Fläche sollte also, je nach Fasertyp, nicht größer als 10 oder 50 oder 200 μm sein. Die Strahlung sollte

möglichst als Parallelstrahlung oder konvergierend austreten. Zumindest sollte der Divergenzwinkel nicht größer als der Akzeptanzwinkel des Lichtwellenleiters sein (Die numerische Apertur der Quelle soll nicht größer sein als die des Lichtwellenleiters.).

6 Die spektrale Bandbreite der Quelle soll aus Gründen der im Lichtwellenleiter entstehenden Materialdispersion klein sein und der Qualität des Lichtwellenleiters entsprechen. Monomodefasern in Langstreckensystemen erfordern eine kleine Bandbreite, für Stufenprofilfasern in Kurzstreckensystemen darf die Bandbreite erheblich größer sein.

7 Es soll eine leichte Modulierbarkeit mit hoher Grenzfrequenz möglich sein. Optische Übertragungssysteme arbeiten bevorzugt mit digitaler Modulation. Die von der Strahlungsquelle maximal verarbeitbare Bitrate soll der Übertragungskapazität des Lichtwellenleiters angemessen sein. Den drei LWL-Grundtypen ensprechend sind folgende, um den Faktor 100 gestaffelte grobe Richtwerte für die maximale Bitrate zu beachten:

für Stufenprofil-LWL	etwa B = 10 Mbit/s
für Gradientenprofil-LWL	etwa B = 1 Gbit/s
für Monomode-LWL	etwa B = 100 Gbit/s.

8 Die Energieversorgung soll einfach sein: kleine Betriebsspannung, kleiner Betriebsstrom.

9 Umwelteinflüsse, wie Temperatur- und Betriebsspannungsschwankungen, sollen von geringem Einfluß sein.

10 Es muß eine hohe Zuverlässigkeit und Lebensdauer gewährleistet sein. Der Einsatz in Anlagen des Fernmeldewesens verlangt eine Lebensdauer von vielen Jahrzehnten mit Bitfehlerraten die nicht größer als 10^{-9} sein dürfen

11 Es muß Kompatibilität zum Lichtwellenleiter und zur Mikroelektronik bestehen.

Nur HL-Strahlungsquellen erfüllen derart umfangreiche und hohe Anforderungen. Sie sind zudem extrem klein und leicht, mit mikroelektronischen Technologien herstellbar und in optoelektronische Schaltungen integrierbar.

6.2 Der Halbleiter-pn-Übergang

Ausreichende Kenntnisse über Aufbau, Wirkungsweise und Eigenschaften des pn -Übergangs werden hier vorausgesetzt. In Kurzform sollen lediglich die wichtigsten Fakten zusammengestellt werden, soweit sie für das Verständnis der physikalischen Vorgänge in HL-Strahlungsquellen und HL-Strahlungsempfängern von Bedeutung sind.

In einem Halbleiter bestehen breite Energiebänder, in denen eine sehr große Anzahl elementarer Energieniveaus so dicht beieinander liegen, daß innerhalb der Bänder ein quasikontinuierliches Energiespektrum vorhanden ist. Jedes Band besteht aus soviel elementaren Energieniveaus, wie Atome im Halbleiter vorhanden sind.

Die Energiebänder werden durch Bereiche verbotener Energie getrennt. Für elektrische Leitungsvorgänge und bei Wechselwirkungsprozessen mit optischer Strahlung sind nur Valenzband (VB) und Leitungsband (LB) des Halbleiters von Bedeutung. Daher werden hier ausschließlich diese beiden Bänder betrachtet. Die Verteilung der Elektronen auf die Energiebänder des reinen undotierten Halbleiters ist von der thermischen Energie der Elektronen abhängig. Solange die thermische Energie nicht ausreicht, die verbotene Zone zu überspringen, befinden sich im Halbleiter alle Elektronen im VB, alle Energieniveaus im VB sind voll besetzt, alle Energieniveaus im LB sind unbesetzt, das LB ist leer. Reicht die thermische Energie aus, ein Elektron über die verbotene Zone ins LB zu heben, so bleibt im VB ein unbesetztes Energieniveau zurück. Dieser leere Platz im VB wird als Loch oder Defektelektron bezeichnet. Elektron im Leitungsband und Loch im Valenzband bilden ein Ladungsträgerpaar. Beide Ladungsträgertypen sind im Halbleiter frei beweglich und zur elektrischen Stromleitung geeignet. Beim Anlegen eines äußeren Feldes bewegen sich die Löcher durch Umbesetzen von Elektronen im VB in umgekehrter Richtung wie die Elektronen im LB; Löcher verhalten sich wie positiv geladene Teilchen.

Ein Energieniveau im VB oder im LB bedeutet eine Aufenthaltsmöglichkeit für ein Elektron. Ein bestimmtes Energieniveau kann mit einem Elektron besetzt sein, es kann aber auch leer sein. Eine Aussage über die Wahrscheinlichkeit, mit der ein bestimmtes Energieniveau besetzt ist, macht die Fermi-Verteilungsfunktion. Ist T die absolute Temperatur, k die Boltzmann-Konstante, W_i das Fermi-Energieniveau, so gilt für die Besetzungswahrscheinlichkeit eines beliebigen Niveaus der Energie W:

$$F(W,T) = \frac{1}{1 + \exp \dfrac{W - W_i}{kT}} \tag{6.1}$$

Bei einem undotierten Halbleiter liegt das Fermi-Niveau in der Mitte der verbotenen Zone. Bei T = 0 K wird F = 1 für $W < W_i$ und F = 0 für $W > W_i$.

F = 1 bedeutet: Alle Energieniveaus mit $W < W_i$ sind mit Sicherheit mit einem Elektron besetzt.

F = 0 bedeutet: Alle Energieniveaus mit $W > W_i$ sind mit Sicherheit leer. Am absoluten Nullpunkt befinden sich alle Elektronen im Grundzustand (VB).

Für eine sehr hohe Temperatur ($T \rightarrow \infty$) folgt $F = 1/2$. Die Besetzungswahrscheinlichkeit hat für alle Energieniveaus in Valenzband und Leitungsband den gleichen Wert $F = 1/2$, Gleichverteilung der Besetzungsdichte.

Für $0 < T < \infty$ existieren zwischen den beiden Extremwerten Übergangsfunktionen. Ein möglicher Verlauf der Übergangsfunktion für einen mittleren Temperaturwert ist in Bild 6.1 eingezeichnet. Je nach Temperatur nähert sich die Übergangsfunktion der Kurve a) oder b). Mit steigender Temperatur lockert die Verteilung der Elektronen auf. In der Umgebung von W_i ist ein allmählicher Übergang zwischen besetzten und leeren Energieniveaus vorhanden (vgl. Bild 6.1).

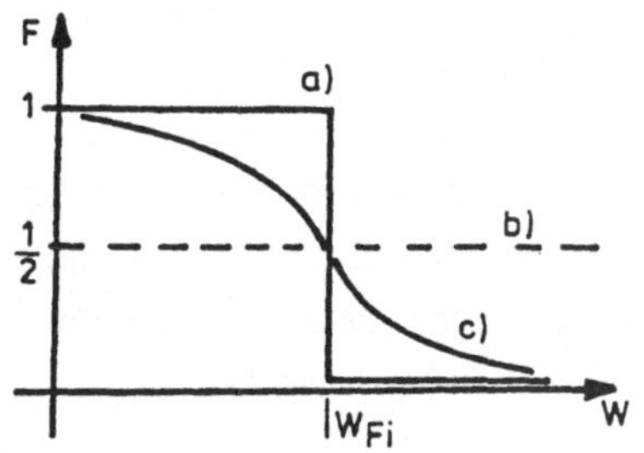

Bild 6.1
Besetzungswahrscheinlichkeit der Energieniveaus W als Funktion der Temperatur
a) Verlauf für T = 0K
b) Verlauf für $T = \infty$
c) Übergangsfunktion für $0 < T < \infty$

Zur Herstellung eines pn-Übergangs werden in das nichtleitende Halbleiter-Grundmaterial anstelle regulärer Gitteratome durch Dotierung Akzeptor- und Donatoratome eingebaut. Dazu werden Materialien verwendet, deren Energieniveaus in der verbotenen Zone des Halbleiters liegen. Das Akzeptorniveau liegt nahe am Valenzband, das Donatorniveau nahe am Leitungsband, der Abstand beträgt jeweils etwa 0,01 eV. Diese Energiedifferenz ist so gering, daß die thermische Bewegung bei Raumtemperatur (T etwa 300 K) die mit einer Energie von $W = 3/2\ kT = 0{,}04$ eV erfolgt, ausreicht um Anregungsvorgänge auszuführen.

Durch thermische Anregung nehmen Akzeptoratome Elektronen aus dem Valenzband des Halbleiters auf und bilden damit Löcher im Valenzband, es entsteht ein p-Leiter mit frei beweglichen positiven Ladungsträgern. Donatoren geben durch thermische Anregung überzählige Elektronen an das Leitungsband ab, es entsteht ein n-Leiter mit frei beweglichen negativen Ladungsträgern. Damit sind im p-Leiter frei bewegliche Löcher und fest in das Gitter eingebundene negative Akzeptorionen vorhanden, im n-Leiter dagegen frei bewegliche Elektronen und fest gebundene positive Donatorionen.
In der Grenzschicht beider Materialien erfolgt in einem schmalen Bereich ein Austausch der beweglichen Ladungsträger: Löcher aus dem p-Leiter diffundieren ins n-Gebiet und rekombinieren mit den Elektronen, ebenso wandern Elektronen des n-Leiters ins p-Gebiet und

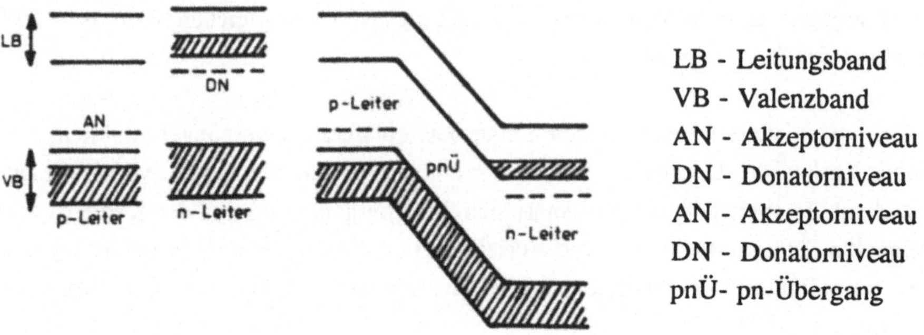

Bild 6.2 Energiebändermodell für den stromlosen pn-Übergang

rekombinieren mit den Löchern. Die Grenzschicht verarmt an beweglichen freien Ladungsträgern. Die fest im Kristallgitter verankerten Akzeptor- und Donatorionen bilden eine Raumladungszone (RLZ). Das damit verbundene elektrische Feld führt in der Raumladungszone zu einer Potentialbarriere, die ein Überfließen weiterer Ladungsträger verhindert.

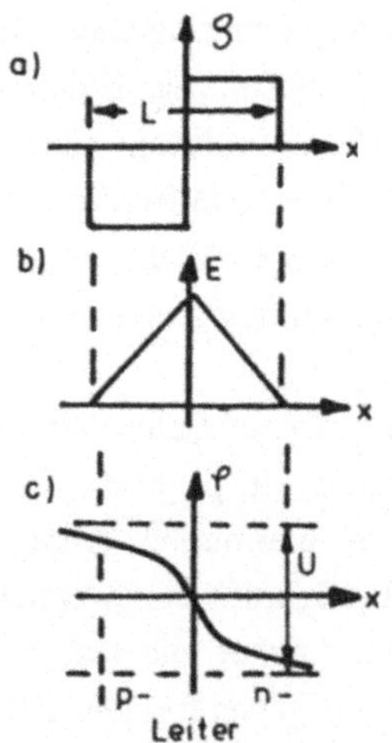

Bild 6.3
Wichtige physikalische Größen für den stromlosen idealen pn-Übergang

a) Verlauf der durch Akzeptor- und Donatorionen gebildeten Raumladung
b) linearer Feldstärkeverlauf als Folge der konstanten Raumladung
c) Potentialverlauf

Dieser schmale Bereich der Raumladungszone im Grenzgebiet beider Leitertypen wird als pn-Übergang bezeichnet. Die besonderen physikalischen Eigenschaften des pn-Übergangs sind aus den Bilder 6.2 und 6.3 abzulesen. Die Breite der Raumladungszone wird durch den Dotierungsgrad festgelegt, sie beträgt im stromlosen Zustand etwa 0,5 μm. Durch Anlegen einer äußeren elektrischen Spannung (Diodenspannung) kann die Breite der Raumladungszone nachträglich verändert werden.

Bei Polung in Durchlaßrichtung (+Pol am p-Leiter) wird die Breite der Raumladungszone kleiner, die Potentialbarriere wird geringer, es können Ladungsträger aus beiden Richtungen in den pn-Übergang einfließen, sie rekombinieren unter Aussendung von Lichtquanten. Das ist das Grundprinzip der HL-Strahlungsquelle.

Bei Polung in Sperrichtung (+Pol am n-Leiter) wird die Raumladungszone breiter, die Potentialbarriere wächst, es entsteht ein vergleichsweise großes Raumgebiet um den pn-Übergang mit einer hohen elektrischen Feldstärke. In diesem Bereich hoher Feldstärke erfolgt bei Absorption eingestrahlter Lichtquanten die Trennung der generierten Ladungsträgerpaare (LTP) mit Photostrombildung. Das ist die Wirkungsweise des HL-Strahlungsempfängers.

Der pn-Übergang ist damit das entscheidende Grundelement sowohl von HL-Strahlungsquellen (LED, LD) als auch von HL-Strahlungsempfängern (pin-FD, APD). Der Bereich der Raumladungszone ist die aktive Zone, in der sich der Energieaustausch zwischen Ladungsträgern und Lichtquanten vollzieht. Vom Prinzip her ist die Polung der Betriebsspannung entscheidend. Eine Strahlungsquelle erfordert den Betrieb in Durchlaßrichtung, ein Strahlungsempfänger den Betrieb in Sperrichtung. Durch eine, auf den vorgesehenen Verwendungszweck orientierte, zielgerichtete Entwicklung ist die Diode so aufzubauen, daß jeweils optimale Eigenschaften entstehen. Das hat für Emitter und Receiver wesentlich unterschiedliche Strukturen um den pn-Übergang zu Folge.

6.3 Absorptions- und Emissionsprozesse in Halbleitern

Bei Wechselwirkung von optischer Strahlung mit den Energiebändern eines Halbleiters sind drei Prozesse möglich (Bild 6.4):

- Absorption eines Lichtquanten unter Bildung eines Ladungsträgerpaares. Dieser Vorgang ist nur möglich, wenn die Quantenenergie groß genug ist, um ein Elektron aus dem Valenzband über die verbotene Zone ins Leitungsband zu heben: $W_F \geq W_g$. Die Photonenabsorption ist der Prozeß, auf dem die Wirkungsweise der Photodiode beruht.
- Spontane Emission eines Lichtquants, indem ein im Leitungsband befindliches angeregtes Elektron mit einem Loch im Valenzband rekombiniert. Dabei ist $W_F = W_g$. Dieser Prozeß erfolgt ohne äußere Einwirkung innerhalb der mittleren Lebensdauer τ des angeregten Zustandes. Das ist der Vorgang, auf dem die Wirkungsweise der LED beruht.
- Stimulierte Emission eines Lichtquants durch äußere Einwirkung eines optischen Strahlungsfeldes. Der Emissionsprozeß wird dadurch zu einem wesentlich früheren Zeitpunkt ($t \ll \tau$) herbeigeführt. Die stimulierte Emission ist der Prozeß, auf dem die Wirkungsweise der Laserdiode beruht.

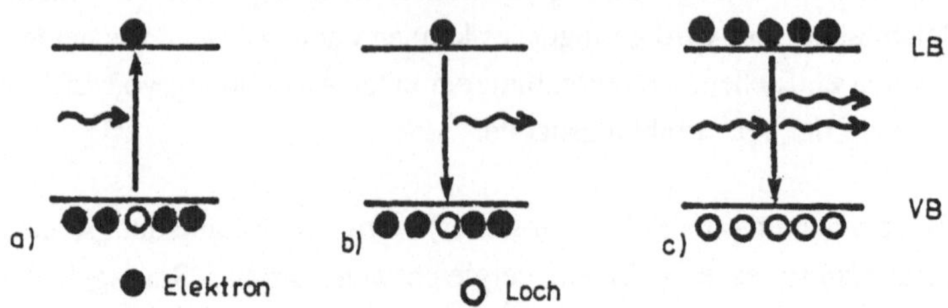

Bild 6.4 Wechselwirkung zwischen Licht und Halbleiter
a) Absorption, b) spontane Emission, c) stimulierte Emission bei Besetzungsinversion der Energiebänder

Die stimulierte Rekombination erfolgt nur, wenn die Energie der induzierenden Lichtquanten gleich der Energie des Bandabstandes ist. Das auslösende Lichtquant wird dabei nicht absorbiert oder anderweitig beeinflußt, so daß durch den Vorgang der stimulierten Emission die Anzahl der Lichtquanten erhöht wird, also eine Verstärkung der optischen Strahlung erfolgt. Frequenz, Phase, Polarisation und Ausbreitungsrichtung der emittierten Lichtquanten sind in Übereinstimmung mit den stimulierenden Lichtquanten, die Strahlung ist kohärent.

Ein optisches Strahlungsfeld kann durch einen Halbleiter gedämpft werden, indem Lichtquanten absorbiert und Ladungsträgerpaare generiert werden. Es kann aber auch eine Verstärkung erfolgen, indem Lichtquanten stimulierte Rekombinationen auslösen und damit zusätzlich Photonen gleicher Frequenz und Ausbreitungsrichtung freisetzen. Die Wahrscheinlichkeit für beide Vorgänge ist gleich groß, es erfolgt der Vorgang, für den die notwendigen Voraussetzungen in den Besetzungszahlen der Energiebänder erfüllt sind. Im thermischen Gleichgewicht befinden sich die meisten Elektronen im Valenzband, ein eingestrahltes Photon wird absorbiert. Soll die stimulierte Emission überwiegen, so muß die Normalverteilung gestört und eine Besetzungsinversion der Energiebänder nach Bild 6.4 c) aufgebaut werden.

6.4 Anregung und Rekombination in Halbleitern

6.4.1 Erzeugung von Ladungsträgerpaaren in Halbleitern

Notwendige Voraussetzung der Ladungsträger-Rekombination ist die Bildung von Ladungsträgerpaaren in den Energiebändern. In Halbleitern sind folgende Anregungsverfahren geeignet:

- Optische Anregung: Generation von Ladungsträgerpaaren durch Absorption von Lichtquanten geeigneter Energie mit $W_F \geq W_g$. Erfolgt in der Photodiode.
- Elektronenstrahlanregung: Ein Strahl beschleunigter Elektronen wird auf den Halbleiter gerichtet. Dabei erfolgt die Bildung von Ladungsträgerpaaren durch Stoßionisation, kinetische Energie der Elektronen wird zur Anregungsenergie: $W_k \geq W_g$.
- Feldstärkeanregung:Hohe elektrische Feldstärkeimpulse bewirken Ionisationsvorgänge durch Gitterschwingungen oder Stoßprozesse mit freien Leitungselektronen.
- Injektionsanregung: Aufbau einer Besetzungsinversion im pn-Übergang des Halbleiters durch Injektion von Ladungsträgerpaaren mittels Diodenstrom. Durch den Diodenstrom werden Löcher über den p-Leiter und Elektronen über den n-Leiter in den pn-Übergang geführt.

Die Anregung von Halbleiter-Strahlungsquellen zur optischen Signalübertragung erfolgt ausschließlich durch den Diodenstrom. Die Injektionsanregung ist einfach in der Anwendung und zudem auch zur Modulation der Quelle mit den binär kodierten Signalen bis zu extrem hohen Bitraten geeignet.

6.4.2 Direkte und indirekte Halbleiter

Die Erzeugung der optischen Strahlung in einem Halbleiter durch Rekombination der Ladungsträgerpaare erfordert Übergänge, bei denen die Energiedifferenz vollständig in Strahlungsenergie der Lichtquanten umgewandelt wird (strahlende Rekombination). Das ist nur bei direkten Halbleitern der Fall. Bei indirekten Halbleitern erfolgen strahlungslose Rekombinationsprozesse, die Energie W_g wird teilweise oder vollständig in Wärmeenergie umgewandelt (thermische Rekombination).

Ob in einem Halbleiter direkte oder indirekte Übergänge auftreten, strahlende oder thermische Rekombination erfolgt, hängt von dessen Bandstruktur ab, also vom Zusammenhang zwischen den erlaubten Energiezuständen und dem Impuls der Elektronen. Elektronen und Löcher bewegen sich im Halbleiter wie Teilchen mit der Masse m. Sie haben also nicht nur Energie, sondern auch einen definierten Impuls. Bei Anregung und Rekombination sind der Energiesatz und der Impulssatz zu erfüllen, neben der Energie muß auch der Impuls der Teilchen erhalten bleiben.
Im Halbleiter mit direktem Übergang (direkte Halbleiter) haben Elektronen in der unteren Leitungsbandkante etwa den gleichen Impuls wie Elektronen an der oberen Valenzbandkante (Bild 6.5 a). Bei der Rekombination ist die Impulsänderung Null. Die Energiedifferenz wird unter Photonenemission vollständig in Strahlungsenergie umgewandelt: $W_g = W_F = hf$ (strahlende Rekombination).

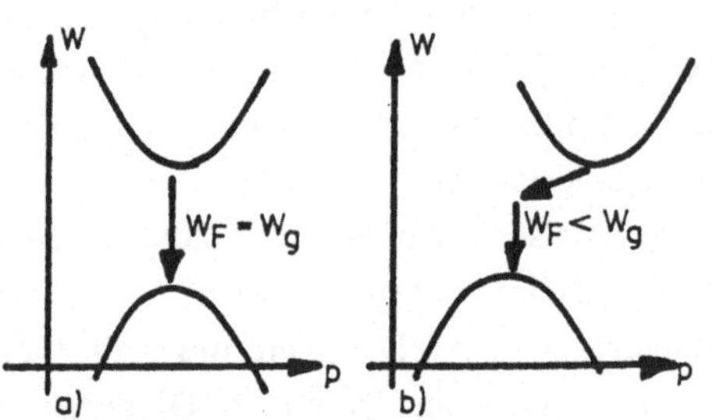

Bild 6.5
Ladungsträger-Rekombination im Impuls-Energie-Diagramm
a) direkter Übergang bei konstantem Impuls mit strahlender Rekombination
b) indirekter Übergang mit Impulsänderung und teilweise thermischer Rekombination

In Halbleitern mit indirektem Übergang (indirekte Halbleiter) haben Elektronen an der Leitungsband- und Valenzbandkante wesentlich unterschiedliche Impulse (Bild 3.5 b). Bei Absorption und Emission von Lichtquanten (Generation und Rekombination von Ladungsträgerpaaren) sind der Energiesatz und der Impulssatz zu erfüllen. Die Impulsdifferenz muß bei diesen Vorgängen vom Kristallgitter aufgenommen oder abgegeben werden. Das erfolgt mit Hilfe von Phononen (Gitterschwingungsquanten) in einem strahlungslosen Vorgang (thermische Rekombination). Die Restenergie wird mit einem Lichtquanten abgestrahlt, so daß für diesen Vorgang $W_F < W_g$ ist.

Indirekte Übergänge haben mehrere nachteilige Auswirkungen: Sie senken den Wirkungsgrad, erhöhen die spektrale Bandbreite (infolge $W_F < W_g$) und vermindern die erreichbare maximale Bitrate. Einige Beispiele für indirekte Halbleiter: Si, Ge, GaP, AlAs, AlSb.

6.4.3 Rekombinationsprozesse in Halbleiter-Strahlungsquellen

Rekombinationsprozesse verlaufen in vielfältiger Weise. Die Ladungsträger verweilen nur kurzzeitig im angeregten Zustand. Nach unterschiedlich langen, statistisch verteilten Zeiten kehren sie nach einer vom Material abhängigen mittleren Verweildauer τ (Lebensdauer) unter Energieabgabe in den Grundzustand zurück. Ebenso wie in Gasen und Festkörpern können auch in angeregten Halbleiter-Materialien sowohl strahlende als auch nichtstrahlende Übergänge erfolgen. Die Art des in einem Halbleiter erfolgenden Übergangs ist abhängig von dessen Bandstruktur (direkt oder indirekt) sowie von Art und Konzentration stets vorhandener Störstellen im Kristallaufbau sowie bei Mehrschichtsystemen von der Gitteranpassung. Im Bild 6.6 sind die dabei möglichen verschiedenartigen Rückkehrvorgänge dargestellt.

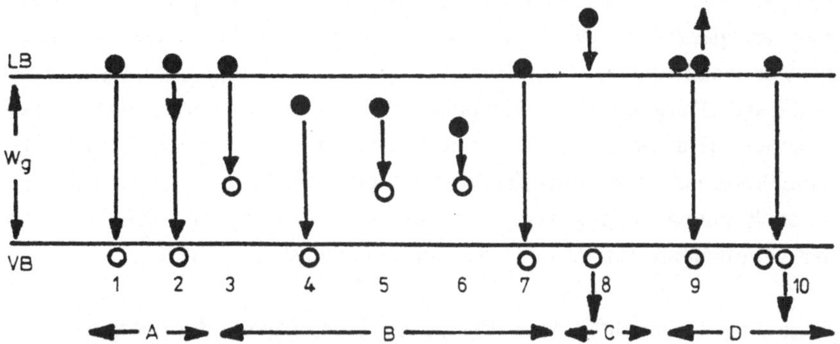

Bild 6.6 Verschiedenartige Rekombinationsprozesse in Halbleitern

Die in diesem Bild angegebenen Vorgänge sind mit gleicher Numerierung nachfolgend aufgelistet und beschrieben. 10 verschiedene Vorgänge gehören 4 Gruppen an.

A Band-Band-Übergänge:

1 direkte Rekombination von Elektronen aus dem Leitungsband mit Löchern aus dem Valenzband

2 indirekte Rekombination unter Beteiligung von Phononen oder Exitonen

B Übergänge unter Beteiligung von Störstellen:

3 Leitungsband-Akzeptor-Übergänge

4 Donator-Valenzband-Übergänge

5 Donator-Akzeptor-Übergänge

6 Übergänge zwischen Störstellen unter Exitonenbildung

7 Multiphononen- oder Phononenkaskaden-Übergänge ohne Abgabe von Strahlungsenergie

C Intraband-Übergänge:

8 Elektronen-Übergänge innerhalb des Leitungs- oder Valenzbandes als Folge von Stoßprozessen; sie verlaufen ohne Abgabe von Strahlungsenergie und gehören nicht zu den Rekombinatsprozessen

D Auger-Prozesse:

9 und 10: Strahlungslose Umwandlung der Energie des angeregten Elektrons in Wärmeenergie durch Stöße mit dem Gitter; ist in indirekten Halbleitern der häufigste Rekombinatsprozeß und wegen des Impulserhaltungssatzes mit der Bildung von Phononen oder Exitonen verbunden.

Die Übergänge 1 bis 5 verlaufen unter Aussendung von Lichtquanten, die Energie der Lichtquanten ist gleich der Differenz von Ausgangs- und Endniveau des strahlenden Übergangs. Der maximal mögliche Energiebetrag wird bei Vorgang 1 abgegeben. Dieser direkte Band-Band-Übergang ist der Hauptmechanismus der Lichterzeugung in Halbleiter-Strahlungsquellen (Hauptprozeß, Fundamentalprozeß). Alle anderen Vorgänge sind unerwünschte Störeffekte. Sie senken den Wirkungsgrad, vergrößern die spektrale Bandbreite der emittierten Strahlung, verlängern die Reaktionszeit bei der Impulsmodulation, vermindern die maximal verarbeitbare Bitrate und sind daher möglichst zu vermeiden.

Die Vorgänge 7 bis 10 verlaufen ohne Abgabe von Lichtquanten, die Energie der Ladungsträger wird in Wärmeenergie umgewandelt (thermische Rekombination).

Exitonen sind eine spezielle, in Halbleitern auftretende Elektron-Loch-Kombination; ähnlich dem Wasserstoff-Atommodell kreist ein Elektron um ein Loch, Bahnradius etwa 15 nm. Die Ladungsträger werden durch die Coulomb-Anziehung zusammengehalten, Bindungsenergie einige meV. Exitonen können bei der Anregung und bei der Rekombination von Ladungsträgern entstehen, ihre Existenz ist spektroskopisch nachweisbar. Sie können frei oder gebunden auftreten. Freie Exitonen sind in hochreinen Halbleitern anzutreffen, sie sind im Kristallgitter als Paar mit geringer Geschwindigkeit frei beweglich (transportierte Nettoladung Null). Bei gebundenen Exitonen wird ein Elektron oder ein Loch von einer Störstelle festgehalten, der Partner rotiert um das feste Zentrum. Da gebundene Exitonen keine kinetische Energie besitzen, sind sie spektroskopisch von den freien Exitonen durch die wessentlich schmalere Resonanzkurve im Emissionsspektrum zu unterscheiden.

6.5 Materialien für Halbleiter-Strahlungsquellen

Materialien für Halbleiter-Strahlungsquellen, die zur optischen Signalübertragung vorgesehen sind, haben drei Grundbedingungen zu erfüllen:

- Dem Wellenlängenbereich des SiO_2-Lichtwellenleiters von (0,8 ...1,8) μm entsprechend, muß der Bandabstand gemäß $W_g = hc/\lambda$ im Intervall (0,7 ...1,6) eV liegen.
- Es müssen direkte Band-Band-Übergänge ohne Impulsänderung erfolgen, die Energiedifferenz soll vollständig in elektromagnetische Strahlungsenergie eines emittierten Fotons umgewandelt werden, damit die Bandbreite der Strahlung möglichst klein wird.
- Materialien, die in Mehrschichtsystemen zu einer Diode verarbeitet werden, müssen gleiche Gitterkonstante und gleichen Ausdehnungskoeffizienten aufweisen.

Materialbasis für Halbleiter-Strahlungsquellen im Intervall (0,8 ... 1,8) μm sind aus Elementen der 3. und 5. Gruppe des Periodensystems gebildete binäre A_3B_5-Verbindungen. Die wichtigsten Vertreter dieser Gruppe sind im Bild 3.7 zusammengestellt. Von den dort angegebenen Verbindungen liefern nur InP und GaAs im gewünschten Intervall liegende Wellenlängen von 920 nm und 867 nm. Diese Wellenlängen gelten für das reine Grundmaterial. Durch Dotierung mit geeigneten Stoffen kann der Bandabstand verändert und die emittierte Wellenlänge nach beiden Richtungen in geringen Grenzen verschoben werden.

A3 B5	P	As	Sb
Al	AlP 2,45 400 546,2	AlAs ind 2,14 580 566,1	AlSb ind 1,62 765 613,5
Ga	GaP ind 2,26 548 544,9	GaAs 1,43 867 564,2	GaSb 0,70 1770 609,4
In	InP 1,35 920 586,8	InAs 0,356 3480 605,8	InSb 0,180 6890 647,8

Bild 6.7 Aktuelle A_3B_5-Binärverbindungen als Materialbasis für Halbleiter-Strahlungsquellen (ind = indirekte Halbleiter).
Unter dem chemischen Symbol stehen: Bandabstand in eV, Wellenlänge in nm, Gitterkonstante in pm.

Günstiger verhalten sich aus den Binärverbindungen gebildete ternäre und quaternäre Mischkristalle. Der Bandabstand dieser Mischkristalle ist innerhalb der durch die Komponenten gegebenen Grenzen durch Wahl des Mischungsverhältnisses lückenlos einstellbar. Einen anschaulichen Überblick über diesen Sachverhalt liefert Bild 6.8. Die Eckpunkte sind binäre

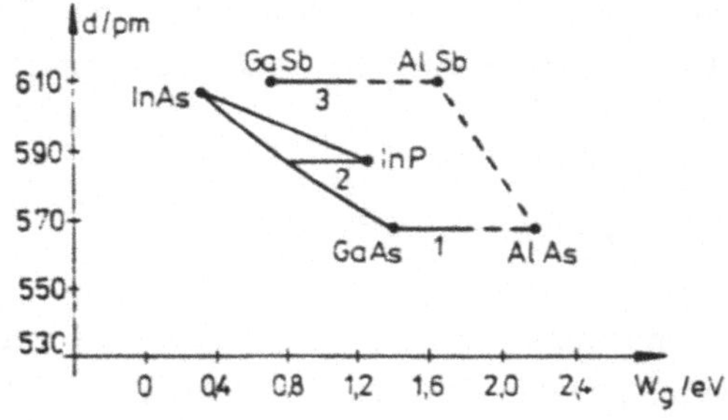

Bild 6.8
Gitterkonstante d und Energiebandlücke W für aktuelle A_3B_5-Mischkristalle

——— direkte HL
- - - - - indirekte HL

Verbindungen, die zwischen den Binärverbindungen ausgezogenen Linien entsprechen den ternären Mischkristallen. Punkte in der Fläche können durch quaternäre Mischkristalle mit definiertem Mischungsverhältnis erreicht werden.

Die möglichen Kombinationen werden jedoch durch die Forderung nach Gitteranpassung und direkter Rekombination stark eingeschränkt. Gitteranpassung bedeutet, daß nur Mischungen aus Komponenten mit übereinstimmender Gitterkonstante erlaubt sind. Diese liegen in Bild 6.8 auf horizontalen Geraden. Zum Beispiel wäre mit einer Mischung aus InP und InAs ein Wellenlängenintervall von (0,9 ...3,4) μm erreichbar, jedoch ist dieses System infolge Gitterfehlanpassung unbrauchbar (nichtstrahlende Übergänge, instabil, geringe Lebensdauer).

Zur Herstellung von Halbleiterstrahlungsquellen für die optische Signalübertragung mit SiO_2-Lichtwellenleitern haben sich in der Praxis drei Mischkristallsysteme als besonders geeignet erwiesen (siehe die Linien 1, 2, und 3 in Bild 3.8.):

1	(Al,Ga)As	für λ = (0,67... 0,87) μm
2	(In,Ga)(As,P)	für λ = (0,9 ... 1,6) μm
3	(Al,Ga) Sb	für λ = (1,5 ... 1,8) μm

In Bild 6.8 sind diese Systeme durch den nahezu horizontalen Verlauf der Verbindungsgeraden zwischen den Komponenten ausgezeichnet, die Bedingung für Gitteranpassung ist hinreichend erfüllt. Jedoch sind AlGaAs und AlGaSb rechts beginnend über einen großen Bereich zunächst indirekte Halbleiter (punktiert). Sie gehen dann aber in die direkte Form über, die einen Einsatz als Strahlungsquelle ermöglicht. Im Einzelnen gilt für diese drei Materialkombinationen:

1 **Das ternäre System (Al,Ga)As** ist für den kurzwelligen Bereich des Lichtwellenleiters um 850 nm geeignet. Als Substrat zum Aufbau der Schichten wird GaAs verwendet, Gitterkonstante d = 564,2 pm. Dieser Wert ist auch von den weiteren, zum Aufbau der Diode eingesetzten Mischkristallen möglichst gut einzuhalten. In der folgenden Materialangabe bedeutet x den Mischungsfaktor, der die Materialzusammensetzung angibt:

$$(Al_xGa_{1-x})As = x \text{ Anteile AlAs} + (1 - x) \text{ Anteile GaAs}$$

Der Bandabstand des Mischkristalls innerhalb der durch GaAs und AlAs gegebenen Grenzen W_g = (1,43 ...2,14) eV wird durch die Wahl des Mischungsfaktors festgelegt.

Es sollen zunächst die binären Komponenten betrachtet werden. AlAs hat einen Bandabstand von 2,14 eV, dem entspricht eine Emissionswellenlänge von 580 nm. Jedoch ist AlAs ein indirekter Halbleiter, also wegen nichtstrahlender Rekombinationen als Strahlungsquelle ungeeignet. GaAs mit einem Bandabstand von 1,43 eV kann eine Wellenlänge von rund 870 nm emittieren. W_g ist jedoch abhängig von Art und Stärke der Dotierung, daher sind geringe Abweichungen möglich. Mit geeigneter Dotierung (z.B. Si) ist eine kontinuierliche Verschiebung bis 950 nm erreichbar.

Die Mischung beider Komponenten ergibt die in Bild 3.8 unten dargestellte horizontale Gerade. Der Mischkristall ist von GaAs ausgehend zunächst direkt, er wird auf halbem Wege zum AlAs indirekt. Der direkte, als Strahlungsquelle brauchbare Bereich wird mit $x = 0 \ldots 0{,}45$ erfaßt; es sind Wellenlängen im Intervall $\lambda = (670 \ldots 870)$ nm einstellbar. Die kurzwellige Grenze von 670 nm erfordert einen AlAs-Anteil von 45 %. Für $x > 0{,}45$ erfolgen zunehmend indirekte Übergänge, das System ist dann als Strahlungsquelle ungeeignet. Für Lichtwellenleiter-Übertragungssysteme um 850 nm wird x im Intervall $x = 0{,}05$ gewählt, GaAs wird nur bis zu 5 % mit AlAs angereichert. Die Zusammensetzung $(Al_{0,05}Ga_{0,95})$ As emittiert eine Wellenlänge von 850nm.

2 **Das quaternäre Materialsystem $(In_x\ Ga_{1-x})\ (As_y\ P_{1-y})$** liefert mit $y = 0 \ldots 1$ einen durch Mischung einstellbaren Bandabstand von $(0{,}73 \ldots 1{,}38)$ eV und damit eine Emissionswellenlänge im Intervall $(0{,}9 \ldots 1{,}7)$ μm. Dabei ist $x = 0{,}43\ y$ als Bedingung für die Gitteranpassung zu wählen. Als Basis zum epitaktischen Aufbau der Schichten wird ein Substrat aus InP gewählt, Gitterkonstante $d = 586{,}8$ pm. Mit der für x angegebenen Bedingung zur Gitteranpassung wird dieser Mischkristall im Bild 6.8 durch die von InP ausgehende horizontale Gerade dargestellt. Die Wellenlängen für Nulldispersionen und Dämpfungsminimum sind mit folgenden Zusammensetzungen erreichbar:

$(In_{0,57}\ Ga_{0,43})(As_{0,73}\ P_{0,27})$ emittiert $\lambda = 1{,}3$ μm
$(In_{0,62}\ Ga_{0,38})(As_{0,82}\ P_{0,18})$ emittiert $\lambda = 1{,}55$ μm.

Mit diesem Mischkristall steht ein Material zur Verfügung, mit dem im mittleren Bereich des SiO_2-Lichtwellenleiters optische Strahlungsquellen mit guten Eigenschaften gebaut werden können. Ein wichtiger Unterschied des Materialsystems InGaAsP gegenüber AlGaAs besteht in der etwa um den Faktor 3 größeren spektralen Bandbreite von $(100 \ldots 150)$ nm sowie in einer deutlich stärkeren Abhängigkeit der Emission von der Temperatur.

3 **Der Mischkristall (Al,Ga)Sb** strahlt an der langwelligen Grenze des Lichtwellenleiters und hat ähnliche Eigenschaften wie (Al,Ga)As. Bei hohem GaSb-Anteil erfolgen die Übergänge direkt, bei hohem AlSb-Anteil überwiegen strahlungslose Rekombinationsprozesse. Die Verbindungsgerade verläuft nahezu horizontal, die Gitteranpassung ist gut. Im direkten Bereich kann durch Wahl der Mischung eine Wellenlänge im Intervall (1,5 ... 1,8) μm erreicht werden.

Mit diesen Materialien werden sowohl Lumineszensdioden als auch Laserdioden aufgebaut. Sie werden zudem auch als Detektormaterial eingesetzt, wobei für den letzteren Fall weitere, auch indirekte Halbleiter, Verwendung finden.

6.6 Funktionsprinzip der Lumineszenzdiode

Das Grundelement der Funktion sowohl von LED als auch von LD ist der Halbleiter-pn-Übergang, ein schmaler Bereich mit besonderen physikalischen Eigenschaften im Grenzgebiet von p- und n-Leiter. Im stromlosen Zustand führt die unterschiedliche Ladungsverteilung der Dotierungsionen im p- und n-Leiter am pn-Übergang zu einer Raumladungszone mit Potentialbarriere, die eine Diffusion von Ladungsträgern in die jeweils andere Zone und damit ihre Rekombination verhindert. Beim Anlegen einer Spannung in Durchlaßrichtung wird die Potentialbarriere abgebaut, Elektronen und Löcher werden durch den Diodenstrom in den pn-Übergang gebracht. Die Löcher werden über den p-Leiter, die Elektronen über den n-Leiter in den pn-Übergang injiziert. Damit wird im pn-Übergang die zur Rekombination erforderliche Besetzungsinversion aufgebaut. Im Bereich des pn-Übergangs herrscht im Leitungsband eine hohe Elektronenkonzentration, im Valenzband eine hohe Löcherkonzentration. Beide Ladungsträgerarten sind im pn-Übergang gleichzeitig anwesend, sie rekombinieren innerhalb ihrer mittleren Lebensdauer von etwa 1 ns. Bei jedem dieser Elementarprozesse wird ein Lichtquant abgestrahlt. Die Energie der Lichtquanten ist gleich der Energie des Bandabstandes:

$$W_g = W_F = hf = \frac{hc}{\lambda} \tag{6.2}$$

Damit sind Frequenz und Wellenlänge der emittierten Photonen berechenbar:

$$f = \frac{W_g}{h} \qquad \lambda = \frac{h\,c}{W_g} \tag{6.3}$$

Aus diesen Größengleichungen sind leicht für die Anwendung in der Praxis besonders geeignete und schnell auswertbare zugeschnittene Größengleichungen herzuleiten, die vor allem auch die in der Halbleiter-Physik übliche Energieeinheit eV enthalten:

$$\frac{f}{Hz} = 2{,}42 \cdot 10^{14} \frac{W_g}{eV} \qquad \frac{\lambda}{\mu m} = \frac{1{,}24}{W_g/eV} \tag{6.4}$$

Ein solcher, als Strahlungsquelle wirkender einfacher pn-Übergang wird als LED bezeichnet (Licht emittierende Diode, Lumineszensdiode). Den prinzipielle Aufbau der LED sowie den ortsabhängige Verlauf der Energiebänder zeigt Bild 6.9. Im Energiebändermodell ist die im pn-Übergang bestehende Besetzungsinversion sowie die Rekombination der Ladungsträger (Pfeile) eingezeichnet. Die Rekombination erfolgt in einem Raumgebiet um die pn-Grenzfläche, das in transversaler Richtung (senkrecht zur Grenzfläche) durch die Diffusionslänge der Ladungsträger definiert ist.

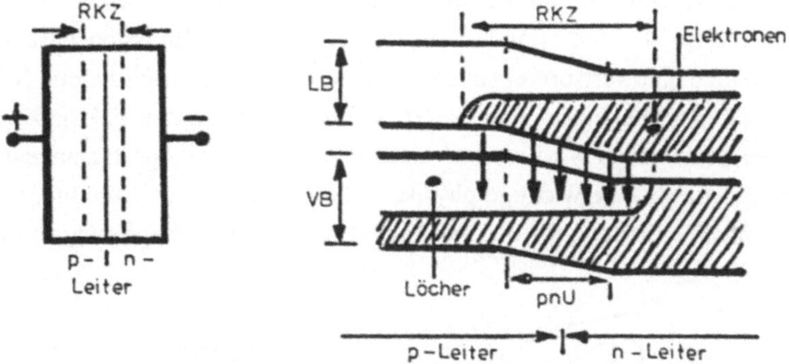

Bild 6.9 Einfacher pn-Übergang als Strahlungsquelle mit Bändermodell und eingezeichneten Rekombinationsprozessen. RKZ - Rekombinatonszone

Die einzelnen spontanen Rekombinations-Prozesse verlaufen unabhängig voneinander nach statistischen Zufallsprozessen. Daher ist auch die Phasenlage der einzelnen Photonen zufällig, ebenso Polarisation (Richtung des E-Vektors der Photonenwelle) und Ausbreitungsrichtung. Die einzelnen Lichtquanten werden aus der aktiven Zone beim Rekombinationsprozeß willkürlich, nach allen Seiten rundum in den Raum abgestrahlt. Die Strahlung der LED ist inkohärent und ungerichtet.

Die optische Ausgangsleistung der Diode wird über die Ladungsträger-Injektion durch den Diodenstrom gesteuert. Der Zusammenhang beider Größen wird im P,I-Diagramm dargestellt

(Bild 6.10). Der Verlauf der Strom-Leistungs-Kennlinie ist linear, sofern die Temperatur konstant bleibt. Ein vielfach zu beobachtender nichtlinearer Kennlinienverlauf, in dem bei höherem Diodenstrom die Kurve nach unten gekrümmt erscheint, ist ein Indiz für ungelöste thermische Probleme. Der Rekombinationswirkungsgrad ist temperaturabhängig, mit steigender Temperatur wächst der Anteil nichtstrahlender Rekombinationsprozesse, die Ausgangsleistung sinkt.

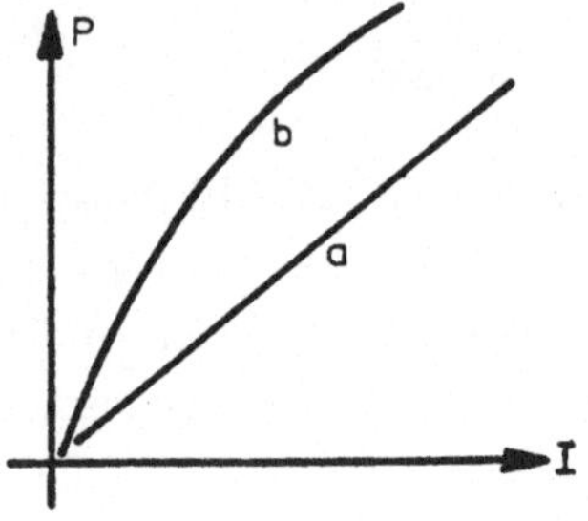

Bild 6.10
P,I-Kennlinie der LED.
Die Kennlinie beginnt, geradlinig verlaufend, im Nullpunkt. Bei höheren Leistungen ist mit zunehmender Erwärmung ein krummliniger Verlauf nach Kurve b zu beobachten.

LED sind in zwei verschiedenen Ausführungsformen üblich, als Flächenstrahler und als Kantenstrahler. Ein wesentlicher physikalischer Unterschied beider Typen besteht in der Strahlungscharakteristik, die den winkelabhängigen Verlauf der Emission beschreibt. Ein Maß dafür sind Winkelhalbwertsbreite (Intensitätsabfall um 50 % nach beiden Seiten) und Divergenzwinkel (Winkel nur nach einer Seite). Beide sind durch den Faktor 2 verknüpft. Anstelle des Divergenzwinkels wird vielfach auch die numerische Apertur angegeben. Die Strahlungscharakteristik ist eine wichtige physikalische Größe für eine Strahlungsquelle, sie ist von entscheidender Bedeutung für den Wirkungsgrad der Lichteinspeisung in die Faser.

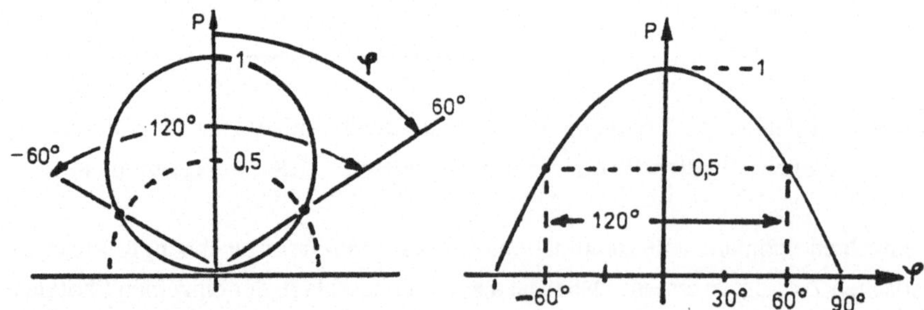

Bild 6.11 Strahlungscharakteristik des Lambert-Strahlers in Polarkoordinaten und in rechtwinkligen Koordinaten

Strahlungsdiagramme können in zwei verschiedenen Koordinatensystemen dargestellt werden: im Polarkoordinatensystem und im rechtwinkligen Koordinatensystem. Zum Vergleich sind beide in Bild 6.11 angeführt.

6.7 Ausführungsformen von LED

6.7.1 Flächenstrahler-LED für 850 nm

Beim Flächenstrahler wird die Ausgangsleistung der Diode senkrecht zur Fläche des pn-Übergangs emittiert. Der Prinzipaufbau einer derartigen LED mit dem ternären Mischkristall (Al,Ga)As für den 850-nm-Bereich ist aus Bild 6.12 zu ersehen. Auf n-leitendem GaAs-Substrat sind zur Verbesserung der physikalischen Eigenschaften der LED die angegebenen Schichten in Doppelheterostruktur (DHS)-Folge aufgebracht. Sie ermöglichen eine Anhebung des Wirkungsgrades und eine Senkung des Diodenstromes durch räumliche Konzentration von Ladungsträger und Lichtquant. Eigenschaften und Wirkungen der DHS-Schichten werden in Abschnitt 6.11 ausführlich beschrieben.

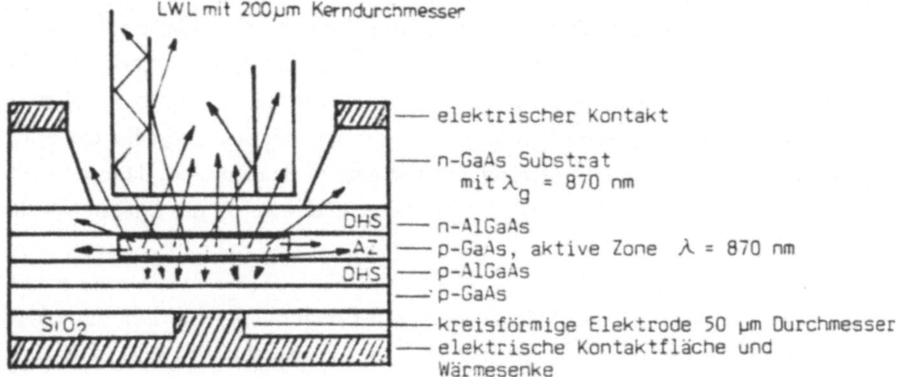

Bild 6.12 Aufbau einer Flächenstrahler-LED in DHS-Schichtenfolge mit dem Materialsystem AlGaAs/GaAs für 850 nm

Die aktive Zone liegt in der p-GaAs-Schicht. Durch den Bandabstand dieses Materials und die große Breite der Halbleiter-Energiebänder bedingt, wird eine Wellenlänge von etwa 870 nm mit einer spektralen Bandbreite von 30 ...50 nm emittiert.

Eine Verschiebung zu längeren Wellen ist durch Dotierung der aktiven GaAs-Schicht mit Si bis etwa 950 nm erreichbar. Eine Verschiebung zu kürzeren Wellenlängen bis 670 nm erfolgt durch Beimischung von AlAs auch in der aktiven Schicht. Die Bedingung für eine Emissionswellenlänge λ = 850 nm lautet:

$$(Al_{0,05}\,Ga_{0,95})As = 5\ \%\ AlAs + 95\ \%\ GaAs$$

Bei Abstrahlung des Rekombinationslichtes durch das GaAs-Substrat würde eine starke Photonen-Reabsorption auftreten, da gleicher Bandabstand vorliegt. Daher wird in das Substrat bis zur n-AlGaAs-Schicht ein kegelförmiges Fenster geätzt, die Abmessungen sind dem Durchmesser des Lichtwellenleiters angepaßt. Mit Epoxydharz wird die optimale

Stellung des Lichtwellenleiters fixiert. Die Brechzahl des Klebers soll so sein, daß gleichzeitig die Reflexionsverluste an Diodenausgangsfläche und Lichtwellenleiter-Stirnfläche reduziert werden (Imersionssystem). Diese Bedingung ist für Epoxydharz mit n = 1,5 zwar nicht gut, aber doch ausreichend erfüllt. Die Form der strahlenden Fläche (aktive Zone) ist den Querschnittsabmessungen des Lichtwellenleiters anzupassen. Sie soll kreisförmig sein mit einem Durchmesser, der nur etwa halb so groß ist wie der Lichtwellenleiter-Kerndurchmesser. Die gewünschte Begrenzung der strahlenden Fläche erfolgt durch gezielte Führung des Injektionsstromes in der Diode. Dazu wird die Elektrode an der Diodenunterseite durch Oxidisolation der Randbereiche kreisförmig ausgebildet mit einem Durchmesser von (10 ...50) μm. Der von dieser kreisförmigen Elektrode ausgehende Diodenstrom konzentriert die Ladungsträger auf den gewünschten Bereich der aktiven Schicht. Durch die seitlich aufspreizenden Stromlinien wird in der aktiven Schicht eine Kreisfläche von (50 ...100) μm Durchmesser aktiviert.In dem eng begrenzten Bereich dieser Kreisfläche erfolgen Inversion und Rekombination der Ladungsträger in hoher räumlicher Konzentration. Die Photonen entstehen unmittelbar gegenüber der Lichtwellenleiter-Stirnfläche. In der zwischenliegenden n-GaAlAs-Heteroschicht ist keine Photonen-Reabsorption möglich. Diese Schicht erhält durch Wahl der Mischkristallzusammensetzung einen so großen Bandabstand, daß sie für Photonen aus der aktiven Schicht transparent ist, im gegebenen Fall mit 850 nm Emissionswellenlänge für $\lambda > 750$ nm.

Die Strahlungscharakteristik des Flächenstrahlers ist rotationssymmetrisch zur Lichtwellenleiter-Achse mit Maximum in Achsrichtung. Die Winkelabhängigkeit wird durch eine Kosinusfunktion beschrieben (Typ des Lambert-Strahlers). Die Winkelhalbwertsbreite der Emission beträgt rundum 120°, die Strahlung wird in einem Kreiskegel mit dem Öffnungswinkel 120° emittiert, siehe Bild 6.13. Der große Divergenzwinkel von 60°

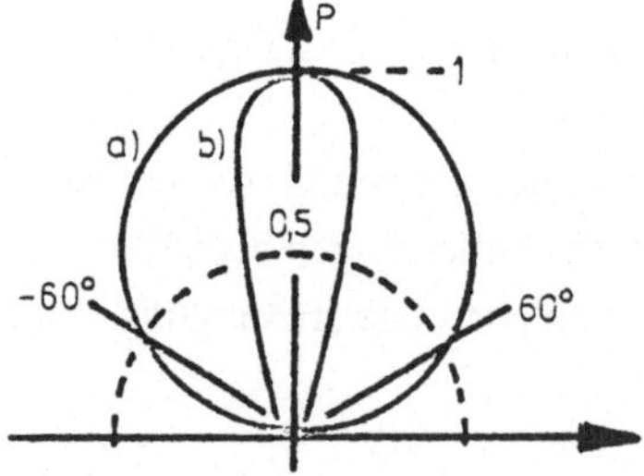

Bild 6.13
Strahlungscharakteristik
für Flächenstrahler-LED
a) LED ohne Linse nach Bild 6.12 (Lambert-Typ)
b) LED mit Linse nach Bild 6.14

(numerische Apertur sin 60° = 0,87) ist sehr ungünstig für die Einkopplung des Lichtes in einen Lichtwellenleiter mit einem Akzeptanzwinkel von etwa 15° (numerische Apertur sin 15° = 0,25). Nur ein Bruchteil der LED-Ausgangsleistung liegt im Bereich des Lichtwellenleiter-Akzeptanzwinkels. Die Koppeldämpfung ist sehr hoch, etwa 12 dB.

6.7.2 Flächenstrahler-LED für 1,3 μm

Den Aufbau eines Flächenstrahlers für den mittleren Wellenbereich des SiO_2-Wellenleiters zeigt Bild 6.14. Für (1,0 ...1,6) μm Wellenlänge wird der quaternäre Mischkristall (In,Ga)(As,P) eingesetzt mit einem Substrat aus n-InP als Basis zum Aufbau der Schichten. Die Anordnung der Schichten folgt dem DHS-System. Die untere p-InGaAsP-Schicht wird zusätzlich aus technologischen Gründen eingefügt. Sie ermöglicht eine bessere Metallisierung und dient der besseren elektrischen und thermischen Kontaktbildung mit der Wärmesenke. Die untere Kontaktfläche ist kreisförmig ausgeführt (Durchmesser 50 μm) zur Begrenzung des Strompfades und damit des aktivierten Bereiches in der aktiven Schicht auf eine Kreisfläche mit 100 μm Durchmesser, die dem Kerndurchmesser von 200 μm des Lichtwellenleiters entspricht.

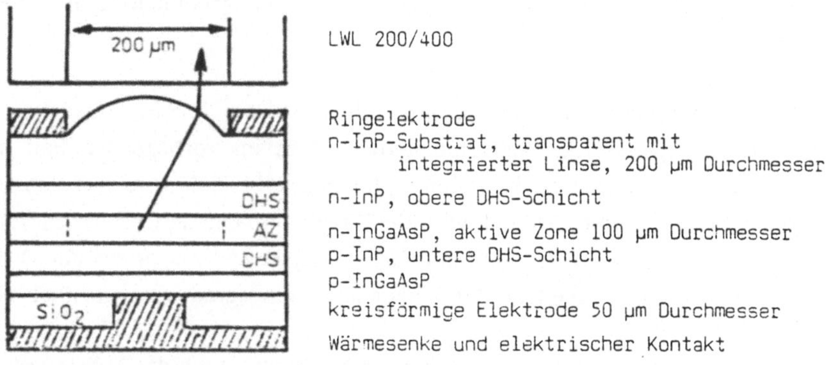

Bild 6.14 Aufbau einer Flächenstrahler-LED in DHS-Schichtenfolge mit dem Materialsystem InGaAsP/InP für 1,3 μm

Die strahlende Fläche liegt in der mittleren Schicht aus InGaAsP. Die Zusammensetzung des Mischkristalls bestimmt den Bandabstand der aktiven Schicht und damit die Wellenlänge der Emission. Die über der strahlenden Fläche liegenden InP-Schichten haben materialbedingt einen Bandabstand von 1,34 eV, also eine Grenzwellenlänge von 0,92 μm. Sie sind im gesamten Wellenbereich, der mit dem InGaAsP-Mischkristall erreichbar ist, transparent. Der Lichtaustritt nach oben ist ungehindert möglich, Ausätzung des Substratmaterials zur Vermeidung von Absorptionsverlusten wie bei AlGaAs/GaAs ist nicht erforderlich. Die obere Kontaktfläche ist zum Anschluß des Lichtwellenleiters mit einem Fenster von 400 μm Durchmesser versehen.

Typische Kennwerte für InGaAsP/InP-Flächenstrahler LED:

Die Emissionswellenlänge ist abhängig von der Zusammensetzung des Mischkristalls $(In_xGa_{1-x})(As_yP_{1-y})$ in der aktiven Schicht.

Mit $x = 0{,}57$ und $y = 0{,}73$ folgt $\lambda = 1{,}3\ \mu m$
Mit $x = 0{,}62$ und $y = 0{,}82$ folgt $\lambda = 1{,}55\ \mu m$

Die spektrale Bandbreite liegt bei (100 ... 150) nm und ist damit etwa um den Faktor 3 größer als bei GaAs-Strahlern.

Bei einem Diodenstrom von 100 mA ist die optische Ausgangsleistung 1,5 mW. Davon konnten 25 μW in eine Gradientenfaser eingekoppelt werden, Einkoppelwirkungsgrad 1,7 % ohne Linsensystem. Mit einer Stufenprofil-Faser 200/380 sind infolge größerer Kernfläche und größerem Akzeptanzwinkel bessere Werte erreichbar. Modulations-Grenzfrequenz etwa 50 MHz.

Die Strahlungscharakteristik aller Flächenstrahler ist vom Lambert-Typ nach Bild 6.13. Infolge der Transparenz des Substratmaterials ist es im vorliegenden Fall jedoch nicht möglich, den Strahlengang zu korrigieren. Im Fensterbereich wird das Substrat zu einer integrierten Linse geformt. Dadurch wird die Strahlungscharakteristik wesentlich verändert, der Divergenzwinkel wird von 60° auf 10° reduziert und entspricht damit dem Akzeptanzwinkel des Lichtwellenleiters, der Einkoppelwirkungsgrad wird erheblich besser.

Ein Flächenstrahler, bei dem die Emission der Strahlung durch das Substrat erfolgt, wie in den beiden hier betrachteten Fällen, wird als upside-down-Typ bezeichnet. Die Anordnung wird wegen der günstigeren Wärmeableitung zur Wärmesenke gewählt. Wärmeenergie entsteht am materialbedingten Serienwiderstand in den Bahnbereichen der Diode, an den Kontaktflächen und in der aktiven Zone bei nichtstrahlenden Rekombinationsprozessen. Die Wärmeableitung ist von entscheidendem Einfluß auf den Kennlinienverlauf. Bei einer guten Wärmeableitung ist auch bei hohen Diodenströmen die Kennlinie linear. Nichtlineare, nach unten gekrümmte Kennlinien sind ein Zeichen für eine wachsende Temperatur am pn-Übergang infolge mangelhaft gelöster thermischer Probleme.

6.7.3 Kantenstrahler-LED

Beim Kantenstrahler wird die Ausgangsleistung der Diode parallel zur Fläche des pn-Übergangs emittiert, die strahlende Fläche ist die schmale Seitenfläche der aktiven Schicht. Der Prinzipaufbau einer derartigen Diode ist im Bild 6.15 dargestellt. Der Unterschied zum Flächenstrahler besteht im wesentlichen in einer veränderten Elektrodenform zur Ladungsträger-Injektion und in einer andersgearteten Strahlungscharakteristik. Die Elektrode wird als schmaler Streifenkontakt ausgeführt, um in der aktiven Schicht eine schmale, rechteckige aktive Zone anzuregen. Der Lichtaustritt erfolgt an der Diodenkante aus einer Fläche von etwa 5 μm Höhe und 50 μm Breite.

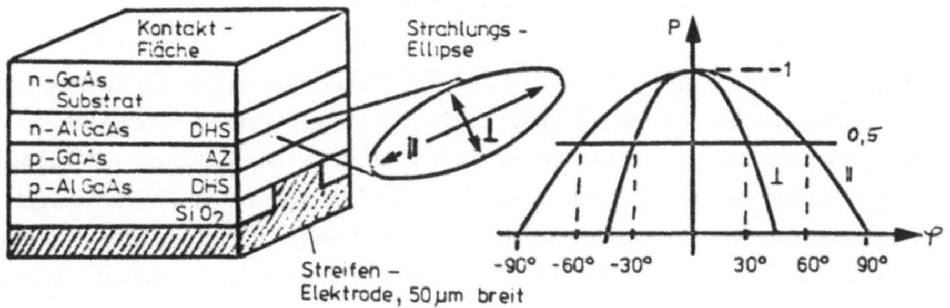

Bild 6.15 Aufbau der Kantenemitter-LED und Strahlungscharakteristik.
Im skizzierten Fall beträgt die Winkel-Halbwertsbreite parallel zur Fläche der aktiven Zone 120°, senkrecht dazu 60°.

Die Strahlungscharakteristik ist daher nicht rotationssymmetrisch, sondern nimmt in lateraler und transversaler Richtung einen unterschiedlichen Verlauf mit insgesamt elliptischer Form. Parallel zur Fläche der aktiven Schicht entspricht das Verhalten dem Lambert-Strahler, senkrecht dazu erfolgt durch die Wellenleiter-Eigenschaft der DHS-Schichten eine bedeutende Verringerung des Winkels der Halbwertsbreite.

6.7.4 Super-Lumineszenzdiode SLD

Eine Sonderform der LED ist die Superlumineszenzdiode (SLD). Sie entsteht aus einer Kantenstrahler-LED durch Erweiterung der Baulänge auf 1 mm. Bei hohen Injektionsströmen wird eine hohe Besetzungsinversion aufgebaut, und es erfolgen in dieser Struktur stimulierte Rekombinations-Prozesse, die durch spontan emittierte Quanten ausgelöst werden. Da der optische Resonator fehlt, fehlt auch die Rückkopplung zwischen Photonen und aktiver Zone, die Strahlung ist inkohärent. Der Übergangsbereich zwischen spontaner und stimulierter Rekombination ist diffus, ohne definierte Schwelle. Im P,I-Diagramm fehlt der für eine LD charakteristische "Laserknick", es erfolgt mit zunehmendem Diodenstrom ein gleitender Übergang von der spontanen zur stimulierten Emission.

Eine SLD ist durch folgende Eigenschaften ausgezeichnet:

- höhere Ausgangsleistung als LED infolge stimulierter Rekombination
- geringere spektrale Bandbreite als LED
- Strahlungscharakteristik mit kleinerer Halbwertsbreite,
- höherer Einkoppelwirkungsgrad in Lichtwellenleiter,
- inkohärente Strahlung infolge fehlender Rückkopplung.

Mit diesen Eigenschaften ist die SLD eine für die Praxis interessante Strahlungsquelle. Das um so mehr, als die Strahlungskohärenz der LD in den meisten Anwendungen der optischen Signalübertragung ohnehin nicht direkt genutzt wird. Die Kohärenz der LD ist in den bisherigen Anwendungen nur durch die damit verbundene allgemeine Qualitätssteigerung der technischen Daten von Bedeutung. Kohärenz durch Strahlungsrückkopplung ermöglicht bessere Werte für alle entscheidenden Kenngrößen: Quantenwirkungsgrad, optische Ausgangsleistung, spektrale Bandbreite, Winkelhalbwertsbreite, Einkoppelwirkungsgrad in Lichtwellenleiter und Modulationsgrenzfrequenz. Die Kohärenz als physikalische Eigenschaft der Strahlung ist zur optischen Signalübertragung nur bei Interferenzvorgängen, also beim Überlagerungsempfang, eine notwendige Voraussetzung. Dazu sind SLD nicht geeignet.

6.8 Wirkungsgrad der Lichterzeugung bei LED

Aufgabe einer Strahlungsquelle ist es, eine hinreichend hohe Leistung zur Einspeisung in einen Lichtwellenleiter zur Verfügung zu stellen. Die optische Strahlung einer LED entsteht als spontaner Rekombinationsprozeß einer im pn-Übergang durch den Diodenstrom verursachten Besetzungsinversion. Strahlungserzeugung und Emission der Strahlung aus dem Halbleiterkristall werden durch viele Störeffekte behindert, die entscheidenden Einfluß auf die effektiv zur Verfügung stehende Ausgangsleistung nehmen. Die einzelnen Störeffekte definieren jeweils einen speziellen Wirkungsgrad. Diese werden in zwei Gruppen zusammengefaßt, die sich auf die Strahlungserzeugung und die Emission der Strahlung beziehen: innerer Quantenwirkungsgrad und optischer Wirkungsgrad.

Innerer Quantenwirkungsgrad: beschreibt die Effektivität der Strahlungserzeugung; ist zusammngesetzt aus zwei Komponenten.

- Injektionswirkungsgrad η_I: erfaßt die Störeffekte, die beim Aufbau der Besetzungsinversion im pn-Übergang mit dem Diodenstrom verbunden sind. Dazu gehören parasitäre Stromanteile, die nicht über den pn-Übergang fließen, also nicht zur Ladungsträger-

Inversion beitragen. Enthalten sind Tunnelströme, Oberflächenströme sowie der Leistungsverlust am Diodenwiderstand.

- Rekombinationswirkungsgrad η_K: erfaßt nichtstrahlende Rekombinationsprozesse nach Bild 6.6. Von Einfluß sind Bandstruktur (direkt oder indirekt), Fehler im Kristallaufbau, Gitteranpassung, Stromdichte, Temperatur.

Optischer Wirkungsgrad: berücksichtigt die Faktoren, die die Abstrahlung der Photonen aus der Diode behindern; ist zusammengesetzt aus drei Komponenten.

- Absorptionswirkungsgrad η_A: erfaßt die Reabsorption der Photonen im Material der Diode.
- Reflexionswirkungsgrad η_R: erfaßt die beim Übergang in Luft an der Grenzfläche infolge Brechzahlsprung entstehenden Reflexionsverluste.
- Richtungswirkungsgrad η_S: erfaßt die Strahlungsverluste, die infolge ungeeigneter Ausbreitungsrichtung der Photonen entstehen.

Der Gesamtwirkungsgrad, der auch als "äußerer" oder "externer" Quantenwirkungsgrad bezeichnet wird, folgt als Produkt der aufgeführten Faktoren:

$$\eta_{ex} = \eta_{intern} \cdot \eta_{opt} = \eta_I \cdot \eta_K \cdot \eta_A \cdot \eta_R \cdot \eta_S \tag{6.5}$$

Der externe Quantenwirkungsgrad beschreibt die Gesamteffektivität der Strahlungserzeugung. Eine andere Möglichkeit zur Definition des externen Wirkungsgrades folgt aus einem Vergleich von zugeführten Ladungsträgern und emittierten Lichtquanten. Es soll möglichst jedes mit dem Diodenstrom zugeführte Elektron mit einem Rekombinationsphoton einen Beitrag zur nutzbaren Ausgangsstrahlung leisten. Auf die Zeiteinheit bezogen gilt mit z' = Emissionsrate (Quanten je Sekunde, [z'] = 1/s) und q = Elementarladung also auch:

$$\eta_{ex} = \frac{\text{Zahl der emittierten Photonen}}{\text{Zahl der injizierten Elektronen}} = \frac{z'}{I/q} = \frac{z'q}{I} \tag{6.6}$$

Andererseits kann der Gesamtwirkungsgrad durch einen Leistungsvergleich erfaßt und durch einen Leistungswirkungsgrad angegeben werden:

$$\eta_P = \frac{\text{optische Ausgangsleistung}}{\text{elektrische Eingangsleistung}} = \frac{P_{opt}}{P_{el}} = \frac{z'W_F}{IU} \tag{6.7}$$

Es ist $z'W_F$ die optische Leistung.
Für den Leistungswirkungsgrad gilt folgende Umwandlung:

$$\eta_P = \frac{z'hf}{IU} = \frac{z'}{I} \cdot \frac{hf}{U} = \frac{z'q}{I} \cdot \frac{hf}{qU} = \eta_{ex} \cdot \frac{W_g}{qU} \tag{6.8}$$

Externer Quantenwirkungsgrad und Leistungswirkungsgrad sind also durch den Proportionalitätsfaktor hf/qU = 1 miteinander verknüpft und damit indentisch. Abschließend folgt:

$$\eta_{ex} = \eta_P \cdot \frac{qU}{W_g} = \frac{P_{opt}}{IU} \cdot \frac{qU}{W_g} = \frac{P_{opt}}{I} \cdot \frac{q}{W_g} \tag{6.9}$$

oder als zugeschnittene Größengleichung mit $W_g = hc/\lambda$

$$\eta_{ex} = 0{,}8 \cdot \frac{\lambda}{\mu m} \cdot \frac{\dfrac{P_{opt}}{mW}}{\dfrac{I}{mA}} \tag{6.10}$$

Der externe Quantenwirkungsgrad kann damit aus der P,I-Kennlinie der Diode bestimmt werden. Bei gekrümmter Kennlinie ist mit der Tangente im Arbeitspunkt und differentiellen

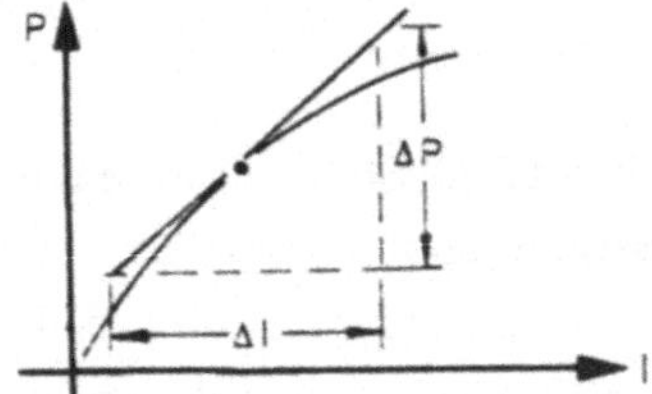

Bild 6.16
Zur Bestimmung des Wirkungsgrades der LED bei nichtlinearer P,I-Kennlinie

Größen von P und I zu rechnen. Der Wirkungsgrad ist dann abhängig vom Arbeitspunkt. Die Ursache der Krümmung ist eine mit steigendem Strom zunehmende Erwärmung der Diode, die den Rekombinations-Wirkungsgrad reduziert infolge nichtstrahlender Übergänge, die mit der Temperatur stark anwachsen.

Nach dieser einführenden Betrachtung zum Wirkungsgrad, die einen ersten Überblick vermitteln soll, werden nun einige Verlustursachen ausführlicher diskutiert.

Der Gesamtwirkungsgrad nach Gl.(6.5) ist von 5 Faktoren abhängig, die mit unterschiedlicher Wirkung die effektiv zur Verfügung stehende Ausgangsleistung vermindern. Es ist wichtig, diese Faktoren zu kennen, um Wege zu ihrer Beeinflussung zu finden und einen möglichst hohen Wirkungsgrad zu erreichen.

Leistungsverluste am Diodenwiderstand

Die Serienschaltung aus Kontakt- und Bahnwiderstand der Halbleiterschichten bildet den material- und konstruktionsbedingten Diodenwiderstand. Die vom Diodenwiderstand aufgenommene Leistung wird in Wärme umgewandelt und ist gemäß $P = RI^2$ dem Quadrat des Diodenstromes proportional und daher insbesondere bei höheren Diodenströmen zu beachten. Steigende Temperaturen am pn-Übergang haben zunehmend nichtstrahlende Übergänge zur Folge und mindern so den Rekombinations-Wirkungsgrad. Zur Vermeidung von Temperaturerhöhungen ist durch eine gute Wärmeleitung die entstehende Wärmeenergie unmittelbar abzuführen. Der Diodenwiderstand R erreicht in der Praxis Werte bis etwa 10 Ω, der Diodenstrom erreicht maximal 300 mA. Die abzuführende Wärmeleistung liegt also bei 1 W. Dazu ist im Chip eine Querschnittsfläche von $A = 0{,}3\ \text{mm} \cdot 0{,}2\ \text{mm} = 0{,}06\ \text{mm}^2$ vorhanden. Hinzu kommen noch Erwärmungsvorgänge infolge nichtstrahlender Rekombination und Photonen-Reabsorption.

Rekombinationsverluste

Nichtstrahlende Rekombinationsprozesse sind prinzipiell, auch im direkten Halbleiter, unvermeidlich. Sie können zu einem bedeutenden Verlustfaktor werden. Es kommt darauf an, durch Material hoher Reinheit und fehlerfreie Struktur sowie optimale Technologie den Anteil nichtstrahlender Rekombinationsprozesse möglichst gering zu halten. Dann ist ein Rekombinations-Wirkungsgrad von etwa 90 % erreichbar.

Absorptionsverluste

Ein Teil der erzeugten Photonen wird noch im Halbleiter-Material der Diode wieder absorbiert. Diese Reabsorption von Lichtquanten ist im Material der aktiven Schicht selbst unvermeidlich und nur durch möglichst geringe Materialstärke zu reduzieren. In Mischkristall-Vielschichtdioden ist die Reabsorption der Strahlung materialabhängig und wird durch den Bandabstand der Schichten bestimmt. Ist die Energiebandlücke der betreffenden Schicht größer als die der aktiven Schicht, in der die Lichtquanten entstehen, so ist keine Reabsorption möglich, das Material ist für diese Strahlung transparent. Stimmen die Energiebandlücken der Schichten (innerhalb der Bandbreite) überein, so können erhebliche Verluste durch Absorption auftreten.

Reflexionsverluste

Sie entstehen an Grenzflächen mit Brechzahlsprung, sind abhängig von den Brechzahlen der Medien und vom Einfallswinkel. Bei senkrechtem Einfall gilt:

$$R = \left(\frac{n_1 - n_2}{n_1 + n_2}\right)^2 \tag{6.11}$$

Beim Übergang der Lichtquanten aus GaAs mit n = 3,6 in Luft mit n = 1 wird R = 0,32. Es werden 32 % der Strahlung reflektiert, nur 68 % verlassen die Diode. Bei schrägem Einfall wachsen die Reflexionsverluste, bis mit zunehmendem Winkel Totalreflexion eintritt. Der Grenzwinkel der Totalreflexion für den Übergang GaAs/Luft folgt zu

$$\sin\varphi = \frac{n_2}{n_1} = \frac{1}{3{,}6} = 0{,}28 \qquad \text{also} \qquad \varphi_T = 16° \tag{6.12}$$

Photonen, die unter einem Winkel $\varphi > \varphi_T$ auftreffen, können die Diode infolge Totalreflexion nicht verlassen.

Richtungsverluste

Sie entstehen infolge der bei spontaner Rekombination beliebigen Ausbreitungsrichtung der Photonen. Die Strahlung der spontanen Emission einer LED erfolgt in gleicher Verteilung kugelförmig rundum in den Raumwinkel 4π. Es können jedoch nur die Photonen die Diode verlassen, die sich in Richtung zum vorgesehenen Austrittsfenster bewegen. Diese liegen in einem Kreiskegel, der durch den Grenzwinkel der Totalreflexion definiert ist. Der Raumwinkel dieses Kegels wird durch Gl.(3.9) bestimmt. Der Richtungswirkungsgrad der Photonenemission folgt dann als Verhältnis der Raumwinkel von Kegel und Vollkugel zu:

$$\eta_s = \frac{\Omega_{\text{Kegel}}}{\Omega_{\text{Kugel}}} = \frac{2\pi(1 - \cos\varphi)}{4\pi} = 0{,}5\,(1 - \cos\varphi_T) \tag{6.13}$$

Mit $\varphi = 16°$ wird $\eta_S = 0{,}019 \approx 2\ \%$. Nur 2 % der erzeugten Strahlung ist so gerichtet, daß ein Verlassen der Diode am vorgesehenen Fenster möglich ist. Die überwiegend ungeeignete Ausbreitungsrichtung der Lichtquanten bei spontaner Rekombination ist die entscheidende Ursache dafür, daß der Gesamtwirkungsgrad für LED bei nur 1 % liegt.

6.9 Funktionsprinzip der Laserdiode

Ebenso wie bei der LED ist auch für die LD die Grundlage der Strahlung die Rekombination der Ladungsträger im pn-Übergang einer Halbleiter-Diode. Zur Erzeugung p- und n-leitender Gebiete mit hoher Leit- und Speicherfähigkeit ist eine extrem starke Dotierung mit Akzeptoren im p-Gebiet und Donatoren im n-Gebiet notwendig. Der Betrieb erfolgt in Durchlaßrichtung, um die Potentialbarriere abzubauen. Durch den Diodenstrom wird in den Energiebändern eine hohe Besetzungsinversion aufgebaut als notwendige Voraussetzung der optischen Verstärkung durch stimulierte Rekombination im pn-Übergang. Im Valenzband des p-Leiters muß eine hohe Löcherdichte erzeugt werden, im Leitungsband des n-Leiters muß eine hohe Elektronendichte vorhanden sein. Die gleichzeitige Anwesenheit von Elektronen und Löchern im pn-Übergang führt zur Rekombination, die mit der gewünschten Emission von Lichtquanten verbunden ist. Frequenz und Wellenlänge werden durch den Bandabstand bestimmt und sind ebenso wie bei der LED nach Gl.(6.3) zu berechnen.

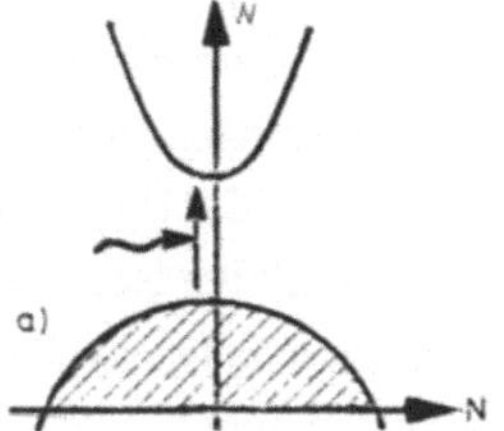

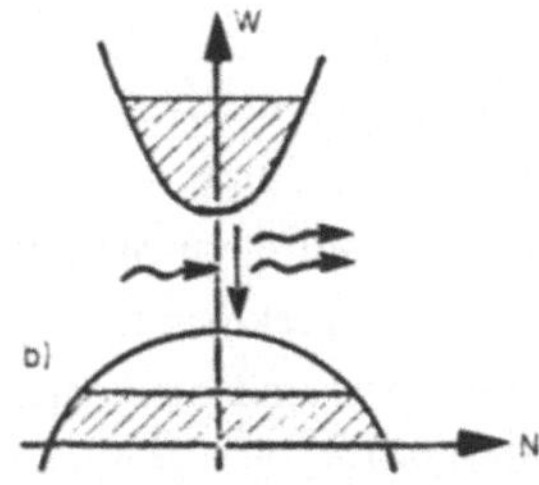

Bild 6.17
Besetzungsinversion in den Energiebändern;
ein Photon bewirkt im Bild
a) eine Absorption,
b) eine stimulierte Emission

Damit aus der spontanen Rekombination mit inkohärenter Strahlung die induzierte kohärente Laserstrahlung mit Verstärkungseffekt wird, müssen für die Laserdiode zwei Voraussetzungen (Laserbedingungen) erfüllt sein:

- Es muß eine Rückkopplung zwischen den emittierten Photonen und dem angeregten Energieniveau im laseraktiven Medium erfolgen.
- Die durch stimulierte Rekombination gewonnene Strahlungsenergie muß größer sein als die im System durch Dämpfung verbrauchte Energie.

Die 1. Laserbedingung wird erfüllt, indem das Halbleitermaterial mit dem pn-Übergang in einen optischen Resonator eingeschlossen wird. Damit ist die Rückkopplung zwischen der elektromagnetischen Welle der emittierten Photonen und dem Energiebandsystem mit invertierten Besetzungszahlen im pn-Übergang hergestellt. Zur Realisierung des optischen Resonators werden die Kristall-Endflächen in (100)-Richtung planparallel gebrochen (Fabry-Perot-Resonator). Die Spaltflächen des Kristalls wirken infolge des Brechzahlunterschiedes zwischen Halbleiter und Luft als Spiegelflächen mit dem Reflexionsfaktor R nach Gl. (6.11).

Für GaAs mit n = 3,6 und Luft mit n = 1 wird R = 0,32. Bei jedem Reflexionsvorgang werden 32 % der Strahlung in den Resonator zurückgeworfen, 68 % werden transmittiert.

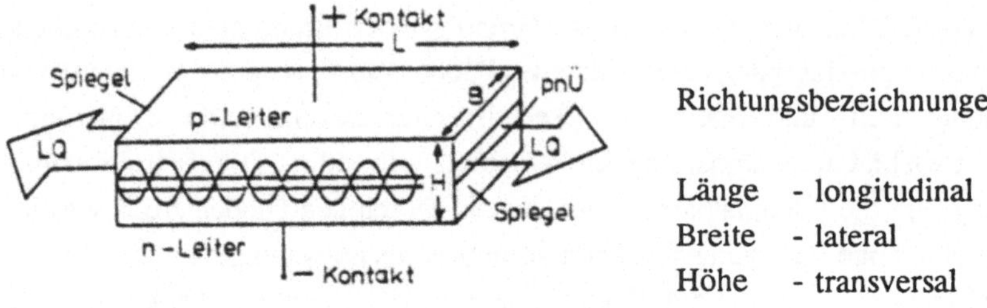

Bild 6.18 Halbleiterkristall mit optischem Resonator und stehender Welle in longitudinaler Richtung. LQ - Lichtquanten der emittierten Laserstrahlung

Höhere Reflexionsfaktoren sind durch dielektrische Mehrschichtspiegel erreichbar. Es ist auch möglich, nur einen Spiegel teildurchlässig zur machen, der zweite Spiegel kann totalreflektierend sein. Vielfach jedoch wird der zweite Spiegel zur Abzweigung eines Kontrollsignals verwendet. Zwischen den Spiegelflächen befinden sich in Längsrichtung die Halbleiter-Schichten der Diode (Bild 6.18), so daß die elektromagnetische Welle die aktive Zone (den pn-Übergang) longitudinal durchlaufen kann und eine intensive Wechselwirkung zwischen dem Feld der Welle und dem invertierten Energiesystem des Halbleiters möglich wird.

Die Länge des optischen Resonators ist durch den Abstand der Kristall-Endflächen gegeben. Sie muß aus Resonanzgründen gleich einem ganzzahligen Vielfachen m der halben Wellenlänge im Resonator sein, m hat bei Halbleiter-Laserdioden Werte um 1000.
Ist λ_0 die Wellenlänge in Luft und λ die Wellenlänge im Kristall, so gilt:

$$L = m\frac{\lambda}{2} = m\frac{\lambda_0}{2n} \tag{6.14}$$

Für die damit festgelegte Resonatorlänge L kommt es zur Ausbildung einer stehenden Welle im Resonator, wobei an den Spiegelflächen ein Knotenpunkt der stehenden Welle sein muß. Da L sehr viel größer als die Wellenlänge ist, wird die Resonanzbedingung nicht nur für die gewünschte Betriebswellenlänge λ erfüllt, sondern gleichzeitig auch noch für eine große Anzahl weiterer Moden mit anderen Wellenlängen. Es entsteht ein longitudinales Modenspektrum, die Anzahl der Moden ist von L abhängig. Die einzelnen Moden folgen mit einem konstanten Wellenlängenabstand aufeinander, der Abstand wird nach Gl.(6.20) berechnet.

Um eine hohe optische Verstärkung zu erzielen, muß eine intensive Wechselwirkung zwischen Welle und aktivem Medium erreicht werden. Dazu muß L groß sein, etwa L = 1000 μm. Um eine geringe Anzahl longitudinaler Moden zu erhalten und möglichst Einmodenbetrieb zu erreichen, soll L möglichst klein sein, etwa L = 100 μm. Als typischer Wert, der einen akzeptablen Kompromiß verkörpert, wird häufig L = 300 μm gewählt.

Die Realisierung der 2. Laserbedingung erfordert einen ausreichend hohen Diodenstrom. Durch den Diodenstrom wird die Besetzungsinversion aufgebaut. Eine hohe Besetzungsinversion hat eine hohe Rate an stimulierten Rekombinationsprozessen zur Folge und damit auch eine hohe optische Ausgangsleistung. Der Zusammenhang zwischen Diodenstrom und optischer Ausgangsleistung wird im P,I-Diagramm nach Bild 6.19 dargestellt.

Aus diesem Diagramm ist anschaulich die Erfüllung der 2. Laserbedingung mit Hilfe des Diodenstromes zu erkennen. Die P,I-Kennlinie einer Laserdiode ist durch eine typische Knickstelle im unteren Bereich der Kurve gekennzeichnet. Diese Knickstelle mit dem Schwellstrom I_s gibt den Einsatzpunkt (Schwellpunkt, Laserschwelle) der Lasertätigkeit an. Für $I < I_s$ sind die Rekombinationen überwiegend spontan, für $I > I_s$ erfolgen induzierte Übergänge. Die Kennlinie hat für $I > I_s$ einen deutlich steileren Verlauf, verursacht durch den Verstärkungseffekt, beide Bereiche sind linear.

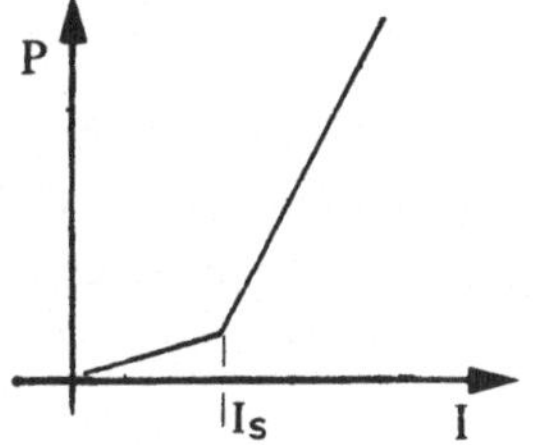

Bild 6.19
P,I-Kennlinie der Laserdiode mit typischer Knickstelle an der Laserschwelle für $I = I_S$

Mit $I > I_s$ wird die 2. Laserbedingung erfüllt, die Verstärkung ist größer als die Dämpfung, der optische Gewinn größer als die optischen Verluste. Für $I = I_s$ ist die Laserschwelle erreicht, Gewinn und Verlust an optischer Strahlung sind gleich groß. Der Schwellstrom I_s ist eine wichtige Größe für eine Laserdiode. Physikalisch entscheidend ist jedoch nicht der Strom, sondern die Stromdichte J = I/A, wobei A die vom Diodenstrom durchsetzte Fläche der aktiven Zone ist. Diodenstromdichte J und optischer Gewinn g sind über die Verstärkungskonstante β verknüpft. Mit r = 1...2 (temperaturabhängige Konstante) gilt:

$$g = \beta J^r = \beta \left(\frac{I}{A}\right)^r \tag{6.15}$$

Schwellstrom und Schwellstromdichte sind entscheidende Kenngrößen für eine Laserdiode.

An der Laserschwelle sind Gewinn und Verlust gleich groß. Der für diesen Fall vorliegende Gewinnfaktor g_s kann aus einer Energiebilanz der Welle im Resonator bestimmt werden. Bei Berücksichtigung aller Vorgänge (Verstärkung, Dämpfung, Transmission) gilt für die von der Welle geführte optische Leistung als Funktion des Weges x:

$$P(x) = P_0 R_1 R_2 e^{(g-\alpha)} \tag{6.16}$$

Der Gewinnfaktor g kann nach Gl.(6.15) durch den Diodenstrom verändert werden. An der Laserschwelle sind Gewinn und Verlust gleich groß, die von der Welle geführte Leistung bleibt konstant, $P(x) = P_0$. Dann gilt für einen vollen Hin- und Rücklauf zwischen den Spiegeln des Resonators mit dem Weg x = 2L:

$$1 = R_1 R_2 e^{(g-\alpha)} \tag{6.17}$$

Daraus folgt für den Schwellwert des Gewinnfaktors bei identischen Spiegeln:

$$g_s = \alpha + \frac{1}{L} \ln \frac{1}{R} \tag{6.18}$$

Als Bedingung für den Laserbetrieb gilt damit, daß $g > g_s$ sein muß. Durch konstruktive Maßnahmen, die aus Gl.(6.18) abzuleiten sind, ist die Diode so aufzubauen, das g_S möglichst kleine wird.

Die Verstärkung im aktiven Medium der Laserdiode ist gemäß e^{gL} abhängig von der Resonatorlänge L und dem Gewinnfaktor g. Dabei ist g von vielen Faktoren abhängig. Einflußgrößen sind: Material, Dotierung, Konstruktion, Diodenstrom, Temperatur,

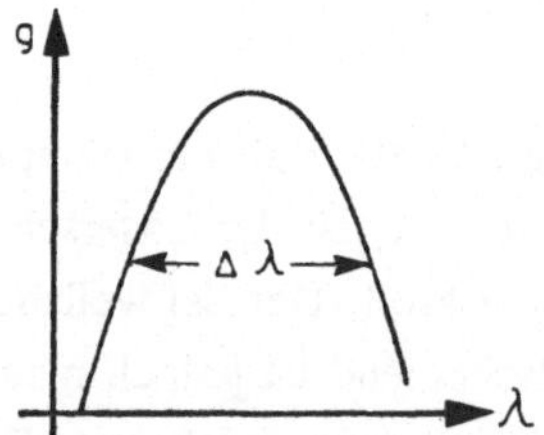

Bild 6.20
Wellenlängenabhängiger Verlauf des Verstärkungskoeffizienten g (Gewinnfaktor) für laseraktive Halbleiter-Materialien

Wellenlänge. Die Wellenlängenabhängigkeit ist vor allem durch Eigenschaften des laseraktiven Materials gegeben, sie wird durch den Bandabstand W_g und durch die Breite der Energiebänder bestimmt. Die Funktion g(λ) folgt etwa dem spektralen Verlauf der spontanen Emission der Laserdiode vor der Laserschwelle und kann nach Bild 6.20. durch eine Bandbreite Δλ beschrieben werden.

6.10 Longitudinales Modenspektrum der Laserdiode

In Abschnitt 4.4 wurde mit Gl.(4.5) eine Beziehung angegeben zur Berechnung des Frequenzabstandes der Moden im Resonator. Dazu soll hier eine weiterführende Betrachtung für den speziellen Fall der Laserdiode folgen.
Im optischen Resonator der Laserdiode sind in longitudinaler Richtung eine große Anzahl von Schwingungsmoden verschiedener Frequenz ausbreitungsfähig. Anschaulich ist dieser Sachverhalt im Bild 4.6 dargestellt. Der Wellenlängenabstand der Resonatormoden soll berechnet werden. Resonatorlänge L und Wellenlänge im Resonator sind verknüpft durch die Gleichung:

$$L = m\frac{\lambda}{2} = m\frac{\lambda_0}{2n} \qquad \text{oder} \qquad m\lambda_0 = 2nL$$

Zur Ermittlung des Modenabstandes wird nach m differenziert. Dabei ist n = n(λ)zu beachten:

$$m\frac{d\lambda}{dm} + \lambda = 2L\,\frac{dn}{d\lambda}\cdot\frac{d\lambda}{dm} \qquad \text{oder}$$

$$d\lambda = \frac{-\lambda\, dm}{m - 2L\,\dfrac{dn}{d\lambda}} \qquad \text{Mit} \quad m = \frac{2nL}{\lambda} \quad \text{folgt}$$

$$d\lambda = \frac{-\lambda^2\, dm}{2L\left(n - \lambda\,\dfrac{dn}{d\lambda}\right)} \tag{6.19}$$

In dieser Gleichung bedeutet der unter dem Bruchstrich in Klammern stehende Term die Gruppenbrechzahl n_g, also ist:

$$d\lambda = \frac{-\lambda^2\, dm}{2L\, n_g} \tag{6.20}$$

Mit dm = 1 liefert diese Gleichung den Wellenlängenabstand benachbarter longitudinaler Moden im Fabry-Perot-Resonator. Der Abstand ist bei gegebenem Material abhängig von der Betriebswellenlänge λ und von der Resonatorlänge L. Mit wachsendem L wird der Modenabstand kleiner, die Liniendichte wächst nach einer Hyperbelfunktion.

Beispiel: GaAs-LD für $\lambda = 850nm$, $n_g = 4,5$ und $dm = 1$

für $L_1 = 100\ \mu m$ ist $d\lambda = 0,8\ nm$
für $L_2 = 300\ \mu m$ ist $d\lambda = 0,27\ nm$
für $L_3 = 500\ \mu m$ ist $d\lambda = 0,16\ nm$

Das longitudinale Spektrum der Laserdiode besteht aus einer großen Anzahl von Linien, die im konstanten Abstand $d\lambda$ aufeinanderfolgen. Von diesen Moden werden in der Laserdiode nur die verstärkt, die im Verstärkungsbereich (Bandbreite der spontanen Emission) liegen. Für GaAs mit $\Delta\lambda = 2$ nm und $L = 300\ \mu m$ als typischem Wert sind das $z = \Delta\lambda/d\lambda = 7$ longitudinale Resonatormoden. Um die Anzahl der Moden zu senken, muß L kleiner gehalten werden, z.B. $L = 100\ \mu m$ mit $z = 2,5$. Das widerspricht dem Wunsch nach hoher optischer Verstärkung, die ein großes L fordert, z.B. $L = 500\ \mu m$, $z = 12$. Als Kompromiß wird vielfach $L = 300\ \mu m$ gewählt.

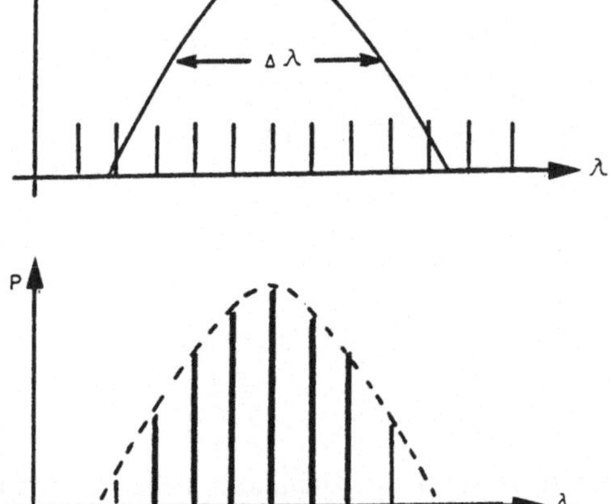

Bild 6.21
Linienspektrum der longitudinalen Resonatormoden und Verstärkungskurve des laseraktiven Materials bestimmen das Emissionsspektrum der Laserdiode

Aus Bild 6.21 ist zu erkennen, wie aus den longitudinalen Resonatormoden und der Verstärkungskurve des aktiven Materials das Emissionsspektrum der Laserdiode entsteht. Nur im Intervall $\Delta\lambda$ liegende Moden werden durch stimulierte Emission angeregt und verstärkt, jedoch mit unterschiedlicher Wirkung. Die in der Mitte der Verstärkungskurve liegende Mode erfährt die größte Verstärkung, nach beiden Seiten zu wird die Verstärkung stetig kleiner.

6.11 Halbleiterstrukturen für Laserdioden

Die im Bild 6.18 zur Beschreibung des Funktionsprinzips dargestellte Laserdiode wird als Homostruktur-Diode bezeichnet, da sie aus einem einheitlichen (homogenen) Grundmaterial aufgebaut ist, das zur Erzeugung des gewünschten Leitertyps im p- und n-Leiter nur unterschiedliche Dotierung aufweist. Die Löcherkonzentration im p-Gebiet ist etwa $(1 \ldots 3) \cdot 10^{19}$ cm^{-3}, die Elektronenkonzentration im n-Gebiet ist $(1 \ldots 3) \cdot 10^{18}$ cm^{-3}. Durch das Dotierungsmaterial werden Bandabstand und Brechzahl im pnÜ-Bereich verändert, die Änderungen sind jedoch gering, und es ist kaum ein Einfluß aus Ladungsträger-Diffusion und Lichtquantenausbreitung feststellbar.

Die Homostruktur-Diode wird durch folgende Eigenschaften charakterisiert:

- Die aktive Zone, das Rekombinationsgebiet der Ladungsträger um den pn-Übergang, ist infolge Ladungsträger-Diffusion in transversaler Richtung weit ausgedehnt, eine Begrenzung erfolgt nur durch die Diffusionslänge. Die Diffusionslänge ist der Weg, den die Ladungsträger innerhalb ihrer begrenzten Lebensdauer von etwa 1 ns zurücklegen können; in der Größenordnung sind das 5 μm.
- Die beim Rekombinationsprozeß gebildeten Lichtquanten können ungehindert in die umgebenden Halbleiter-Schichten eindringen. Sie erfahren, da der gleiche Bandabstand vorliegt, eine starke Absorption und leisten keinen Beitrag zum Verstärkungseffekt.
- Infolge des ausgedehnten Rekombinationsgebietes mit niedriger Ladungsträgerkonzentration und hohe Lichtquantenabsorption ist die Rückkopplung zwischen Welle und aktivem Material gering und die für den Laserbetrieb erforderliche Schwellstromdichte sehr hoch, sie liegt bei 100 kA/cm^2.
- Der hohe Diodenstrom bewirkt am materialbedingten Diodenwiderstand eine starke Wärmeentwicklung. Ein Betrieb bei Zimmertemperatur ist nur bei Impulsbetrieb (pw) möglich. Dauerbetrieb mit kontinuierlicher Strahlung (cw) verlangt Kühlung bei tiefen Temperaturen, z.B. mit flüssigem Stickstoff bei 77 K.

cw-Betrieb bei Raumtemperatur erfordert Herabsetzung der Verlustwärme durch Senkung der Stromdichte auf Werte um 1 kA/cm^2. Das wird möglich durch Reduzierung des Rekombinationsvolumens und Erzeugung einer hohen Ladungsträger-und Lichtquantenkonzentration im Rekombinationsvolumen mit herabgesetzter Lichtquantenabsorption. Damit wird die Effektivität der Wechselwirkung von Lichtquanten und angeregten Elektronen im Leitungsband wesentlich verbessert. Die Verstärkung wächst, die Laserschwelle sinkt.
Reduzierung des Rekombinationsvolumens bedeutet Reduzierung der transversalen und lateralen Abmessungen der strahlenden Fläche.

In transversaler Richtung erfolgen Konzentration von Ladungsträger und Lichtquant durch Einführung zusätzlicher Schichten aus Halbleitermaterial mit größerem Bandabstand und kleiner Brechzahl. Es entstehen Doppelhetero-Strukturen (DHS) und Fünfschichtsysteme. Durch den größeren Bandabstand der DHS-Schichten wird die transversale Ladungsträger-Diffusion gestoppt, die Dicke der aktiven Zone wird von 5 μm bei der Homostrukturdiode auf 0,1 μm bei der DHS-Diode und auf 0,02 μm bei der Fünfschicht-Diode reduziert. Durch die kleinere Brechzahl entsteht an der Grenzfläche zum DHS-Material ein Brechzahlsprung, die Rekombinationszone wird von einem transversalen ebenen Wellenleiter eingeschlossen, in dem die Lichtquanten nach dem Prinzip der Totalreflexion in Richtung Laserspiegel geführt werden.

Die Fünfschichtdiode ist im doppelten DHS-System aufgebaut. Ladungsträger und Lichtquanten erhalten getrennte Aufenthaltsbereiche. Die Ladungsträger werden in einer nur 0,02 μm schmalen Rekombinationszone noch stärker konzentriert, die Lichtquanten aber werden in longitudinaler Ausbreitungsrichtung durch einen 0,2 μm breiten transversalen Wellenleiter geführt (LOC - large optical cavity).

In lateraler Richtung gibt es zwei Führungsprinzipien für Ladungsträger und Lichtquanten:

- Seitliche Begrenzung der Rekombinationszone durch Ladungsträgerinjektion nur in einem schmalen Längsstreifen der aktiven Schicht. Da das optische Verstärkungsprofil damit beeinflußt wird, wird diese Methode als "Gewinnführung" bezeichnet.
- Aufbau eines seitlichen Wellenleiters durch Brechzahlsprung mit Totalreflexion der Lichtquanten an der Grenzfläche, bezeichnet als Index- oder besser "Brechzahlführung".

Die beschriebene Strategie zur Begrenzung der Rekombinationszone in transversaler Richtung durch Einfügen von DHS-Schichten ist in Bild 6.22 durch Vergleich von Homostruktur- und DHS-Diode anschaulich erkennbar. Dargestellt zum Vergleich sind Bandabstand, Brechzahlverlauf und Intensität der optischen Welle in der Rekombinationszone. In Bild 6.23 sind die lateralen Führungsprinzipien dargestellt. Mit Hilfe dieser speziellen Strukturen zur Begrenzung der transversalen und lateralen Abmessungen des Rekombinationsvolumens gelingt es, die Schwellstromdichte unter 1 kA/cm^2 zu senken und damit cw-Betrieb bei 300 K zu erreichen.

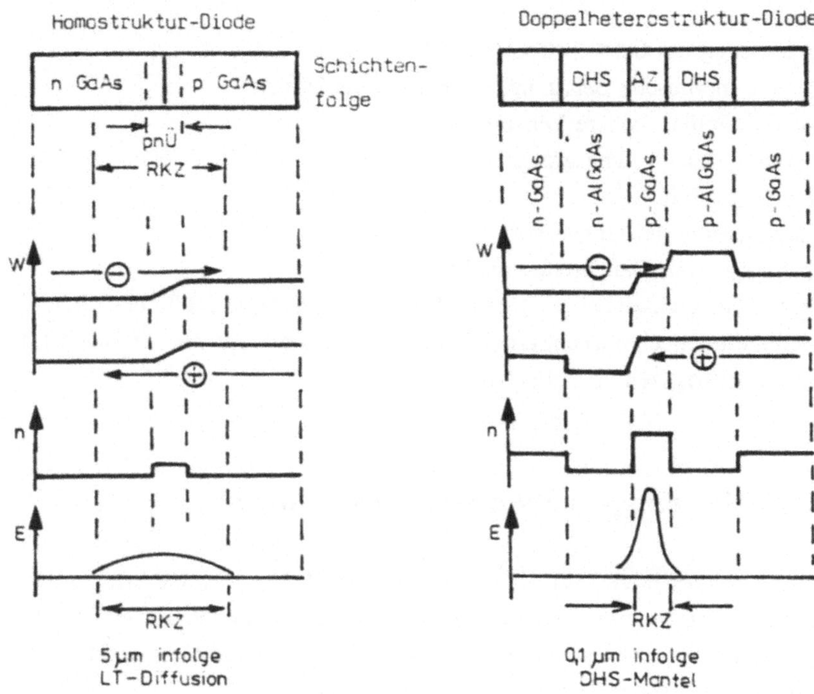

Bild 6.22 Vergleich von Homostruktur- und DHS-Diode zur Darstellung der transversalen Führung von Ladungsträger und Lichtquanten. Durch Einführung der DHS-Schichten werden Ladungsträger und Lichtquanten auf die Rekombinationzone von 0,1 μm Dicke konzentriert.

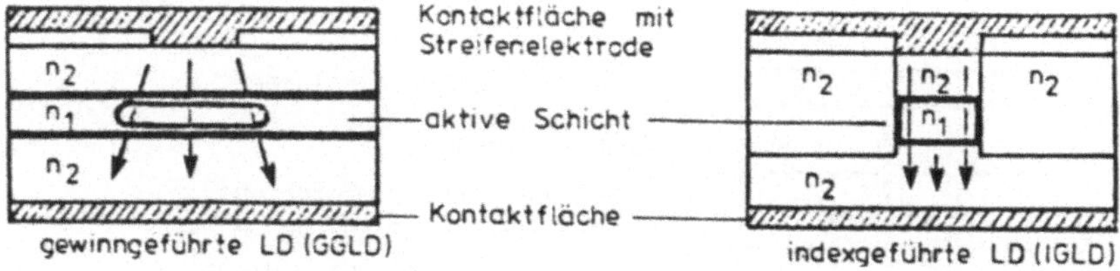

Bild 6.23 Laterale Führungsprinzipien

Bei GGLD wird der Diodenstrom so geführt, daß in einer breitflächigen aktiven Schicht nur ein schmaler Streifen aktiviert wird. Bei IGLD wird die aktive Schicht selbst zu einem schmalen Streifen reduziert und seitlich von einem Material mit kleinerer Brechzahl umgeben. Damit wird die Rekombinationszone auch lateral von einem ebenen Wellenleiter begrenzt.

Durch die beschriebene Strategie können mehrere Verbesserungen erreicht werden:

- Herabsetzung des Schwellstromes auf Werte von 150 bis 35 mA
- geringere thermische Belastung, cw-Betrieb bei 300 K
- bessere Stabilität, höhere Lebensdauer 10^5 h $\approx$ 10 a
- Steigerung des Wirkungsgrades
- Einmodenbetrieb
- höhere Ausgangsleistungen von 5 bis 25 mW
- kleinere spektrale Bandbreite von 2 bis 0,1 nm
- kleinerer Abstrahlwinkel $\perp / \|$ zum pn-Übergang in Grad 20/30 bis 15/20
- besserer Einkoppel-Wirkungsgrad in den Lichtwellenleiter von 70 % mit Linse
- kleinere Anstiegszeit 1 ns bis 0,1 ns

6.12 Ausführungsformen von Laserdioden

Laserdioden werden in vielfältigen Formen hergestellt. Material und Struktur bestimmen die Eigenschaften der Strahlungsquelle. Leitprinzip ist die im letzten Abschnitt dargestellte Strategie der transversalen und lateralen Führung von Ladungsträger und Lichtquant. Einige ausgewählte Typen sollen näher erläutert werden.

AlGaAs/GaAs-DHS-Laserdiode für 850 nm mit Streifenelektrode
Der technologische Aufbau der Laserdiode erfolgt durch epitaktisches Abscheiden der Schichten auf eine (100)-orientierte GaAs-Substratfläche. Die aktive Zone liegt in der 0,1 μm dicken GaAs-Schicht. Mit W_g = 1,43 eV wird eine Wellenlänge von etwa 870 nm

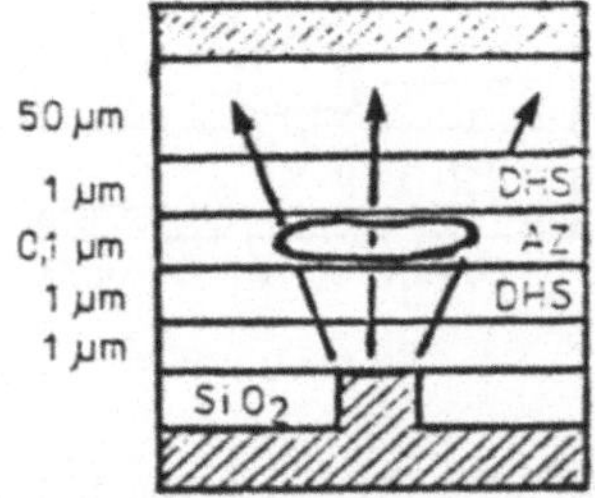

Bild 6.24 Schichtenfolge einer DHS-Laserdiode mit Streifenelektrode

emittiert. Durch Dotierung mit Si ist eine Verschiebung zu längeren Wellen bis 950 nmmöglich, Dotierung mit Al liefert kürzere Wellen bis 670 nm. Die aktive GaAs-Schicht ist beidseitig von p- bzw. n-dotierten Schichten mit größerem Bandabstand und kleinerer Brechzahl umgeben, Schichtstärke etwa 1 μm (Bild 6.24).

Zur Herstellung dieser DHS-Schichten dient der Mischkristall (Al,Ga)As. Bei einer Emissionswellenlänge von 870 nm wird für die DHS-Schichten die Zusammensetzung gewählt:

$$(Al_{0,2}Ga_{0,8})As = 20\ \%\ AlAs + 80\ \%\ GaAs$$

Mit W_g = 1,69 eV beträgt die Grenzwellenlänge 730 nm, die DHS-Schichten sind für $\lambda > 730$ nm transparent, Lichtquanten aus der aktiven Zone werden dort nicht absorbiert.

Für diesen Mischkristall ist W_g um 18 % höher und die Brechzahl um 5 % kleiner als für GaAs. Die Gitterkonstante ist nur 0,05 % kleiner, also nahezu konstant. Der Temperaturkoeffizient der Längenänderung ist $5{,}8 \cdot 10^{-6}\ K^{-1}$ für GaAs und $5{,}2 \cdot 10^{-6}\ K^{-1}$ für AlAs.

Ist die Emissionswellenlänge wesentlich kleiner als 870 nm, so ist die Grenzwellenlänge der DHS-Schicht ebenfalls kleiner zu machen. Dazu ist der AlAs-Anteil im Mischkristall entsprechend zu erhöhen.

Durch den höheren Bandabstand der DHS-Schichten wird die aktive Schicht von einer Potentialbarriere umgeben und damit die transversale Ladungsträger-Diffusion gestoppt. Durch die kleinere Brechzahll der DHS-Schichten entsteht an der Grenzfläche zur aktiven Schicht in transversaler Richtung beidseitig ein Brechzahlsprung mit Wellenleiterfunktion. Die Lichtquanten werden durch Totalreflexion in der aktiven Schicht konzentriert und zwischen den Laserspiegeln reflektiert.

Die untere Kontaktfläche ist zu einer Streifenelektrode ausgebildet. Damit erfolgt die Reduzierung des Rekombinationsvolumens auf ein Teilgebiet der aktiven Schicht (Laserdiode mit Gewinnführung).

Die DHS-Schichten konzentrieren Ladungsträger und Lichtquant auf die aktive Zone, verhindern Lichtquant-Reabsorption in den inaktiven Randschichten und bewirken in Verbindung mit der Streifenelektrode die Senkung der Schwellstromdichte auf 1 kA/cm^2.

InGaAsP/InP-DHS-Laserdiode für 1,3 μm mit V-Nut-Elektrode

Auf ein n-InP-Substrat werden durch Flüssigphasenepitaxie die in Bild 6.25 angegebenen Schichten aufgewachsen. Die Schichtstärken entsprechen den Werten im Bild 6.24.

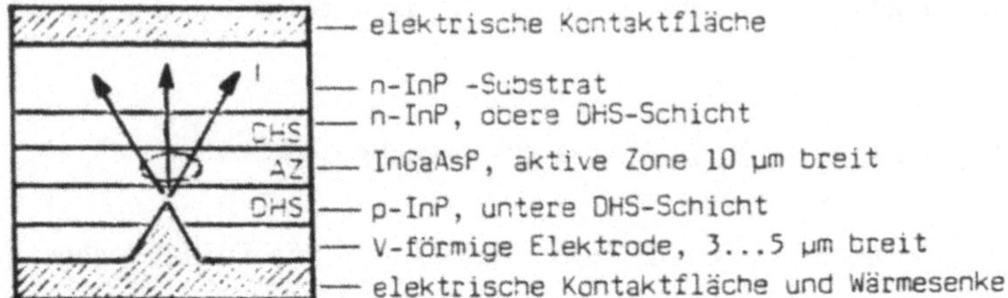

Bild 6.25 Schichtenfolge einer DHS-Laserdiode mit V-Nut-Elektrode

Durch Wahl der Mischkristallzusammensetzung in der aktiven Schicht kann der Bandabstand verändert werden. Mit dem Materialsystem InGaAsP können Laserdioden mit einer Emissionswellenlänge im Intervall 1,0 ... 1,7 μm hergestellt werden. Die p- bzw. n-dotierten InP-DHS-Schichten mit einem Bandabstand von 1,35 eV und einer Grenzwellenlänge von 920 mm wirken als Potentialbarriere zur Ladungsträgerkonzentration und erzeugen mit einem Brechzahlsprung von etwa 5 % einen ebenen Wellenleiter zur Lichtquantenführung in der aktiven Zone. Eine Lichtquanten-Reabsorption in den Randbereichen dieser Schichten ist wegen der kürzeren Grenzwellenlänge nicht möglich.

Die Realisierung der Streifenelektrode zum Aufbau einer gewinngeführten Laserdiode erfolgt durch eine V-Nut, die ausgehend von der unteren Deckschicht in das Material geätzt wird. Dadurch gelingt es, die Elektrode zur Ladungsträgerinjektion bis nahe an die aktive InGaAsP-Schicht heranzuführen und hier nur einen schmalen Streifen von 10 μm Breite zu aktivieren.

Elektrische und optische Eigenschaften:

- optische Ausgangsleistung: 35 mW cw
- I_s = 120 mA bei 30°C, stark temperaturabhängig. J_s = 1 kA/cm^2
- Diodenspannung 1,3 V
- Wirkungsgrad 40 ... 60 %
- elektrischer Serienwiderstand 2 Ω
- Wärmeleitwiderstand 20 K/W
- Strahlungscharakteristik: Halbwertsbreite 40° $\parallel$ und 20° $\perp$ pn-Übergang
- Einkoppelwirkungsgrad in G-Lichtwellenleiter 50 μm, N = 0,2: 70 % mit Linse
- Emissionsspektrum: bei kleinen Leistungen Multimodenanregung, bei großen Leistungen fast Monomodestrahlung
- Modulationsverhalten: Lichtimpulsanstiegszeit < 1 ns.

Singel mode (SM)-Laser mit verteilter Reflexion

Das Laserprinzip erfordert die Rückkopplung zwischen Welle und aktivem Medium, emittierte Photonen sollen durch stimulierte Rekombination die Emission weiterer Photonen induzieren und die optische Strahlung verstärken. Eine Möglichkeit, die Rückkopplung zu erreichen, besteht in der Anwendung des Fabry-Perot-Resonators durch Ausbildung teildurchlässiger Spiegel an den Kristall-Endflächen. Weitere mögliche Verfahren zur Erzeugung der Rückkopplung benutzen periodische Strukturen innerhalb der Laserdiode in Ausbreitungsrichtung der Welle. Das kann entweder in der aktiven Schicht selbst oder in den umgebenden DHS-Schichten geschehen. Diese periodischen Strukturen sollen in einem Abstand Λ aufeinanderfolgen mit der Bedingung:

$$\Lambda = m \frac{\lambda}{2n} \qquad m = 1, 2, 3, ... \tag{6.21}$$

Der Strukturabstand soll ein ganzzahliges Vielfaches der halben Wellenlänge im Medium sein. Diese periodischen Störungen wirken auf die im Wellenleiter der DHS-Schichten geführte Strahlung reflektierend, aber nicht abrupt wie beim Spiegellaser, sondern kontinuierlich, periodisch über die ganze Länge des Lasers verteilt, oder auch nur in einzelnen Teilbereichen, je nach Konstruktion. Die an den Strukturen entstehenden Reflexionen addieren sich bei Erfüllung der Gl. (6.21) phasenrichtig zum vorhandenen Wellenfeld, aus der Überlagerung der in beiden Richtungen laufenden Welle bildet sich eine stehende Welle. Damit wird die Rückkopplung (im Gegensatz zum Spiegellaser, der auch benachbarte Moden verstärkt) wellenlängenselektiv mit frequenzstabilisierender Wirkung auf die Betriebswellenlänge.

Für den Wellenlängenabstand des longitudinalen Modenspektrums ist jetzt der Strukturabstand Λ verantwortlich. Dieser Abstand hat die Größenordnung von 1 μm, ist im Vergleich zur Länge des Spiegellasers also sehr klein. Damit wird der Wellenlängenabstand der Moden so groß, daß in der Verstärkungsbandbreite des aktiven Mediums nur noch eine einzige Mode, die gewünschte Betriebswellenlänge, angeregt und verstärkt wird.

Eigenschaften der SM-Laser mit verteilter kontinuierlicher Reflexion:

- stabiler Monomodebetrieb
- geringe spektrale Bandbreite, etwa $\Delta\lambda = 0{,}1$ nm
- geringer Temperatureinfluß, etwa $\Delta\lambda = 0{,}05$ nm/K, eine Größenordnung besser als beim Spiegellaser
- reduzierter Divergenzwinkel
- verbesserter Einkoppelwirkungsgrad in den Lichtwellenleiter

- gut geeignet zur Einfügung in optoelektronische integrierte Schaltungen, der Ausgang der Laserdiode kann kontinuierlich in einen Wellenleiter übergehen
- Monomodebetrieb hoher Stabilität machen die SM-Laserdiode für den Überlagerungsempfang als Emitter und Empfangsoszillator geeignet.

SM-Laserdioden sind in zwei Typen bekannt geworden:

DFB-Laser: distributed feedback-Laser
DBR-Laser: distributed Bragg reflector-Laser.

Der Unterschied im Aufbau besteht in der Ausführung der Strukturierung: Beim DFB-Laser werden die periodischen Störungen in der aktiven Zone angebracht, beim DBR-Laser in den umgebenden DHS-Schichten oder in vorgelagerten Bereichen nach Bild 6.26.

SM-Laser werden als Fünfschichtstrukturen in doppelter DHS-Ausführung aufgebaut. Die Herstellung der periodischen Strukturen erfolgt mit der notwendigen Präzision nach photolithografischen Verfahren durch Interferenz von Laserstrahlen. Mittels Strahlteiler wird ein Interferenzfeld erzeugt, die parallel verlaufenden Linien haben einen Abstand von 0,2 μm.

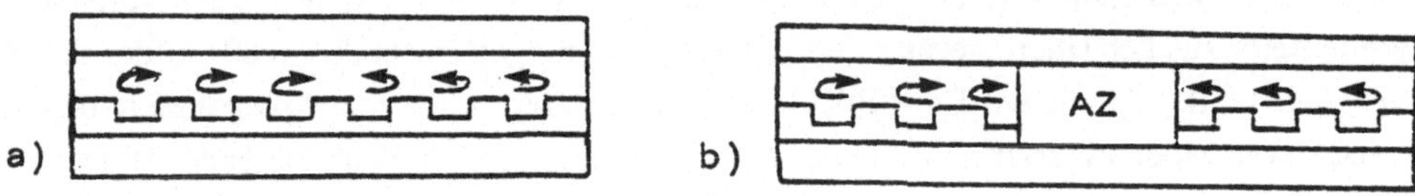

Bild 6.26 Erzeugung verteilter Reflexionen durch periodische Strukturen
a) DFB-Laser b) DBR-Laser

6.13 Wirkungsgrad der Laserdiode

Ausgangspunkt der Betrachtungen ist der LED-Wirkungsgrad, der in Abschnitt 6.8 diskutiert wurde. Mit dem Übergang von der spontanen zur stimulierten Emission mit optischem Verstärkungseffekt erfolgt auch ein Übergang zu einer neuen physkalischen Qualität, die insbesondere Auswirkungen auf den optischen Wirkungsgrad hat:

- Nach Überschreiten der Laserschwelle ist der optische Gewinn größer als die durch α und R verursachten Verluste, so daß insgesamt eine Verstärkung resultiert. Dieser Effekt wird durch einen Verstärkungswirkungsgrad beschrieben. Bei gleichen Reflexionsfaktoren an beiden Spiegeln gilt mit Gl. (6.18):

$$\eta_v = \frac{g - \alpha}{g} = \frac{\ln \frac{1}{R}}{\alpha L + \ln \frac{1}{R}} = \frac{1}{1 - \frac{\alpha L}{\ln R}} \tag{6.22}$$

- Die Lichtquanten erhalten eine einheitliche Ausbreitungsrichtung senkrecht zu den Spiegelflächen, so daß der Richtungswirkungsgrad gegen 1 geht, wenn beide Spiegel berücksichtigt werden, oder sich dem Wert 0,5 nähert, wenn bei gleichen Reflexionsfaktoren nur die Ausgangsleistung an einem Spiegel genutzt wird (was der Praxis entspricht).

Beide Effekte führen zu einer wesentlichen Verbesserung des Wirkungsgrades. Für den externen Quantenwirkungsgrad gilt jetzt:

$$\eta_{ex} = \eta_{intern}\, \eta_V\, \eta_s = \frac{\eta_{intern}\, \eta_s}{1 - \frac{\alpha L}{\ln R}} \tag{6.23}$$

Bei der Bestimmung des Wirkungsgrades der Laserdiode ist zu beachten, daß die P,I-Kennlinie an der Laserschwelle einen starken Knick aufweist. Es ist notwendig, mit den Größen ΔI und ΔP nach Bild 6.27 einen "differentiellen" Wirkungsgrad einzuführen, der nur für den Laserbereich der Kennlinie gültig ist. Das ist insbesondere zu beachten, wenn der differentielle externe Quantenwirkungsgrad mit Hilfe der P,I-Kennlinie bestimmt werden soll. Analog zu Gl.(6.10) gilt:

$$\eta_D = \frac{\Delta P}{\Delta I} \cdot \frac{q}{W_g} \tag{6.24}$$

oder als zugeschnittene Größengleichung zur Auswertung nach Bild 6.27:

$$\eta_D = 0{,}8\ \lambda/\mu\mathrm{m} \cdot \frac{\Delta P/\mathrm{mW}}{\Delta I/\mathrm{mA}} \tag{6.25}$$

Im Gegensatz zur LED mit einem Gesamtwirkungsgrad von etwa 1 % erreichen Laserdioden je Spiegel einen Wirkungsgrad von 20 ...40 % .

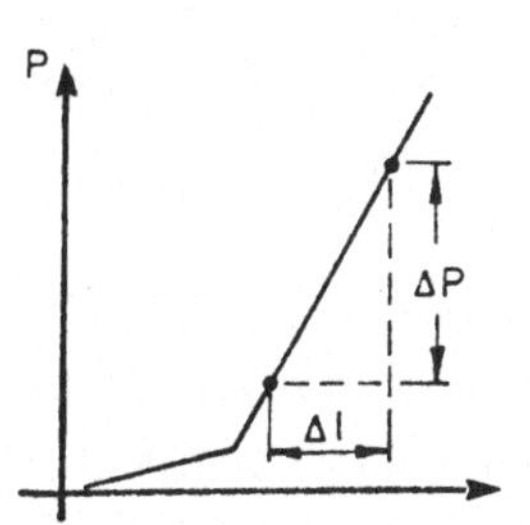

Bild 6.27
Zur Bestimmung des Wirkungsgrades der Laserdiode aus dem P,I-Diagramm

6.14 Einsatzbedingungen für Laserdioden

Beim Betrieb von Laserdioden sind drei typische Eigenschaften zu beachten:

- Die P,I-Kennlinie zeigt an der Laserschwelle eine ausgeprägte Knickstelle mit starker Änderung der Steilheit und der Strahlungseigenschaften.
- Strahlungsleistung und Wellenlänge sind temperaturabhängig.
- Alterungseffekte führen zum Anwachsen des Schwellstromes und zur Abnahme der Kennlinien-Steilheit (siehe Bilder 6.32 und 6.33).

Bei der Übertragung von PCM-Signalen hoher Bitrate wird zur Verkürzung der Lichtimpuls-Anstiegszeit ein Dioden-Ruhestrom (Unterlegstrom) verwendet, der von gleicher Größe wie der Schwellstrom ist. Dem Ruhestrom überlagerte Stromimpulse werden mit kurzen Schaltzeiten in optische Impulse umgewandelt (Bild 6.28).

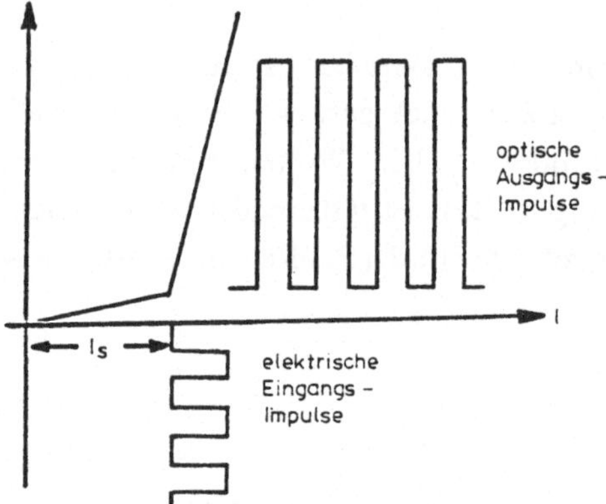

Bild 6.28
Betrieb der Laserdiode mit Dioden-Ruhestrom zur Festlegung des Arbeitspunktes

Die Übertragung der Information mit geringen Bitfehlerraten von 10^{-9} erfordert eine stabile Betriebsweise, die temperatur- und altersbedingte Störungen ausschließt. Temperatur- und Alterungseffekte wirken in gleicher Richtung: Mit steigender Temperatur und mit wachsender Betriebsdauer wird bei konstantem Diodenstrom die Ausgangsleistung kleiner. Sind Konstanz von Leistung und Wellenlänge notwendige Bedingungen für den Einsatzfall der Quelle, so sind Maßnahmen zur Stabilisierung erforderlich.

Ein bei kleinen Leistungen anwendbares einfaches Verfahren mit begrenzter Wirksamkeit besteht darin, am zweiten Laserspiegel eine Monitor-Photodiode anzukoppeln und über ein Steuersignal den Dioden-Ruhestrom nachzuregeln, bis der gleiche Leistungspegel erreicht ist. Wachsender Dioden-Ruhestrom erhöht jedoch die Verlustwärme, steigert die Temperatur, verändert die Wellenlänge und verkürzt die Lebensdauer.

Ein wirksameres Verfahren mit höherem Aufwand zeigt Bild 6.29. Ein Peltier-Element sorgt für eine konstante Betriebstemperatur der Laserdiode, auch bei höheren Strömen. Die Steuerung erfolgt über einen Thermistor als Temperaturfühler mit nachgeschalteter Regeleinrichtung. Damit ist unabhängig von Umgebungstemperatur und Diodenstrom eine konstante Betriebstemperatur vorhanden. Die Monitor-Photodiode am zweiten Laserspiegel liefert ein Steuersignal für eine elektronische Regeleinrichtung, die den Dioden-Ruhestrom so einstellt, daß der Leistungsspegel konstant bleibt.

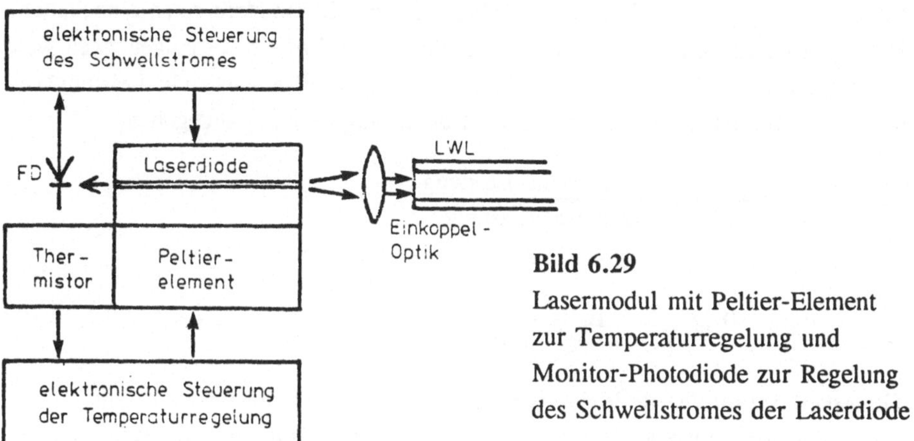

Bild 6.29
Lasermodul mit Peltier-Element zur Temperaturregelung und Monitor-Photodiode zur Regelung des Schwellstromes der Laserdiode

6.15 Ankopplung der Strahlungsquelle an den LWL

Für den Einsatz der Strahlungsquelle von entscheidender Bedeutung ist der Wirkungsgrad der Lichteinkopplung in den Lichtwellenleiter. Die in der Quelle erzeugte und durch das vorgesehene Fenster emittierte Ausgangsleistung soll möglichst vollständig in den Lichtwellenleiter eingespeist werden. Bei dieser Absicht sind einige systembedingte Verlustursachen zu beachten:

- Strahlungsverluste infolge Reflexion an Grenzflächen mit Brechzahlsprung (Fresnelverluste)
- Die strahlende Fläche der Quelle soll nicht größer - möglichst nur halb so groß- als die Lichtwellenleiter-Kernfläche sein.
- Divergenzwinkel oder numerische Apertur der Quelle sollen nicht größer sein als Akzeptanzwinkel oder numerische Apertur des Lichtwellenleiters.

Weitere Fehler entstehen bei der Positionierung des Lichtwellenleiters. Die richtige Anordnung der Faser am Fenster der Quelle ist eine heikle Sache, insbesondere bei

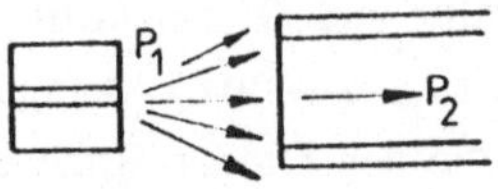

Bild 6.30
Die Strahlungsleistung P_1 der Quelle soll in den LWL überführt werden

Monomode- und Gradientenfasern sind Toleranzen im Mikrometerbereich einzuhalten. Auf Fehler, die aus unsachgemäßer Justierung resultieren, soll hier nicht eingegangen werden. Beim Einspeisen des Lichtes in die Faser nach Bild 6.30 entstehende Leistungsverluste werden durch Koppelwirkungsgrad η_K oder Koppeldämpfung A_K angegeben:

$$\eta_K = \frac{P_2}{P_1} = \frac{\text{eingekoppelte Leistung}}{\text{emittierte Leistung}} \tag{6.26}$$

$$A_K = 10\, lg \frac{P_2}{P_1} = 10\, lg \frac{1}{\eta_K} = -10\, lg\, \eta_K \tag{6.27}$$

Strahlungsverluste infolge Reflexion werden durch den Reflexionsfaktor erfaßt.
Für die an der Stirnfläche der Faser reflektierte Leistung und die in den LWL eingekoppelte Leistung gilt:

$$P_R = R P_1$$

$$P_2 = P_1 - P_R = (1 - R) P_1$$

Damit folgen Koppelwirkungsgrad und Koppeldämpfung zu:

$$\eta_K = \frac{P_2}{P_1} = \frac{(1 - R)P_1}{P_1} = (1 - R) \tag{6.27}$$

$$A_K = 10\, lg \frac{1}{1 - R} = -10\, lg\, (1 - R) \tag{6.28}$$

Der Reflexionsfaktor ist abhängig von den Brechzahlen der Medien. Bei senkrechtem Lichteinfall gilt:

$$R = \left(\frac{n_1 - n_2}{n_1 + n_2}\right)^2$$

Für den Übergang Emitter (GaAs, n = 3,6) zu Luft (n = 1) wird R_1 = 0,32, für den Übergang Luft - Lichtwellenleiter (n = 1,5) ist R_2 = 0,04.
Also ist:

$$\eta_1 = 1 - R_1 = 0{,}68 \doteq 68\ \% \quad \text{und} \quad A_1 = 1{,}67\ \text{dB}$$
$$\eta_2 = 1 - R_2 = 0.96 \doteq 96\ \% \quad \text{und} \quad A_2 = 0{,}177\ \text{dB} \tag{6.29}$$

Die aus beiden Reflexionsstellen resultierenden Reflexionsverluste insgesamt sind:

$$\eta_K = \eta_1 \cdot \eta_2 = 0{,}65 = 65\ \% \quad \text{oder} \quad A_K = A_1 + A_2 = 1{,}85\ \text{dB}$$

Reflexionsverluste können durch ein Imersionssystem vermindert werden. Es ist ohnehin erforderlich, den exakt positionierten Lichtwellenleiter am Austrittsfenster der Quelle zu fixieren. Mit dem Kleber werden die Reflexionsverluste reduziert, wenn die Brechzahl des Klebers der Bedingung entspricht:

$$n = \sqrt{n_1\, n_2} \tag{6.30}$$

Für den Übergang GaAs-Lichtwellenleiter folgt daraus: n = 2,32
Vielfach wird Epoxydharz mit n = 1,5 verwendet. Das ist zwar nicht die optimale Lösung, aber die Reflexionsverluste werden doch erheblich reduziert. Es wird R = 0,17 und $\eta_K = (1 - R) = 0{,}83$ sowie $A_K = 0{,}8$ dB, also um 1 dB weniger als oben.

Nach der eingangs gegebenen Übersicht ist der nächste entscheidende Faktor das Flächenverhältnis. Die Emitterfläche soll nur etwa halb so groß, höchstens jedoch von gleicher Größe wie die Lichtwellenleiter-Kernfläche sein. Das ist eine unabdingbare Grundvoraussetzung. Eine zu große Emitterfläche bewirkt eine Verlustkomponente nach Maß des Flächenverhältnisses. Eine um den Faktor 2 zu große Fläche bedeutet, daß 50 % der verfügbaren Ausgangsleistung verlorengehen. Dieser Fehler kann durch optische Hilfsmittel nicht korrigiert werden. Bei zu großer Fläche kann ein Flächenwirkungsgrad definiert werden gemäß:

$$\eta_F = \frac{\text{Kernfläche}}{\text{Emitterfläche}} \tag{6.31}$$

Der dritte entscheidende Faktor betrifft die numerische Apertur. Der Divergenzwinkel der Quelle darf nicht größer als der Akzeptanzwinkel der Faser sein. Nur unter diesen Bedingungen werden vom Lichtwellenleiter aufgenommene Strahlen durch den Vorgang der Totalreflexion ohne Verluste durch Brechung übertragen. Im Gegensatz zur Fläche besteht hier jedoch die Möglichkeit, mit optischen Hilfsmitteln korrigierend einzugreifen und den Strahlenverlauf so zu verändern, daß der Divergenzwinkel kleiner wird. Einige Beispiele zeigt Bild 6.31.

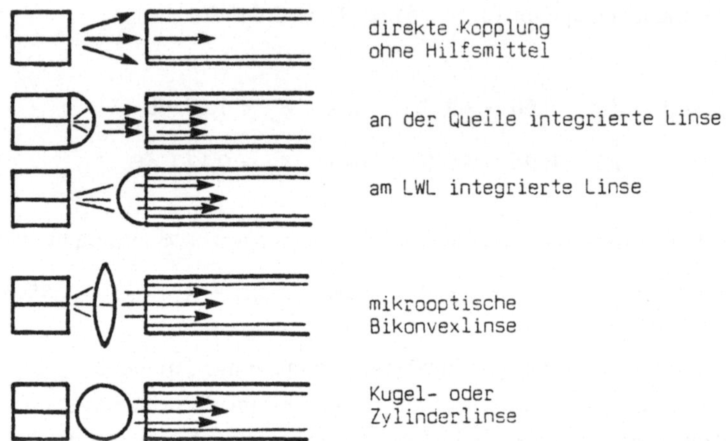

Bild 6.31 Optische Verbindungen von Strahlungsquelle und Lichtwellenleiter

Je nach Art der Strahlungsquelle und nach Art des Lichtwellenleiters sind die Koppelverluste von unterschiedlicher Größe, sie können 3 ... 18 dB betragen. Einen groben Überblick liefert Bild 6.32.

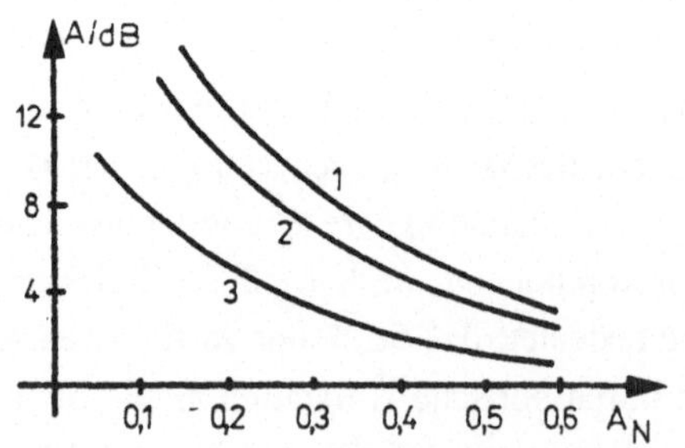

Bild 6.32
Größenordnung der Koppeldämpfung für verschiedene Strahlungsquellen und Lichtwellenleiter unterschiedlicher numerischer Apertur
1 - LED (Flächenstrahler)
2 - LED (Kantenstrahler)
3 - Laserdiode

6.16 Lebensdauer von Halbleiterstrahlungsquellen

Die enormen Belastungen, denen Halbleiter-Strahlungsquellen unterliegen, werden deutlich durch Bezug der Werte für Diodenstrom und optischer Ausgangsleistung auf die Abmessungen des Bauelementes. Hat die aktive Zone eine Fläche $A = 200\mu m \cdot 10\mu m = 2 \cdot 10^{-5} cm^2$, so ist bei einem Diodenstrom von 100 mA eine Stromdichte von J = I/A = 5 kA/cm^2 vorhanden. Bei einer Ausgangsleistung von 50 mW und einer strahlenden Fläche von 10 μm · 0,2 μm beträgt die Leistungsdichte 2,5 MW/cm^2. Hohe Stromdichte und hohe Leistungsdichte haben extreme thermische Probleme bei der Ableitung der Verlustwärme zur Folge. Deren Beherrschung ist von entscheidender Bedeutung für Stabilität und Lebensdauer der Quelle.

Als Folge der extremen elektrischen, optischen und insbesondere thermischen Belastung verändern Halbleiter-Strahlungsquellen mit zunehmender Betriebszeit ihre Eigenschaften. Besonders ausgeprägt ist dieses Verhalten bei Laserdioden zu beobachten. Der Alterungsprozeß ist anschaulich im P,I-Diagramm nach Bild 6.33 zu erkennen. Mit zunehmender Betriebszeit wird der Schwellstrom größer und die Steilheit der Kennlinie kleiner.

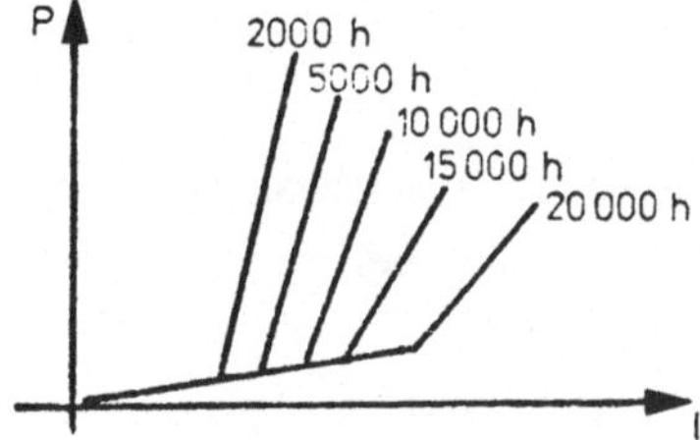

Bild 6.33
Alterungsprozesse bei Laserdioden haben irreversible Veränderungen der Laserschwelle und der Kennliniensteilheit zur Folge

Ursachen dieses Verhaltens sind vor allem:

- Kristallfehler, die nichtstrahlende Rekombination zur Folge haben und zu einer partiellen Erwärmung mit lokaler Verringerung des Quantenwirkungsgrades führen
- Veränderungen an der Kontaktierung mit Zunahme des elektrischen und thermischen Widerstandes
- bei der Herstellung der Spiegelflächen durch den Spaltvorgang entstehen unvermeidlich zahlreiche Gitterfehler, die bei der hohen abzustrahlenden Leistungsdichte von einigen MW/cm^2 Erosionserscheinungen bilden und zur Abnahme der Transmission führen.

Alle Ursachen wirken in gleicher Richtung: Sie führen zum Ansteigen der Temperatur und zum Abfallen des Wirkungsgrades, heben damit die Laserschwelle und senken die Steilheit. Ein Prozeß, der beschleunigt fortschreitet und zum Ausfall der Quelle führt. Der Einsatz von Systemen der optischen Signalübertragung in Anlagen des Fernmeldewesens zur Übertragung von Ferngesprächen, Rundfunkprogrammen oder Fernsehsendungen hat zur Voraussetzung, daß von den Systemkomponenten Lebensdauern von mehreren Jahrzehnten erreicht werden. Als Mindestforderung ist eine sichere Betriebsdauer von 10 Jahren $\approx 10^5$ h anzusehen, anzustreben sind 20 Jahre. Als Lebensdauer einer Strahlungsquelle ist die Zeit definiert, in der bei konstantem Diodenstrom die optische Ausgangsleistung auf den halben Wert abgefallen ist (3 dB-Abfall). Infolge der hohen Zeiträume sind Lebensdaueruntersuchungen nicht direkt ausführbar. Die Messungen werden auf etwa 1 Jahr reduziert und dafür unter Streßbedingungen bei verschiedenen, wesentlich höheren Betriebstemperaturen und hohen Ausgangsleistungen an vielen Dioden parallel ausgeführt. Eine derartige Meßreihe ist im Bild 6.34 dargestellt. Die bei Halbleiter-Strahlungsquellen erreichbaren Lebensdauern sind abhängig von Material, Konstruktion, Technologie, Diodenstrom, Ausgangsleistung und Temperatur. Aufgrund bisheriger Erfahrungen, die aus Langzeituntersuchungen im normalen Betriebszustand sowie aus Kurzzeitmessungen (etwa 1 Jahr) unter Streßbedingungen resultieren, werden für LED bei Raumtemperatur (300 K) derzeit Lebenserwartungen von 10^6 h angegeben, in der Literatur sind extrapolierte Höchstwerte von 10^9 h zu finden. Für Laserdioden liegen die garantierten Betriebszeiten bei 10^5 h.

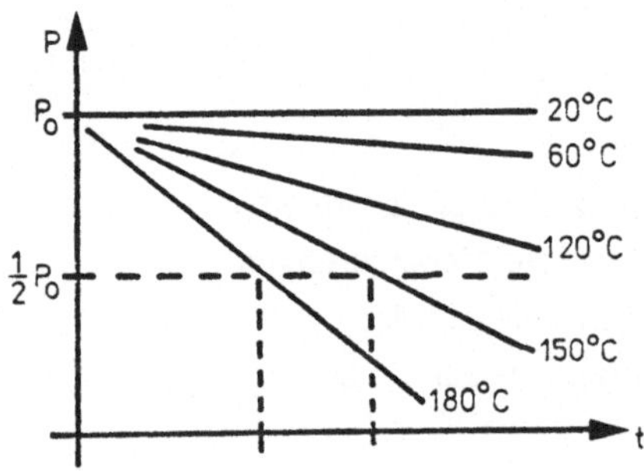

Bild 6.34
Abnahme der Ausgangsleistung mit der Betriebszeit bei unterschiedlichen Betriebstemperaturen

7 Strahlungsempfänger für Lichtwellenleiter-Übertragungssysteme

7.1 Übersicht und allgemeine Anforderungen an Strahlungsdetektoren

Als Strahlungsempfänger für den optischen Spektralbereich finden in Physik und Technik zur Lösung vielfältiger Aufgaben verschiedene Geräte Anwendung. Dabei werden zwei Funktionsprinzipien ausgenutzt:

- Indirektes Verfahren, bei dem die Energie der Lichtquanten zunächst in Wärmeenergie umgewandelt wird. Die entstehende Temperaturerhöhung beeinflußt weitere physikalische Größen, deren Änderung beobachtet wird. Allen thermischen Verfahren gemeinsam ist eine vergleichsweise geringe Empfindlichkeit sowie eine große Zeitkonstante, die Anzeige folgt nur träge einer Änderung der Eingangsgröße.
- Direktes Verfahren, bei dem einfallende Photonen unmittelbar zur Wirkung kommen. Die Strahlungsenergie der Photonen wird direkt in elektrische Energie umgewandelt. Entscheidende Vorteile dieser Quantenempfänger sind hohe Empfindlichkeit und geringe Zeitkonstante.

Nach dem thermischen Verfahren arbeitende Detektoren sind infolge der angegebenen Mängel für den Einsatz in Signalübertragungssystemen ungeeignet. Nach dem direkten Verfahren arbeiten mehrere Gerätetypen. Sie werden zusammenfassend als Quantendetektoren bezeichnet. Zur Gruppe der Quantendetektoren gehörende Geräte sind in der folgenden Übersicht zusammengestellt.

Tabelle 7.1 Quantendetektoren (direkte Verfahren)

Vakuum-Bauelemente	Festkörper-Bauelemente
Photozellen Photovervielfacher	Photodioden Photoelemente Photowiderstände Phototransistoren Photothyristoren

Bei Photozelle und Photovervielfacher handelt es sich um Bauelemente der Vakuumtechnik, das Arbeitsprinzip beruht auf dem äußeren Photoeffekt: Durch auftreffende Photonen werden aus der Oberfläche der Photokathode Elektronen abgelöst und im umgebenden Vakuum zur Stromleitung verwendet.

Die weiteren Gerätetypen sind Bauelemente in Festkörperausführung, sie sind Ergebnisse der Halbleiterphysik. Ihre Arbeitsweise beruht auf dem inneren Fotoeffekt: Die Energie absorbierter Lichtquanten wird verwendet, um ein Elektron aus dem Valenzband ins Leitungsband zu heben. Das Elektron verbleibt jedoch im Halbleiter, es steht als "freier" Ladungsträger im Material zum Stromtransport zur Verfügung.

Photodioden und Photoelemente unterscheiden sich zunächst durch die Betriebsart. Photodioden werden mit einer negativen Vorspannung betrieben, Ausgangsgröße ist ein Photostrom, sie werden als opto-elektronische Signalwandler eingesetzt. Photoelemente werden ohne Vorspannung betrieben, Ausgangsgröße ist eine Photospannung, sie werden in der Meßtechnik z.B. als Belichtungsmesser eingesetzt und finden zunehmend als Solarbatterien zur Nutzung der Sonnenenergie Anwendung. Bei Photowiderständen (Photoleiter) wird die elektrische Leitfähigkeit durch absorbierte Lichtquanten verändert. Die Zunahme der Leitfähigkeit ist der absorbierten optischen Leistung proportional. Hohe Ladungsträgerlaufzeiten führen zu niedrigen Grenzfrequenzen bzw. zu geringen verarbeitbaren Bitraten. Daher sind Photowiderstände für die optische Signalübertragung nicht geeignet.

Jedes der aufgeführten Geräte ist durch individuelle Eigenschaften charakterisiert. Die Auswahl für einen speziellen Anwendungsfall wird durch die Einsatzbedingungen bestimmt.

Die Anforderungen an Strahlungsempfänger für den Einsatz in Lichtwellenleiter-Übertragungssystemen sind so beschaffen daß sie in ihrer Gesamtheit nur von Halbleiter-Photodioden erfüllt werden. Lediglich zur Verarbeitung niedriger Bitraten, wie sie in der Automatisierungstechnik auftreten, sind auch Fototransistoren geeignet. Der Vorteil dieser Bauelemente liegt im niedrigen Preis, in der mit der Signalwandlung verbundenen internen Verstärkung des elektrischen Signals und in der vergleichsweise einfachen Empfängerschaltung. Wo immer in der Automatisierungstechnik möglich, sollten daher Phototransistoren eingesetzt werden. Photothyristoren haben als Aktoren in Automatisierungsanlagen eine aussichtsreiche Zukunft. Aktoren sind Bauelemente, die sich am Ende einer Regelkette zur Prozeßautomatisierung befinden. Sie haben die Aufgabe, von einem Sensor ermittelte Informationen nach Auswertung in einem Computer als Steuersignal über ein Stellglied auf die zu überwachende Größe zur Prozeßregelung zu übertragen.

Im einzelnen sind von optoelektronischen Signalwandlern beim Einsatz in Lichtwellenleiter-Übertragungssystemen folgende Forderungen zu erfüllen:

- spektrale Bandbreite (Wellenlängenbereich) soll möglichst dem gesamten Übertragungs bereich des Lichtwellenleiters entsprechen, optimale Eigenschaften sind bei der Betriebswellenlänge der Strahlungsquelle zu fordern
- hohe Empfindlichkeit
- weiter erfaßbarer Leistungsbereich (Dynamik)
- hohe verarbeitbare Bitrate, der Übertragungskapazität des Lichtwellenleiters angemessen
- linearer Kennlinienverlauf, erforderlich für den Einsatz in Analogsystemen, bei digitaler Kodierung der Information keine unbedingte Forderung, auch nichtlineare Systeme sind geeignet
- niedriges Rauschen, insbesondere kleiner Dunkelstrom
- einfache Betriebsbedingungen: geringer Schaltungsaufwand, einfache Stromversorgung, kleine Betriebsspannung
- geringe Abhängigkeit des Photostromes von Schwankungen der Betriebsspannung und der Umgebungstemperatur
- geringe Abmessungen, kompatibel zum Lichtwellenleiter und zur Mikroelektronik
- hohe Zuverlässigkeit: lange Lebensdauer, geringe Alterung der Kennwerte bei Dauerbetrieb über mehrere Jahrzehnte.

Strahlungsquelle, Lichtwellenleiter und Strahlungsempfänger bilden ein System, in dem die Eigenschaften der Komponenten aufeinander abzustimmen sind. Die von einem Strahlungsdetektor zu fordernden Eigenschaften sind immer im Zusammenhang mit den Eigenschaften von Strahlungsquelle und Lichtwellenleiter als Übertragungsmedium zu sehen. Grundvoraussetzungen sind vor allem die Auswahl der Betriebswellenlänge, die für alle drei Komponenten im vorgesehenen Übertragungsbereich optimal sein muß, sowie die Übereinstimung in der Fähigkeit zur Verarbeitung der vorgesehenen Bitrate.

7.2 Funktionsprinzip der Halbleiter-Photodiode

Die Wirkungsweise der Photodiode beruht auf der Wechselwirkung von Lichtquanten mit dem atomaren Energiesystem eines Halbleiters. Dabei erfolgt die Umwandlung der elektromagnetischen Strahlungsenergie der Lichtquanten in elektrische Energie des entstehenden Photostromes. Bei Einstrahlung von Lichtquanten werden durch den inneren lichtelektrischen Effekt Ladungsträgerpaare (LTP) gebildet. Ein Elektron aus dem Valenzband (VB) wird bei Absorption der Fotoenergie ins energiereichere Leitungsband (LB) gehoben. Elektron im Leitungsband und zurückbleibendes Loch im Valenzband bilden ein im Kristall frei bewegliches Ladungsträgerpaar. Dieser angeregte Zustand ist in der Regel nur von kurzer Dauer. Erfolgt keine räumliche Trennung der Ladungsträgerpaare, so rekombinieren beide innerhalb ihrer Lebensdauer. Die mittlere Lebensdauer τ im Halbleiter ist abhängig von Material und Dotierung. Je nach Material liegt die Lebensdauer im Intervall $10^{-3} \ldots 10^{-9}$ s.

Die Bildung des Photostromes erfolgt durch die Trennung der generierten Ladungsträgerpaare. Diese Trennung erfordert ein Medium mit einem besonderen physikalischen Zustand. Es ist ein begrenzter Raumbereich notwendig, in dem ein elektrisches Feld vorhanden ist. Diese Voraussetzung besteht in der Raumladungszone (RLZ), die sich um den pn-Übergang eines Halbleiters ausbildet. Im Bereich der Raumladungszone unterliegen die dort gebildeten Ladungsträgerpaare den Wirkungen des elektrischen Feldes. Der Richtung des elektrischen Feldes folgend, driften die Elektronen zum n-Gebiet, die Löcher zum p-Gebiet

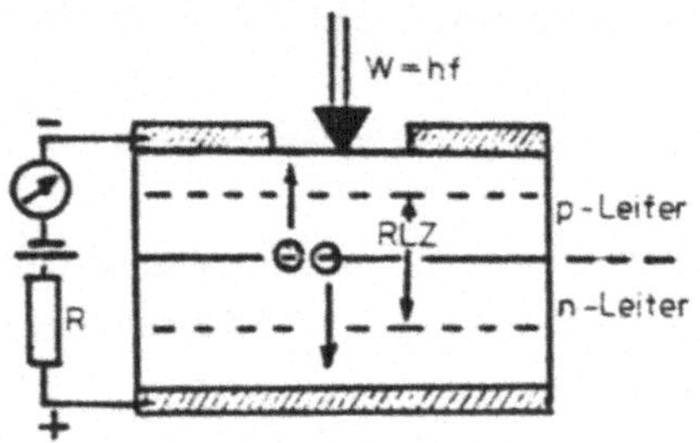

Bild 7.1 Prinzipaufbau einer HL-Photodiode

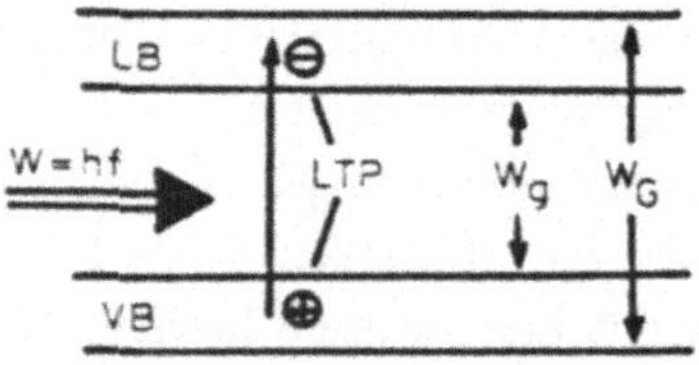

Bild 7.2 Bildung von Ladungsträgerpaaren durch Photonenabsorption

Die in der Raumladungszone bewegten Ladungsträger bilden den Photostrom, der durch den äußeren Kreis geschlossen wird und hier meßbar ist. Im Idealfall leistet jedes Photon über den Wirkungsmechanismus Absorption - LTP Generation -LTP Trennung mit einem Elektron einen Beitrag zum Photostrom. Voraussetzung für die Aufnahme der Photonenenergie in das Energiesystem des Halbleiter-Materials ist die Erfüllung der Energiebeziehung $W_F \geq W_g$. Die Energie der Photonen muß größer oder zumindest gleich der Energiebandlücke des Halbleiters sein: $W_g = W_L - W_V$. Damit sind für Frequenz und Wellenlänge der Lichtquanten Grenzbedingungen ableitbar. Mit f_g = Grenzfrequenz und λ_g = Grenzwellenlänge gilt:

$$W_F = hf = \frac{hc}{\lambda} \geq W_g \tag{7.1}$$

$$f \geq \frac{W_g}{h} = f_g \qquad \lambda \leq \frac{hc}{W_g} = \lambda_g \tag{7.2}$$

Oder als zugeschnittene Größengleichungen:

$$\frac{f}{\mathrm{Hz}} \geq 2{,}42 \cdot 10^{14} \cdot \frac{W_g}{eV} \qquad \frac{\lambda_g}{\mu\mathrm{m}} \leq \frac{1{,}24}{W_g/\mathrm{eV}} \tag{7.3}$$

Die Grenzwellenlänge $\lambda_g = hc/W_g$ wird auch als Absorptionskante oder als cutt-off-Wellenlänge bezeichnet. Sie ist mit W_g eine charakteristische Materialkonstante.

- Für $\lambda > \lambda_g$ erfolgt keine Absorption, da die Quantenenergie zu klein ist, um ein Elektron ins Leitungsband zu heben. Das Material ist für derartige Strahlungen transparent.
- Für $\lambda \leq \lambda_g$ ist die Energie der Lichtquanten ausreichend, um einen Anregungsvorgang auszuführen. Die Quantenenergie wird im Energiebandsystem gespeichert, indem ein Elektron aus dem Valenzband ins Leitungsband gehoben, also in einen um W_g reicheren Energiezustand versetzt wird. Durch das absorbierte Lichtquant ist ein Ladungsträgerpaar erzeugt worden.

Halbleiter verfügen über breite Energiebänder. Daraus folgt, daß bei der Wechselwirkung mit Lichtquanten ein breites Energiespektrum aufgenommen werden kann: $W = W_g \ldots W_G$. Dem entspricht ein Wellenlängenspektrum $\lambda = \lambda_G \ldots \lambda_g$. Die langwellige Grenze λ_g des Wellenlängenbereiches wird durch den inneren Bandkantenabstand W_g bestimmt, die kurzwellige Grenze λ_G durch den äußeren Bandkantenabstand W_G (siehe Bild 7.2.). Halbleiter-Materialien, die zum Bau von Photodioden für Strahlungsempfänger im Bereich des SiO_2-Lichtwellenleiters eingesetzt werden, sollten möglichst ein Spektrum aufweisen, das dem Übertragungsbereich des Lichtwellenleiters entspricht, also ein Intervall von (0,8 ...1,8) μm erfassen.

7.3 Wirkungsgrad der Photodiode

Eine wichtige physikalische Größe für eine Photodiode ist der Wirkungsgrad η. Um bei gegebener optischer Eingangsleistung einen möglichst großen Photostrom zu erreichen, soll η möglichst den Wert 1 annehmen. Es ist daher für die Entwicklung einer Photodiode wichtig zu wissen, von welchen Faktoren η abhängt und welche Maßnahmen erforderlich sind, um η in gewünschter Weise zu beeinflussen.

Für eine Photodiode besteht der Gesamtwirkungsgrad aus zwei Komponenten:

- Reflexionswirkungsgrad, beschreibt die Verluste an optischer Strahlung beim Auftreffen des Lichtes auf die Diodenoberfläche durch Reflexion infolge Brechzahlsprung

- Absorptionswirkungsgrad oder "innerer" Quantenwirkungsgrad, beschreibt die Effektivität der Energieumwandlung innerhalb des Diodenmaterials (Trennung der durch absorbierte Lichtquanten generierten Ladungsträgerpaare).

Der Gesamtwirkungsgrad, der auch als "äußerer" Quantenwirkungsgrad bezeichnet wird, folgt als Produkt beider Teilwirkungsgrade.

7.3.1 Reflexionswirkungsgrad

Die optische Strahlung wird der Photodiode über einen Lichtwellenleiter zugeführt. Die aufnehmende Fläche (lichtempfindliches Fenster) der Photodiode muß der emittierenden Fläche des Lichtwellenleiters entsprechen. Bei größerem Abstand zwischen Lichtwellenleiter-Endfläche und Photodiode ist der Divergenzwinkel zu berücksichtigen. Der Lichtwellenleiter ist sorgfältig auf das lichtempfindliche Fenster der Photodiode auszurichten, um Verluste durch Flächenfehlanpassung auszuschließen. Eine Photodiode mit wesentlich zu großem Fenster ist wegen des proportional zur Fläche ansteigenden Dunkelstromes zu vermeiden.

Für Lichtwellenleiter bis 200 μm Kerndurchmesser sind Photodioden mit einem Fensterdurchmesser von 300 μm angemessen (Fläche etwa 0,1 mm^2).Beim Auftreffen des Lichtes auf die Oberfläche der Photodiode entstehen Energieverluste durch Reflexion. Ein Teil der auffallenden Photonen wird an der Oberfläche reflektiert. Die mathematische Erfassung dieses Vorganges erfolgt durch den Reflexionskoeffizienten R:

$$R = \frac{\text{reflektierte Leistung}}{\text{auftreffende Leistung}} = \frac{P_r}{P_1} \tag{7.4}$$

Für den reflektierten Leistungsanteil P_r und für den in das Halbleiter-Material der Diode eindringenden Leistungsanteil P_2 gilt dann:

$$P_r = RP_1$$

$$P_2 = P_1 - P_r = P_1 - RP_1 = (1 - R)P_1$$

Damit folgt der Reflexionswirkungsgrad zu:

$$\eta_R = \frac{\text{eindringende Leistung}}{\text{auftreffende Leistung}} = \frac{P_2}{P_1} = 1 - R \tag{7.5}$$

Der Reflexionswirkungsgrad gibt an, wieviel Prozent des auffallenden Lichtes bzw. der auffallenden Photonen in die Diode eindringen. Er ist linear abhängig von R, der Verlauf der Funktion η(R) ist in Bild 7.3. dargestellt.

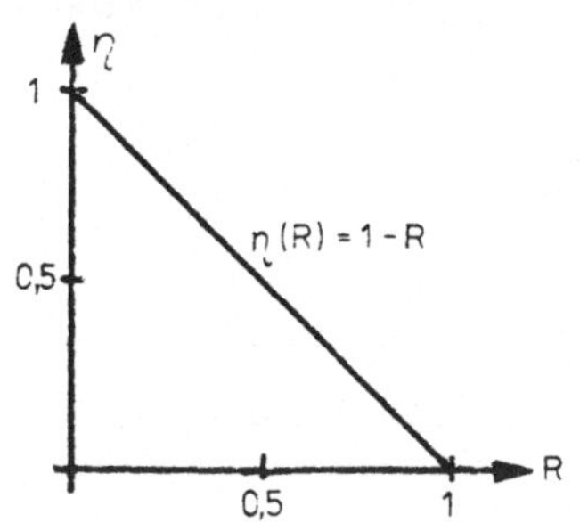

Bild 7.3 Reflexionswirkungsgrad

Der Reflexionskoeffizient R ist eine Eigenschaft der Grenzfläche zweier Medien, er ist abhängig von den Brechzahlen der Medien. Bei senkrechtem Einfall des Lichtes gilt die schon in Gl.(2.52) angegebene Beziehung für R.
Treffen die Lichtquanten aus Luft auf die Materialoberfläche, so ist $n_1 = 1$. Die für Photodioden verwendeten Materialien haben Brechzahlen um $n_2 = 3{,}5$. Damit ist bei senkrechtem Einfall des Lichtes ein Reflexionskoeffizient R = 0,3 vorhanden und der Reflexionswirkungsgrad ist $\eta_R = 0{,}7$. Es werden also schon 30 % des auffallenden Lichtes an der Oberfläche reflektiert und scheiden somit für die Fotostrombildung aus.

Eine Verminderung der materialbedingten hohen Reflexionsverluste ist durch Aufbringen eines Antireflexionsbelages (ARB) möglich. Die Kristalloberfläche wird mit einer λ/4-dicken Schicht aus einem Material bedampft, dessen Brechzahl gleich dem geometrischen Mittel aus n_1 und n_2 ist. Die Bedingung für die Brechzahl des Antireflexbelages lautet also:

$$n = \sqrt{n_1 n_2} \tag{7.6}$$

Der Übergang Luft/Si erfordert für den Antireflexionsbelag ein Material mit n = 1,86. Damit kann der Reflexionswirkungsgrad bis nahe 1 verbessert werden. Bei Einstrahlung aus Luft wird für Photodioden aus Si mit n = 3,45 oder Ge mit n = 4,0 zur Oberflächenvergütung Si_3N_4 mit n = 1,97 verwendet.

Die Kompensation gilt wegen der λ/4-Bedingung optimal nur für die ausgewählte Betriebswellenlänge. Sie beeinflußt ferner den spektralen Verlauf der Empfindlichkeit dieser Diode. Solange Photodioden beim Einsatz in Signalübertragungsanlagen nur bei einer bestimmten Wellenlänge betrieben werden, ist der spektrale Empfindlichkeitsverlauf nicht von entscheidender Bedeutung. Die Eigenschaften müssen für eine auf die Strahlungsquelle abgestimmte Betriebswellenlänge oder bei Wellenlängenmultiplexbetrieb für einen relativ schmalen Bereich optimal sein.

7.3.2 Absorptionswirkungsgrad oder "innerer" Quantenwirkungsgrad

Entscheidend für den Absorptionswirkungsgrad ist die im Material der Photodiode erreichbare Quantenausbeute. Zur Effektivität der Photostrombildung vermögen nur die Lichtquanten einen Beitrag zu leisten, die in der felderfüllten Raumladungszone absorbiert werden, denn nur hier werden die generierten Ladungsträgerpaare unmittelbar nach ihrer

Entstehung getrennt und bilden den Photostrom. Für den inneren Quantenwirkungsgrad ist daher zu schreiben:

$$\eta_A = \frac{\text{Anzahl der getrennten LTP}}{\text{Anzahl der absorbierten LQ}} = \frac{\Delta z}{z} = \frac{\Delta P}{P} \tag{7.7}$$

Damit ist der Quantenwirkungsgrad zurückgeführt auf die in der Raumladungszone absorbierte relative Strahlungsleistung. Für die an der Stelle x im Material der Photodiode noch vorhandene Leistung gilt mit P_1 = Eingangsleistung:

$$P(x) = P_1 e^{-\alpha x} \tag{7.8}$$

Und die auf der Strecke x in der Diode absorbierte Leistung ΔP ist dann:

$$\Delta P = P_1 - P(x) = P_1(1 - e^{-\alpha x})$$

Wird ΔP auf die Eingangsleistung P bezogen, so entsteht eine Gleichung, mit der die in der Raumladungszone absorbierte relative Strahlungsleistung erfaßt wird:

$$\frac{\Delta P}{P} = 1 - e^{-\alpha x} \tag{7.9}$$

Voraussetzung dabei ist, daß in der vor der Raumladungszone liegenden Diodenschicht vergleichsweise wenig Lichtquanten absorbiert werden. Das ist möglich, wenn diese Schicht sehr dünn gehalten wird. Dann kann x = w gesetzt werden, und Gl.(7.10) liefert direkt den Absorptionswirkungsgrad der Photodiode:

$$\eta_A = \frac{\Delta P}{P} = 1 - e^{-\alpha w} \tag{7.10}$$

Aus dieser Gleichung sind wesentliche Eigenschaften der Energieumwandlung in der Photodiode zu erkennen:

1 η_A ist mit α material- und wellenlängenabhängig. Es ist das Material auszuwählen, das bei der gewünschten Betriebswellenlänge den größten α-Wert aufweist.
2 Die Effektivität der Energieumwandlung ist von der Tiefe w der Raumladungszone abhängig, w muß ausreichend groß sein.

Die Tiefe w der Raumladungszone definiert den Bereich, in dem eine Trennung der generierten Ladungsträgerpaare erfolgt. Ein hoher Wirkungsgrad der Energieumwandlung verlangt eine große Raumladungszonen-Tiefe. Die in Gl. (7.12) enthaltene Abhängigkeit des Quantenwirkungsgrades von w ist anschaulich und übersichtlich in Bild 7.4 dargestellt. Als Einheit für w wurde hierbei, um eine universelle Anwendbarkeit des Diagramms zu erreichen, die effektive Eindringtiefe $x_E = 1/\alpha$ gewählt. Die zu den verschiedenen Materialien gehörenden konkreten individuellen Werte von x_E sind Bild 7.8 zu entnehmen.

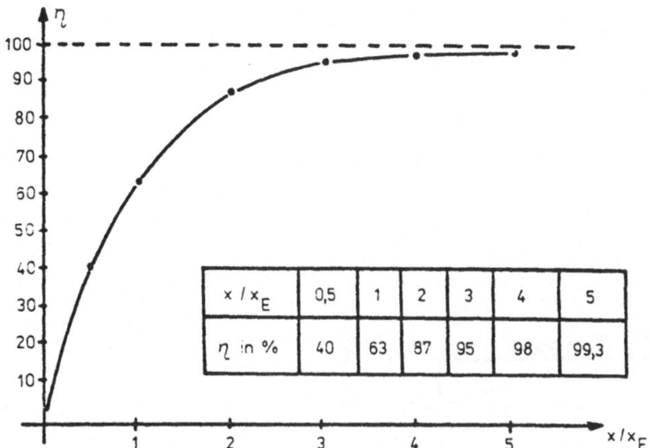

x / x_E	0,5	1	2	3	4	5
η in %	40	63	87	95	98	99,3

Bild 7.4 Quantenwirkungsgrad als Funktion der Raumladungszonentiefe

Ein Quantenwirkungsgrad, der dem Wert 1 nahekommen soll, erfordert eine Raumladungszone, deren Tiefe ein Vielfaches der effektiven Eindringtiefe x_E beträgt. Erst bei $x = 4\ x_E$ werden 98,2 % der eindringenden Leistung absorbiert. Danach ist der Zuwachs von η mit x nur noch minimal, bei 5 x_E ist der Abstand zum Grenzwert nur noch 0,7 % und damit vernachlässigbar klein. Mithin kann $x = 5\ x_E$ in der Praxis als die Materialstärke betrachtet werden, die erforderlich ist, um eine einfallende optische Strahlung vollständig zu absorbieren und in elektrische Gleichstromleistung umzuwandeln.

Je nach den Eigenschaften, die eine zu entwickelnde Photodiode aufweisen soll, sind in der Praxis Raumladungszonen-Tiefen im Intervall $w = 0{,}5 \ldots 5\ x_E$ anzutreffen. Kleine Werte von w sind von kleinen Ladungsträger-Laufzeiten begleitet, sie ermöglichen schnelle Photodioden, die hohe Bitraten verarbeiten können, der Wirkungsgrad jedoch ist klein. Mit $w = 5\ x_E$ wird ein hoher Wirkungsgrad erreicht, hohe Transitzeiten haben jedoch zur Folge, daß nur kleine Bitraten übertragen werden können.

Reflexion des Lichtes an der Oberfläche und Effektivität der Energieumwandlung durch Ladungsträgerpaar-Trennung in der Photodiode ergeben den Gesamtwirkungsgrad:

$$\eta = \eta_R\ \eta_A = (1 - R)(1 - e^{-\alpha x}) \qquad (7.11)$$

η wird bestimmt durch Reflexionsfaktor, Absorptionskonstante und Tiefe der Raumladungszone. Die Energiebilanz ist anschaulich aus Bild 7.5 erkennbar. P_1 bedeutet die insgesamt zugeführte optische Strahlungsleistung, P_{eff} die tatsächlich zur Photostrombildung genutzte Leistung.

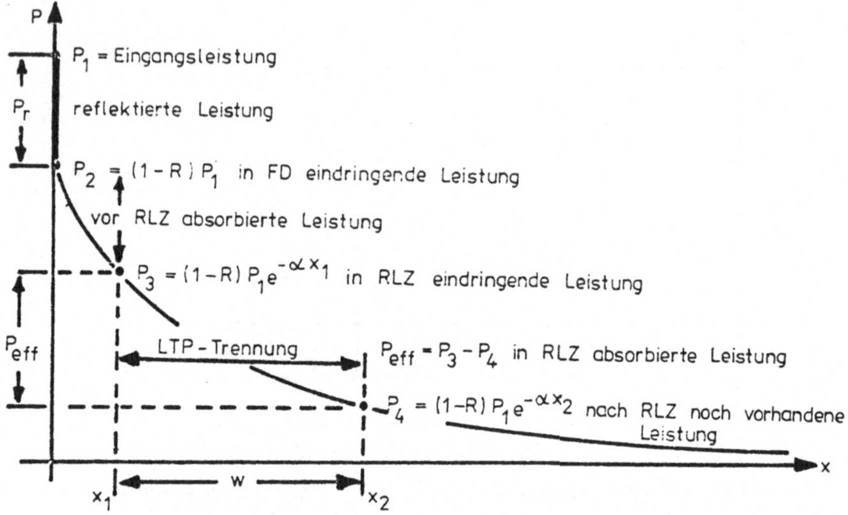

Bild 7.5 Energiebilanz der Photodiode. Dämpfung der Eingangsleistung durch Reflexion und Absorption. Nur im Feld der Raumladungszone erfolgt durch Trennung der Ladungsträgerpaare die Photostrombildung.

7.4 Berechnung des Photostromes

Bedeutet P die aus einem Lichtwellenleiter austretende und auf die Oberfläche der Diode auftreffende konstante optische Strahlungsleistung, dann ist $W = Pt = z_1 W_F$ die in der Zeit t vom Lichtwellenleiter abgestrahlte optische Energie. $W_F = hf$ ist die Energie eines Lichtquants. Die mit der Energie W verbundene, in der Zeit t abgestrahlte Anzahl z_1 von Lichtquanten folgt zu:

$$z_1 = \frac{W}{W_F} = \frac{Pt}{hf} = \frac{\text{Gesamtenergie aller } z_1 \text{ LQ}}{\text{Energie eines LQ}} \tag{7.12}$$

Nicht alle vom Lichtwellenleiter in der Zeit t emittierten z_1 Lichtquanten erzeugen ein Elektron für den Photostrom. Ein Teil der Photonen wird bereits an der Oberfläche der Photodiode reflektiert, ein Teil der in das Halbleitermaterial eindringenden Photonen wird außerhalb der Raumladungszone in Volumenbereichen absorbiert, die nicht zur Photostrombildung beitragen. Diese Verluste werden durch den Gesamtwirkungsgrad erfaßt, der nach Gl.(7.13) berechnet werden kann. Unter Verwendung von z_1 und z_2, der Anzahl der erzeugten Elektronen im Photostrom, kann der Gesamtwirkungsgrad aber auch definiert werden zu:

$$\eta = \frac{z_2}{z_1} = \frac{\text{Anzahl der getrennten LTP}}{\text{Anzahl der emittierten LQ}} \tag{7.13}$$

Damit wird die Anzahl der in der Zeit t im Raumladungszonen-Bereich getrennten Ladungsträgerpaare berechenbar nach der Gleichung:

$$z_2 = \eta \frac{Pt}{hf} \tag{7.14}$$

Für den durch diese Ladungsträgerpaare gebildeten Photostrom gilt mit q (Elementarladung) und $Q = z_2 q$ (in der Zeit t transportierete Gesamtladung):

$$I = \frac{Q}{t} = \frac{z_2 q}{t}$$

Mit Gl. (7.14) folgt für den Photostrom:

$$I = \frac{\eta q P}{h f} = \frac{\eta q \lambda P}{hc} = (1 - R)(1 - e^{-\alpha w}) \frac{q \lambda P}{hc} \tag{7.15}$$

Aus dieser Gleichung sind wichtige Eigenschaften des in der Diode gebildeten Photostroms zu erkennen:

1. Der Photostrom ist eine lineare Funktion der eingestrahlten optischen Leistung. Experimentelle Untersuchungen zeigen, daß der Linearitätsbereich 7 Dekaden umfaßt:

   $$P = 0{,}1 \text{ nW} \ldots 1 \text{ mW} = (10^{-10} \ldots 10^{-3}) \text{ W}$$

2. Der Photostrom ist der Wellenlänge des Lichtes direkt proportional. Bei gleicher Lichtleistung liefert langwelliges Licht einen höheren Photostrom als kurzwelliges Licht. Vom Standpunkt der Empfangstechnik ist daher der langwellige Übertragungsbereich des Lichtwellenleiters bei 1,6 μm vorzuziehen. Im Vergleich zu 0,8 μm Wellenlänge ist bei gleicher optischer Leistung ein doppelt so hoher Photostrom vorhanden.
3. Der Photostrom ist linear abhängig vom Wirkungsgrad. Mit $\eta = (1 - R)(1 - e^{-\alpha w})$ wird diese Abhängigkeit auf weitere Größen übertragen.
4. Der Photostrom ist mit R abhängig von den Reflexionseigenschaften der Oberfläche.

5. Der Photostrom ist mit α materialabhängig. Gewünscht wird ein möglichst großer α-Wert.
6. Der Photostrom ist mit w abhängig von der Tiefe der Raumladungszone. Größtmögliche Stromwerte entstehen für $w \geq 5\,x_E$, jedoch senken hohe Ladungsträger-Laufzeiten die maximal mögliche Impulsfolgefrequenz bei modulierten Signalen. Es ist w so zu wählen, daß ein geeigneter Kompromiß zwischen Wirkungsgrad und maximaler Bitrate entsteht.

Eine wichtige Kenngröße einer Photodiode ist die Empfindlichkeit. Sie ist definiert durch die Gleichung:

$$S = \frac{\text{abgegebener Photostrom}}{\text{zugeführte Lichtleistung}} = \frac{I}{P} = \frac{\eta q \lambda}{hc} \tag{7.16}$$

Die Einheit von S folgt aus dieser Gleichung zu:

$$[S] = \frac{\text{As}\cdot\text{m}}{\text{Js}\cdot\text{m/s}} = \frac{\text{As}}{\text{J}} = \frac{\text{As}}{\text{Ws}} = \frac{\text{A}}{\text{W}} \quad \text{oder} \quad \frac{\text{mA}}{\text{mW}}$$

Die Einheitenbetrachtung wurde hier zur Übung ausgeführt, sie folgt natürlich einfacher aus S = I/P. Die Empfindlichkeit gibt den Photostrom in mA an, der bei einer optischen Eingangsleistung von 1 mW entsteht. Damit ist S eine wichtige Kenngröße, sie ermöglicht den Vergleich verschiedener Photodioden. Im Strom-Leistungs-Diagramm entspricht die Empfindlichkeit der Steilheit der Kurve I = I(P). Für die Meßtechnik bedeutet eine hohe Empfindlichkeit ein gutes Auflösungsvermögen, also eine Reduzierung der zufälligen Meßunsicherheit. Zwei nahe beieinander gelegene Meßpunkte können um so besser getrennt werden, je höher die Empfindlichkeit ist. Berücksichtigt man

$$\frac{q}{hc} = \frac{1{,}6\cdot 10^{-19}\ \text{As}}{6{,}626\cdot 10^{-34}\ \text{Js}\cdot 3\cdot 10^{8}\ \text{m/s}} = 8\cdot 10^{5}\ \frac{\text{A}}{\text{W}\cdot\text{m}} = 0{,}8\ \frac{\text{A}}{\text{W}\cdot\mu\text{m}}$$

so können für Empfindlichkeit und Photostrom einfach zu handhabende zugeschnittene Größengleichungen geschrieben werden:

$$\frac{S}{\text{A/W}} = 0{,}8\ \eta \cdot \frac{\lambda}{\mu\text{m}} \tag{7.17}$$

$$\frac{I}{\text{mA}} = 0{,}8\ \eta \cdot \frac{\lambda}{\mu\text{m}} \cdot \frac{P}{\text{mW}} \tag{7.18}$$

Die theoretisch zu erwartenden wellenlängenabhängigen Maximalwerte der Empfindlichkeit (mit $\eta = 1$) von Photodioden sind Tabelle 7.2 oder aus Bild 7.6. zu entnehmen.

Tabelle 7.2 Maximal mögliche Empfindlichkeitswerte für Photodioden

λ in μm	0,8	1	1,25	1,4	1,6	1,8
S in A/W	0,64	0,8	1	1,12	1,28	1,44

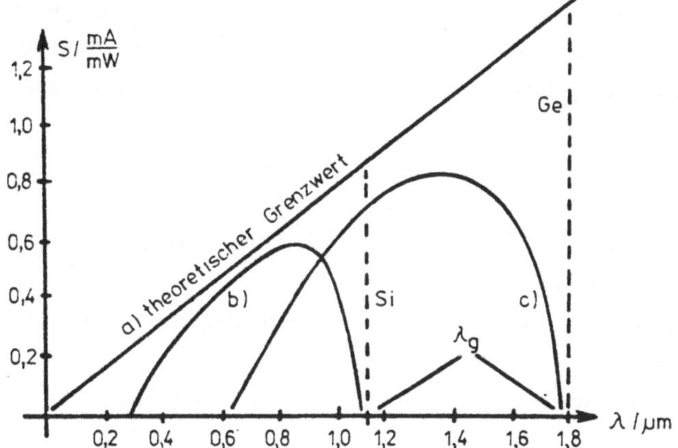

Bild 7.6 Spektraler Verlauf der Empfindlichkeit von Photodioden
a) theoretische Maximalempfindlichkeit, idealisiert mit $\eta = 1$
b) und c) realer Verlauf für Si- und Ge-FD, konstruktionsabhängig

Die senkrechten Geraden im Bild 7.6 markieren die Grenzwellenlängen für Silizium und Germanium. Die Dioden sind prinzipiell nur links von λ_g funktionsfähig. Die theoretische Grenzkurve ist nicht identisch mit dem spektralen Verlauf der Empfindlichkeit realer Photodioden. Durch verschiedene Ursachen bedingt treten erhebliche Abweichungen auf. Die Grenzkurve wird nicht erreicht oder nur in einem kleinen Intervall angenähert. Mögliche Beispiele dafür sind die Kurven b) und c) in Bild 7.6.

Aus Gl. (7.19) folgen für den Photostrom Minimalwerte für die untere Leistungsgrenze von 0,1 nW und Maximalwerte für die obere Grenze von 1 mW. Diese Extremwerte sind λ-abhängig, sie wurden mit $\eta = 1$ für verschiedene Wellenlängen in Tabelle 7.3 angegeben.

Tabelle 7.3 Photostrom bei verschiedenen Wellenlängen

P	λ = 0,8 μm	λ = 1 μm	λ = 1,25 μm	λ = 1,6 μm
0,1 nW	0,06 nA	0,08 nA	0,1 nA	0,12 nA
1 mW	0,6 mA	0,8 mA	1 mA	1,2 mA

Die Verstärkung des Photostromes bzw. der am Arbeitswiderstand abfallenden Photospannung erfolgt mit den üblichen Methoden der Elektronik. Es werden integrierte Schaltkreise mit Feldeffekttransistoren oder Bipolartransistoren in der Eingangsstufe verwendet. Diese Geräte werden dann z.B. als pin-FET-Empfänger oder als APD-BPT-Empfänger bezeichnet.

In der Photodiode erfolgt die Umwandlung der optischen Strahlungsenergie des Lichtes in elektrische Energie des entstehenden Photostromes. Die Stärke des Photostromes ist der zugeführten optischen Leistung proportional, die I(P)-Kennlinie hat einen linearen Verlauf.

Daraus folgen wichtige Anwendungsmöglichkeiten für Photodioden:

- Einsatz als optisch-elektrischer Signalwandler in Informationsübertragungssystemen mit Lichtwellenleiter als Übertragungsmedium
- Verwendung als optoelektrischer Sensor in der Automatisierungs- und Meßtechnik mit breitem Einsatzbereich
- Anwendung zur Leistungsmessung im Bereich optischer Strahlung.

Für den letzten Anwendungsfall folgt die optische Leistung als Funktion des gemessenen Photostroms nach Gl. (7.15) zu

$$P = \frac{hcI}{\eta q \lambda} = \frac{hc}{\eta q} \cdot \frac{I}{\lambda} \tag{7.19}$$

oder als zugeschnittene Größengleichung:

$$\frac{P}{\text{mW}} = \frac{1{,}24}{\eta} \cdot \frac{I/\text{mA}}{\lambda/\mu\text{m}} \tag{7.20}$$

7.5 Bildung von Ladungsträgerpaaren in verschiedenen Bereichen der Photodiode

Die Absorption von Lichtquanten geeigneter Energie erfolgt in allen Bereichen der Photodiode, jedoch mit unterschiedlicher Absorptionsrate und mit unterschiedlichem Einfluß auf den Photostrom.

Für die Photostrombildung sind drei Absorptionsbereiche zu unterscheiden, in denen eine Trennung der Ladungsträgerpaare erfolgt:

- Raumladungszone (RLZ in Bild 7.7)
- Diffusionszone für Elektronen im p-Gebiet (DZE in Bild 7.7)
- Diffusionszone für Löcher im n-Gebiet (DZL in Bild 7.7).

Die Lage dieser Bereiche im Volumen der Photodiode ist in Bild 7.7. dargestellt.

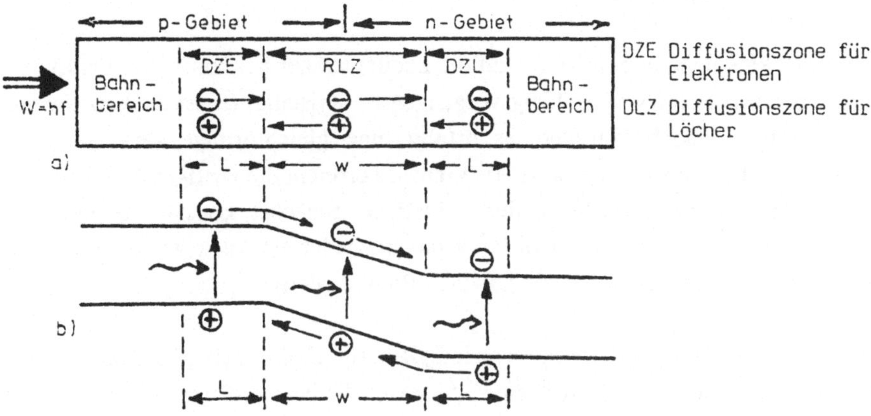

Bild 7.7 Photostrombildung durch Trennung von Ladungsträgerpaaren
a) Vorgang im HL-Material b) Darstellung im Energiebadsystem

Angestrebt wird die Absorption von Lichtquanten nur in der Raumladungszone, da nur in diesem Fall die gebildeten Ladungsträgerpaare optimal zur Photostrombildung beitragen. Die in der Raumladungszone gebildeten Ladungsträgerpaare werden im elektrischen Feld getrennt und bewegen sich mit der Driftgeschwindigkeit. Der Richtung des elektrischen Feldes folgend, driften die Elektronen zur n-Schicht, die Löcher zur p-Schicht.

In den an die Raumladungszone angrenzenden Bereichen der p- und n-Schicht gebildete Ladungsträgerpaare vermögen nur dann zur Photostrombildung beizutragen, wenn sie innerhalb der jeweiligen Diffusionszone entstanden sind. Die Tiefe der Diffusionszone folgt aus $L = v_D \tau$ mit v_D = Diffusionsgeschwindigkeit, τ = mittlere Lebensdauer. L ist genau die Strecke, die ein Ladungsträger in der Zeit τ durchlaufen kann. Da die Diffusionsgeschwindigkeit für Elektronen und Löcher unterschiedlich ist, ist auch die Strecke L unterschiedlich. Elektronen diffundieren schneller als Löcher, sie legen in der Zeit τ eine größere Strecke zurück.

Außerhalb dieser drei Zonen in den Bahnbereichen der Diode gebildete Ladungsträgerpaare können nicht getrennt werden, der Abstand zur Raumladungszone ist zu groß. Sie rekombinieren innerhalb der Lebensdauer, leisten keinen Beitrag zum Photostrom und senken den Wirkungsgrad der Energieumwandlung.

Die Geschwindigkeiten der Ladungsträger in Drift- und Diffusionszonen sind abhängig von Material und Dotierung und von der Art der Ladungsträger. Die Geschwindigkeit der Elektronen ist etwa doppelt so hoch wie die der Löcher.

Im Bereich der Raumladungszone wirkt auf die Ladungsträger bei konstanter Feldstärke eine konstante Kraft. Als Folge von Reibungsvorgängen im Kristallgitter ist die Geschwindigkeit der Ladungsträger jedoch konstant, es erfolgt eine gleichförmige Bewegung. Ist die Feldstärke ausreichend hoch, Richtwert 10^4 V/cm, so erreicht die Driftgeschwindigkeit einen Grenzwert, der bei weiter ansteigender Feldstärke zunächst konstant bleibt. Erst bei wesentlich höherer Feldstärke von etwa 10^5 V/cm ist wieder ein Ansteigen der Geschwindigkeit zu beobachten (Arbeitsbereich für Lawinen-Photodioden).

In Silizium hat die Sättigungs-Driftgeschwindigkeit für Elektronen und Löcher den Wert $v_E = 8 \cdot 10^6$ cm/s und $v_L = 4 \cdot 10^6$ cm/s. In vielen Fällen wird mit einem gemeinsamen Wert von $v = 5 \cdot 10^6$ cm/s gerechnet. Die Diffusionsgeschwindigkeit ist um Größenordnungen kleiner, sie liegt bei 10^4 cm/s.
Die im Photostrom zur Wirkung kommenden Ladungsträger entstammen den drei angegebenen Absorptionsbereichen. Die aus den Diffusionsbereichen kommenden Ladungsträger, insbesondere die aus der Löcher-Diffusionszone, üben wegen ihrer geringen Geschwindigkeit einen ungünstigen Einfluß auf das Frequenzverhalten der Diode aus. Die Ladungsträger-Laufzeiten beeinflussen die maximal verarbeitbaren Bitraten. Ein neuer Lichtimpuls darf der Diode erst zugeführt werden, wenn die vom vorhergehenden Impuls gebildeten Ladungsträgerpaare den Bereich der Raumladungszone verlassen haben. Die Gesamtlaufzeit ist $t = T_{Drift} + t_{Diff}$, die daraus folgende maximal mögliche Impulsfolgefrequenz also $f_{max} = 1/t = 1/(t_{Drift} + t_{Diff})$. Hohe verarbeitbare Bitraten sind erreichbar durch:

- Reduzierung der Diffusionszonen
- geringe Raumladungszonen-Tiefen.

Um schnelle Photodioden mit hohen Schaltgeschwindigkeiten zu erreichen, ist es erforderlich, den Anteil der aus den Diffusionszonen stammenden Ladungsträger zu reduzieren. Dazu sind konstruktive Maßnahmen geeignet. Die vor der Raumladungszone liegende Halbleiter-Schicht wird extrem dünn ausgebildet oder aus einem Material hergestellt, das für Photonen der vorgesehenen Betriebswellenlänge transparent ist oder zumindest einen wesentlich kleineren α-Wert aufweist. Die gleiche Maßnahme ist auch für die hinter der Raumladungszone liegende Diffusionszone anzuwenden. Eine Schicht der Stärke L soll Photonen der

Betriebswellenlänge möglichst wenig absorbieren. Die Photonendichte ist in dieser hinteren Zone jedoch ohnehin schon wesentlich geringer geworden, unter Umständen schon so klein, daß besondere Maßnahmen entfallen können.

Geringe Raumladungszonen-Tiefen widersprechen der Forderung nach einem hohen Wirkungsgrad. Quantenwirkungsgrad und Ladungsträgerlaufzeit sind abhängig von der Tiefe der Raumladungszone. Ein hoher Wirkungsgrad fordert $w = 5\ x_E$, niedrige Ladungsträgerlaufzeiten fordern w möglichst klein zu machen. Es ist eine Entscheidung zugunsten der im speziellen Fall wichtigeren Größe zu treffen. Als Kompromiß wird häufig $w = x_E$ angewendet.

7.6 Materialien für Halbleiter-Photodioden

Halbleiter-Materialien von Photodioden werden vor allem durch zwei fundamentale Kenngrößen charakterisiert: durch Bandabstand W_g und Absorptionskonstante α. Durch W_g wird die langwellige Einsatzgrenze λ_g definiert, α ist von Einfluß auf Quantenwirkungsgrad und Ladungsträgerlaufzeit. Beide Größen sind miteinander verknüpft, λ_g ist der Fußpunkt der Dämpfungskurve. Die Absorptionskonstante ist material- und wellenlängenabhängig. Der Verlauf von α als Funktion von λ ist für einige praktisch wichtige Materialien in Bild 7.8. dargestellt. Der Ursprung der Kurven, die Grenzwellenlänge λ_g, wird durch den Bandabstand W_g definiert: $\lambda_g = hc/Wg$. Für $\lambda < \lambda_g$ ist α wellenlängenabhängig, bei λ_g beginnend steigt α mit fallendem λ steil zu hohen Funktionswerten an. Bei dem Mischkristall InGaAsP ist zu beachten, daß der Fußpunkt λ_g der α-Kurve variabel ist und durch das Mischungsverhältnis festgelegt wird. Die eingezeichnete Kurve gilt für eine Mischung, die für den Einsatz bei 1,27 μm bestimmt ist.

Während für Strahlungsquellen ausschließlich direkte Halbleiter verwendet werden, finden für Strahlungsdetektoren auch Halbleiter mit indirektem Bandübergang Anwendung. Direkte und indirekte Halbleiter sind am Verlauf der Absorptionskurve in Bild 7.8. erkennbar. Direkte Halbleiter beginnen an der Absorptionskante mit einem steilen Anstieg der α-Kurve, bei indirekten Halbleitern ist deutlich erkennbar ein nicht so steiler Verlauf vorhanden. Zum Beispiel ist Silizium ein indirekter Halbleiter, der Verlauf der Kurve ist im gesamten Bereich weniger steil. Die übrigen Materialien in Bild 7.8. beginnen an der Bandkante als direkte Halbleiter und gehen im kurzwelligen Bereich in die indirekte Form über. Der flachere Kurvenverlauf für indirekte Halbleiter wird durch die wegen des Impulserhaltungssatzes notwendige Beteiligung von Phononen an der Energieumwandlung verursacht. Dieser Übergang ist statistisch weniger wahrscheinlich als der direkte Übergang, der Verlauf der Kurve ist flacher.

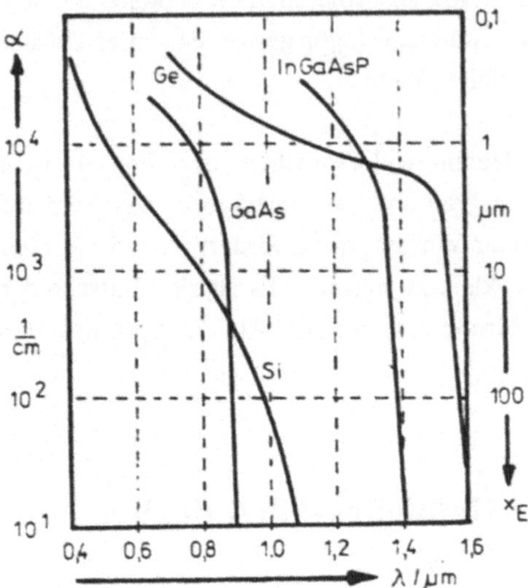

Bild 7.8 Absorptionskoeffizient und effektive Eindringtiefe für einige Halbleiter-Materialien

Im Wellenbereich des SiO_2-Lichtwellenleiters haben zur Herstellung von Photodioden für die optische Signalübertragung die in Tabelle 7.4 angegebenen Materialien besondere Bedeutung erlangt. Grundsätzlich können Emittermaterialien auch als Detektormaterial eingesetzt werden. Als Bedingung für eine hohe Empfindlichkeit ist jedoch ein sehr kleiner Dunkelstrom nachzuweisen. Im Übertragungsbereich um 0,85 μm wird bevorzugt Silizium verwendet. Es besitzt hervorragende Eigenschaften und es kann auf eine schon in der Transistor-

Tabelle 7.4 Materialien für Photodioden

Material	Wellenbereich in μm
Si	0,3 ...1,1
Ge	0,4 ...1,8
GaInAs	0,9 ...2
GaAsSb	0,9 ...1,6
InGaAsP	1,0 ...1,7
AlGaSb	1,5 ...1,8

Produktion und der Mikroelektronik entwickelte bewährte Technologie der Materialaufbereitung und -verarbeitung zurückgegriffen werden. Germanium ist zwar sehr günstig hinsichtlich des Wellenlängenbereiches von (0,4 ...1,8) μm, und es bestehen die gleichen günstigen technologischen Vorleistungen wie bei Silizium, hat aber bedingt durch thermische

Anregung, bei Raumtemperatur einen hohen Dunkelstrom, der die Empfindlichkeit der Diode begrenzt und damit die Bedeutung dieses Materials wesentlich herabsetzt. Es ist als Übergangsmaterial mit zeitlich begrenztem Einsatz anzusehen.

Daher wurde nach neuen Materialien mit besseren Eigenschaften gesucht. Gute Ergebnisse wurden mit dem quaternären Mischkristall InGaAsP auf einem InP-Substrat erzielt. Durch geeignete Materialzusammenstellung kann der Bandabstand in Grenzen nach Maß eingestellt werden. Die Zusammensetzung ist so zu wählen, daß die Grenzwellenlänge λ_g deutlich größer als die vorgesehene Betriebswellenlänge wird, um hinreichend kleine effektive Eindringtiefen als Voraussetzung für geringe Ladungsträgerlaufzeiten und hohen Wirkungsgrad zu erhalten. Wichtig ist die Übereinstimmung der Gitterkonstanten und des Ausdehnungskoeffizienten von Mischkristall und Substratmaterial, um thermisch bedingte Störeffekte zu vermeiden und eine hohe Stabilität und Lebensdauer zu erreichen. In der Regel wird die Photodiode möglichst breitbandig ausgelegt. Es ist aber durch gezielte Nutzung aller frei wählbaren Parameter in Materialzusammensetzung und Konstruktion auch möglich, die Photodiode für die Wellenlänge einer gewünschten Strahlungsquelle so weit zu sensibilisieren, daß sie bei nicht zu kleinem Kanalabstand als selektiver Empfänger und Demultiplexer im Wellenlängenmultiplexbetrieb einsetzbar ist.

7.7 Dimensionierung von Photodioden

Die Gebrauchseigenschaften einer Photodiode für den Einsatz in der optischen Signalübertragung werden vor allem durch die folgenden Größen beschrieben:

Wellenlängenbereich

Der Wellenlängenbereich wird, wie schon angegeben, durch das Material bestimmt und auf der langwelligen Seite durch $\lambda_g = hc/W_g$ begrenzt. Mit W_g ist λ_g material-charakteristisch. Der gesamte mögliche Wellenlängenbereich ist mit einer Diode bei gleichbleibend guten Eigenschaften nicht erfaßbar. Die λ-Abhängigkeit von Oberflächenvergütung (ARB) und effektive Eindringtiefe erfordern die Optimierung für eine vorgesehene Betriebswellenlänge.

Empfindlichkeit

Die Empfindlichkeit der Photodiode wird entscheidend durch den Wirkungsgrad beeinflußt, der von Reflexionskoeffizient und Tiefe des felderfüllten Raumes abhängt. Erforderlich ist ein für die vorgesehene Betriebswellenlänge bemessener Antireflexionsbelag und eine ausreichende Tiefe der Raumladungszone. In erster Näherung soll $w \approx x_E$ sein.

Maximal übertragbare Bitrate

Die maximal verarbeitbare Bitrate für digital kodierte Information wird durch drei Zeitfaktoren begrenzt: Ladungsträgerlaufzeiten in der Raumladungszone und in der Diffusionszone sowie durch die RC-Zeitkonstante für den Photostrom.

Ladungsträgerlaufzeit in der Raumladungszone

Da die materialbedingte konstante Sättigungs-Driftgeschwindigkeit vorgegeben ist, ist die Transitzeit der Ladungsträger nur von w abhängig, t = w/v. Praktisch interessierende Werte für t (in Nanosekunden) sind für Silizium mit $v = 5 \cdot 10^6$ cm/s in der folgenden Tabelle angegeben.

Tabelle 7.5 Ladungsträgerlaufzeiten in der Raumladungszone der Tiefe w für Si

w in μm	1	5	10	50	100	500	1000
t in ns	0,02	0,1	0,2	1	2	10	20

Zeiten für Diffusionsvorgänge

Diese sind konstruktiv zu beeinflussen. Die vor der Raumladungszone liegende Materialschicht wird sehr dünn ausgeführt. Dann wird das Volumen der Diffusionszone sehr klein und Diffusionsströme bleiben vernachlässigbar gering.

RC-Zeitkonstante des aus Sperrschichtkapazität und Lastwiderstand gebildeten Stromkreises: Durch einen Lichtimpuls wird die Raumladungszone mit Ladungsträgern gefüllt und der von der Sperrschicht gebildete Kondensator in der Transitzeit aufgeladen. Die Entladung erfolgt über den Lastwiderstand nach einer e-Funktion. Die zur Entladung erforderliche Zeit wird durch die Zeitkonstante $\tau = RC$ charakterisiert (Zeit für 63 %-Entladung). Für R wird meist ein Wert von 50 Ω verwendet. Eine kleine Zeitkonstante erfordert eine kleine Sperrschichtkapazität $C = \epsilon A/w$, also eine kleine Fläche und eine große Raumladungszonentiefe. Die Größenordnung für C von Photodioden liegt bei 1 pF, sie ist mit w abhängig von der Sperrspannung. Praktisch interessierende Werte für τ in Nanosekunden mit $R = 50\ \Omega$ sind in der folgenden Tabelle angegeben.

Tabelle 7.6 Zahlenwerte für RC-Zeitkonstanten von Photodioden

C in pF	0,1	0,2	0,5	1	2	5	10
τ in ns	0,005	0,01	0,025	0,05	0,1	0,25	0,5

Die maximal übertragbare Bitrate wird durch beide Zeitvorgänge, Ladungsträger-Laufzeit und RC-Konstante, begrenzt. In erster Näherung liefert $B = 1/(t + \tau)$ einen groben Richtwert für die von der Diode maximal verarbeitbare Impulsfolgefrequenz.

Durch die Tiefe der Raumladungszone werden verschiedene Eigenschaften der Photodiode in unterschiedlicher Weise beeinflußt:

- Ein hoher Wirkungsgrad erfordert eine möglichst große Raumladungszonen-Tiefe.
- Hohe Bitraten erfordern kleine Ladungsträger-Laufzeiten, nur erreichbar durch möglichst geringe Raumladungszonen-Tiefen.
- Die Raumladungszonen-Tiefe beeinflußt die Sperrschichtkapazität der Diode und über die RC-Zeitkonstante den Entladungsvorgang. Eine geringe Zeitkonstante erfordert eine kleine Kapazität, also eine große Raumladungszonen Tiefe.

Bei der Entwicklung einer Photodiode ist der Dimensionierung der Raumladungszone besondere Beachtung zu schenken. Es sind widersprüchliche Forderungen zu berücksichtigen, die im konkreten Fall abzuschätzen sind und möglicherweise einen Kompromiß oder eine Entscheidung zu Gunsten der wichtigeren Größe erfordern.

7.8 Photodioden vom pn-Typ

Den prinzipiellen Aufbau einer pn-Photodiode zeigt Bild 4.9. An der Grenzfläche von p- und n-dotiertem Halbleiter entsteht der pn-Übergang, ein schmaler Volumenbereich mit besonderen physikalischen Eigenschaften: die in ihm vorhandenen Raumladungen führen zur Ausbildung eines hohen elektrischen Feldes. Dieser Feldbereich ist entscheidend für die Funktion der Photodiode, hier erfolgt die Trennung der bei Photonenabsorption generierten Ladungsträgerpaare und damit die Bildung des Photostromes.

Die Tiefe der Raumladungszone ist abhängig vom Grad der Dotierung und von der Höhe der angelegten Spannung. Um dem Feldbereich die erforderliche Tiefe von $w = (1 \ldots 5)\, x_E$ zu geben, ist eine negative Vorspannung (Sperrspannung) notwendig. Durch Wahl der Sperrspannung kann die Raumladungszonentiefe in Grenzen geregelt werden, erreichbar sind jedoch nur Werte bis zu einigen Mikrometern. Der Verlauf der Feldstärke wird durch die Dotierung beeinflußt. Unterschiedliche Dotierung zu beiden Seiten der Grenzfläche hat einen unterschiedlichen Verlauf der Feldstärke in diesen Bereichen zur Folge. Starke Dotierung bewirkt einen steilen Anstieg, bei schwacher Dotierung wird ein flacher Verlauf der Kurve erreicht.

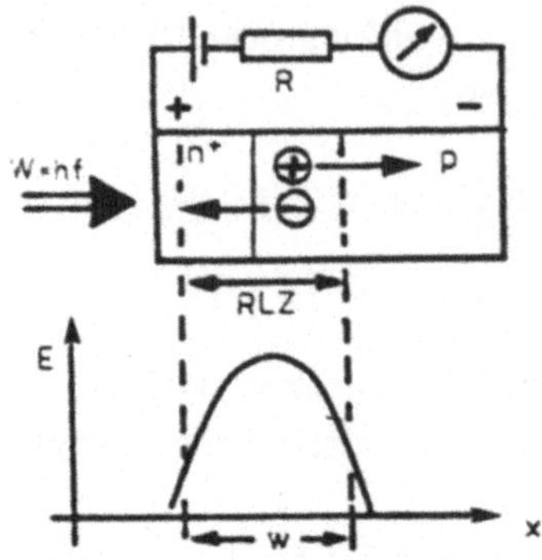

Bild 7.9 Prinzipaufbau und Feldverlauf einer pn-FD

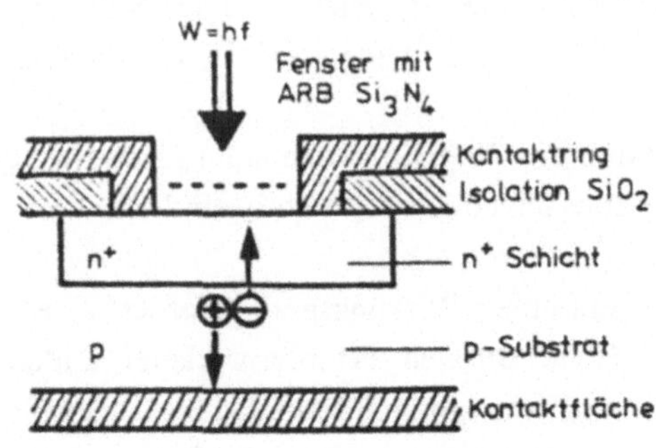

Bild 7.10 Konstruktive Ausführung einer pn-Photodiode

Den konstruktiven Aufbau einer Photodiode vom pn-Typ in Planartechnik zeigt Bild 7.10. Als mechanische Basis zum technologischen Aufbau der Photodiode dient eine etwa 300 μm starke p-Schicht. In dieses niedrig dotierte p-Substrat wird eine hochdotierte n^+-Schicht eindiffundiert. Die Schichtstärke beträgt etwa (0,2 ...0,5) μm, sie soll wesentlich geringer als die effektive Eindringtiefe sein, um Verluste durch Photonenabsorption in diesem Bereich vor der Raumladungszone klein zu halten. Diese n^+-Schicht bildet mit dem p-Substrat den pn-Übergang. Das kreisförmig gestaltete lichtempfindliche Fenster der Photodiode hat einen Durchmesser von etwa 300 μm. Das Fenster ist bei manchen Typen von einem eindiffundierten, mehrere Mikrometer tiefen Schutzring mit ebenfalls n^+-Dotierung umgeben. Dieser Guardring hat die Aufgabe, die Raumladungszone vor Randdurchbrüchen zu schützen. Durch einen speziellen Anschluß können Leckströme abgeleitet und damit der Dunkelstrom vermindert werden. Wird auf die getrennte Abführung der Leckströme verzichtet (weil vernachlässigbar klein), so kann der Schutzring einfach elektrisch mit der n^+-Schicht verbunden werden. Ebenfalls dem Zwecke der Leckstromreduzierung dient eine abschließende, auf die Oberfläche der n^+-Schicht aufgebrachte, sehr dünne, nichtleitende Passivierungsschicht. Oberflächenströme werden damit vermieden. Diese Schicht besteht aus SiO_2 oder Si_3N_4.

Zur Erzielung eines hohen Quantenwirkungsgrades soll die Raumladungszone eine Tiefe von $w = (1 \ldots 5)\, x_E$ haben. Die nachfolgende Tabelle zeigt die in Silicium bei verschiedenen Wellenlängen vorhandene effektive Eindringtiefe. Sie ist sehr stark λ-abhängig. Mit pn-Übergängen sind nur Raumladungszonentiefen von einigen Mikrometern erreichbar. Aus der Tabelle ist zu entnehmen, daß durch diese Grenze bedingt, pn-Photodioden aus Si mit gutem Wirkungsgrad nur für $\lambda \leq 0{,}6\ \mu$m realisierbar sind. Für $\lambda \geq 0{,}8\ \mu$m wird der Wirkungsgrad der Diode vollkommen unbefriedigend. Es sind Raumladungszonentiefen erforderlich, die auch mit hohen, nahe zur Durchbruchspannung gelegenen Sperrspannungen nicht erreichbar sind.

Tabelle 7.7 Effektive Eidringtiefe und Absorptionstiefe in Silicium

λ in μm	0,4	0,5	0,6	0,7	0,8	0,9	1
x_E in μm	0,1	1	3	7	10	50	120
x_A in μm	0,5	5	15	35	50	250	600

Die Absorptionstiefe $x_A = 5\ x_E$ ist die Strecke, auf der 99 % der Leistung (oder Anzahl der Photonen) absorbiert werden.

7.9 Photodioden vom pin-Typ

Eine einfache Maßnahme ermöglicht es, auch im langwelligen Bereich des Diodenmaterials einen hohen Wirkungsgrad zu erreichen. Zwischen p- und n-dotiertem Material wird zusätzlich eine undotierte, also eigenleitende (intrinsic) i-Schicht eingebaut. Es entsteht eine p-i-n Schichtenfolge. In einem eigenleitenden Material befinden sich keine Raumladungen. Die an die Diode angelegte Sperrspannung erzeugt in der hochohmigen i-Schicht ein konstantes elektrisches Feld. Durch Photonenabsorption in der i-Schicht generierte Ladungsträgerpaare werden im elektrischen Feld getrennt und indizieren den Photostrom.

Die Höhe der Feldstärke wird durch Widerstandswert der i-Schicht und Größe der Sperrspannung bestimmt. Sie ist mit der Spannung in Grenzen regelbar. Die Feldstärke wird so eingestellt, daß die Ladungsträger die Sättigungs-Driftgeschwindigkeit erreichen, die Transitzeit also möglichst klein wird. Die Tiefe des felderfüllten Raumes ist bei pin-Photodioden unabhängig von der Höhe der Sperrspannung, sie ist durch die Tiefe der i-Schicht gegeben. Durch Wahl der Schichtstärke kann eine maßgerechte Anpassung an die effektive Eindringtiefe erfolgen. Die Diode kann für eine gewünschte Betriebswellenlänge optimal bemessen werden. Bei λ = 0,9 μm muß die i-Schicht in Si eine Tiefe von (50 ... 250) μm haben, bei λ = 1 μm sind (120 ... 600) μm erforderlich. Anstelle der eigenleitenden i-Schicht werden zur Erzeugung des felderfüllten Raumgebietes

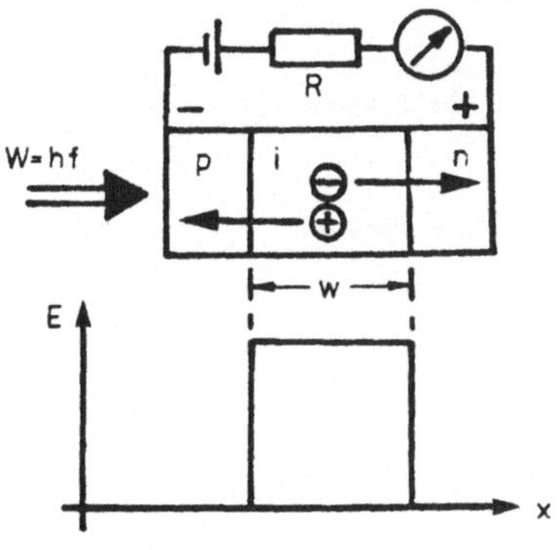

Bild 7.11 Prinzipaufbau der pin-FD und Verlauf des E-Feldes

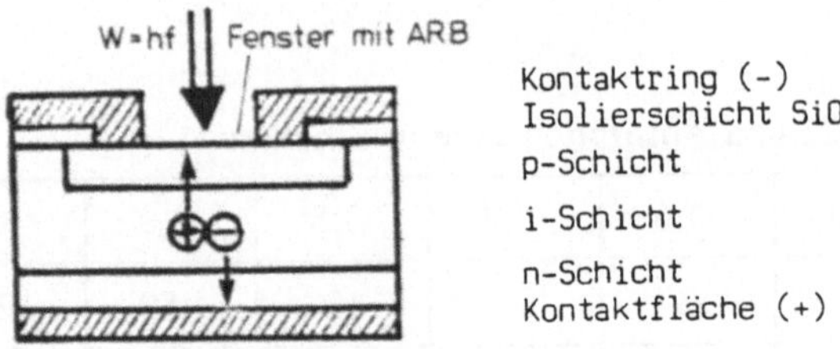

Bild 7.12 pin-FD in Planarform

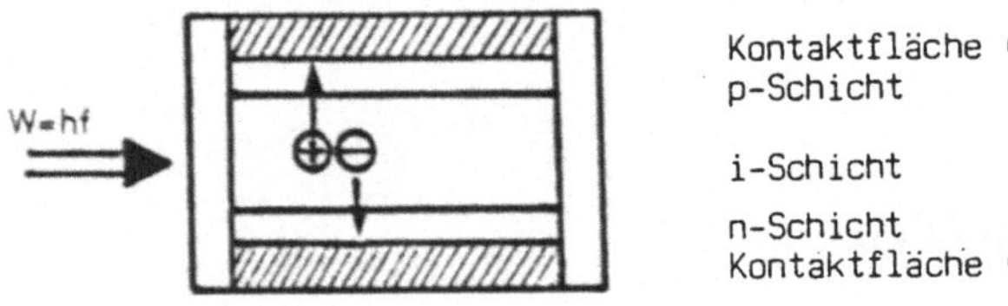

Bild 7.13 pin-FD in Planarform mit seitlicher Lichteinstrahlung. Wegrichtungen für LQ und LT verlaufen senkrecht zueinander. Weite Absorptionsstrecken für LQ, kleine Transitstrecken für LT.

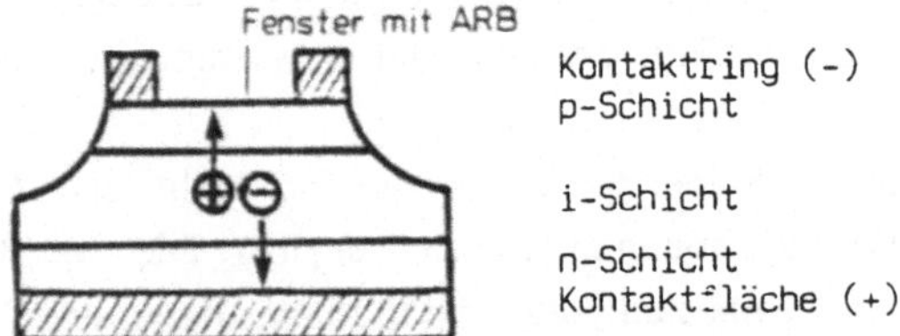

Bild 7.14 pin-FD in Mesaform, Fenster auf Mesaseite

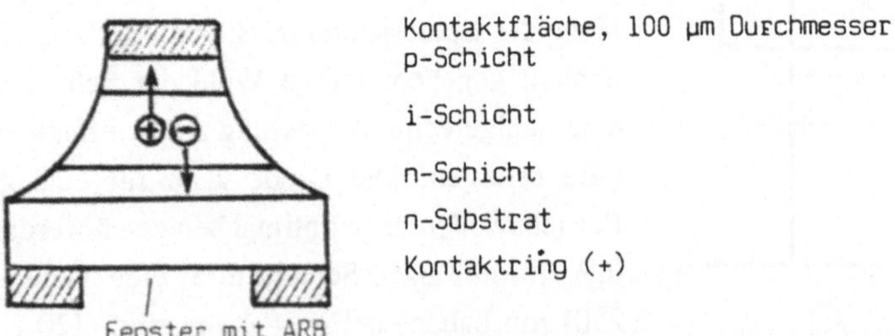

Bild 7.15 pin-FD in Mesaform, Fenster auf Substratseite, Substrat für Betriebswellenlänge transparent.

auch schwach dotierte Materialien verwendet, Symbol p^- und n^- oder π und ν.

Den prinzipiellen Aufbau einer pin-Photodiode sowie den Verlauf des E-Feldes zeigt Bild 7.11. Einige pin-Strukture in verschiedenen Bauformen zeigen die Bilder 7.12. bis7.15. Die Mesa-Form nach Bild 7.14. und 7.15. hat gegenüber der Planardiode infolge geringerer Fläche günstigere Eigenschaften hinsichtlich Sperrkapazität und Dunkelstrom. Bei sehr kleinen Mesa-Flächen von 100 μm Durchmesser erfolgt die Beleuchtung von unten her durch ein Fenster mit 300 μm Durchmesser. Voraussetzung ist ein für die Betriebswellenlänge transparentes Substrat.

Eine interessante Diodenvariante zeigt Bild 7.13. Die Lichteinstrahlung erfolgt von der Seite her in die i-Schicht. Die Wegrichtungen von Lichtquanten und getrennten Ladungsträgern verlaufen senkrecht zueinander. Die Stärke der i-Schicht kann 20 μm sein, die Breite 200 μm. Damit entstehen lange Absorptionsstrecken und kurze Ladungsträgerlaufzeiten.Die Absorptionsstrecke kann ein Vielfaches der effektiven Eindringtiefe sein und ermöglicht damit einen hohen Quantenwirkungsgrad. Kurze Transitzeiten erlauben hohe Bitraten. Problematisch jedoch ist eine effektive seitliche Lichteinspeisung. Die Konzentration der zunächst divergenten Strahlung des Lichtwellenleiters auf die schmale i-Schicht erfordert den Einsatz einer exakt justierten Mikrooptik. Dieser Diodentyp ist vor allem an Monomode-Lichtwellenleitern einsetzbar, da kleiner Kernquerschnitt und geringer Divergenzwinkel günstige Bedingungen schaffen.

7.10 Photodioden mit Lawineneffekt

Innerhalb der Photodiode wird in einem pn-Übergang eine Raumladungszone mit einem Bereich besonders hoher Feldstärke geschaffen. In diesem Hochfeldbereich einlaufende Ladungsträger erreichen hohe Geschwindigkeiten und vermögen durch Stoßionisation einen Lawineneffekt auszulösen (APD-Avalanche Photo Diode). Dadurch wird eine interne Verstärkung des Photostromes und damit eine wesentliche Steigerung der Empfindlichkeit erreicht. Die Nachweisgrenze wird gegenüber der pin-Photodiode um etwa zwei Größenordnungen verbessert. APD sind daher bei extrem schwachen optischen Signalen die geeigneten Detektorelemente.

Zur Auslösung des Lawineneffektes sind im Hochfeldbereich Feldstärken von 10^5 V/cm erforderlich. Damit werden die durch Photonenabsorption erzeugten freien Ladungsträger über die Sättigungs-Driftgeschwindigkeit hinaus beschleunigt. Sie erreichen so hohe Geschwindigkeiten, daß ihre kinetische Energie größer wird als die Energie W_g des Bandabstandes und damit ausreicht, um bei Stoßprozessen mit Gitterelektronen Anregungsvorgänge auszuführen, also ein Elektron aus dem V-Band ins L-Band zu heben. Die damit neu entstandenen freien Ladungsträger werden dem gleichen Vorgang unterworfen, sie erzeugen durch Stoßionisation weitere freie Ladungsträgerpaare. In einer Kettenreaktion erfolgt so lawinenartig eine Ladungsträger-Multiplikation und damit eine Verstärkung des Photostromes um den Faktor M. Ist I_1 der Primärphotostrom, so ist $I_2 = MI_1$ der Sekundärphotostrom.

Der Multiplikationsfaktor ist abhängig von der Betriebsspannung U (Sperrspannung). Der Zusammenhang beider Größen wird beschrieben durch die Gleichung:

$$M = \frac{I_2}{I_1} = \frac{1}{1 - \left(\frac{U - IR}{U_B}\right)^m} \tag{7.21}$$

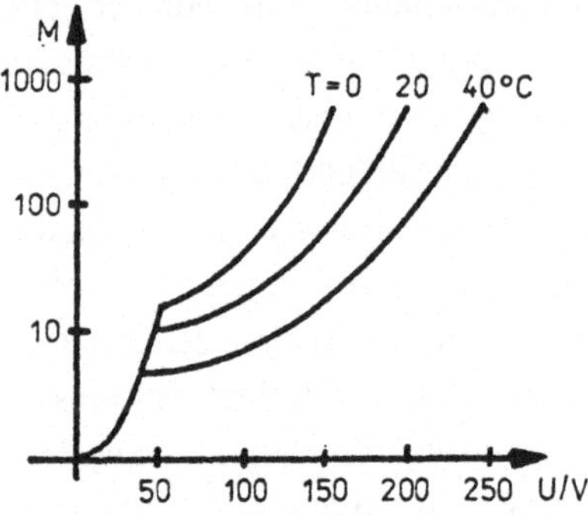

Bild 7.16 Verstärkung der Lawinendiode

Der Lawinenexponent m ist material- und konstruktionsabhängig. Er ist experimentell zu bestimmen. Für Si gilt m = 1,4 ... 4, für Ge ist m = 2,5 ...8. Den Verlauf der M(U)-Kennlinie zeigt Bild 7.16. Parameter ist die Temperatur. Bei hohen M-Werten ist eine starke Abhängigkeit von U und T erkennbar. Aus diesem Grunde werden APD im praktischen Einsatz mit mittleren Verstärkungsfaktoren betrieben.

In Gl. (7.22) ist U_B die Durchbruchspannung, U die Sperrspanung und IR der Spannungsabfall am Parallelwiderstand. Bei kleinen M-Werten ist I klein und $IR \ll U$, also zu vernachlässigen. Dann gilt als Näherungslösung:

$$M = \frac{1}{1 - \left(\frac{U}{U_B}\right)^m} \tag{7.22}$$

Bei großen M-Werten ist $U \approx U_B$, dann folgt aus (7.21) die Näherung (7.23):

$$M = \frac{1}{1 - \left(1 - \frac{IR}{U_B}\right)^m} \approx \frac{1}{1 - \left(1 - \frac{mIR}{U_B}\right)} = \frac{U_B}{mIR} \tag{7.23}$$

Die für APD erforderlichen Betriebsspannungen sind material- und vor allem konstruktionsabhängig. Sie liegen je nach Konstruktion zwischen (20 ...200) V. Die Lawinenverstärkung beträgt M = 10 ...100, Laborwerte bis 1000. Von Nachteil bei APD sind die notwendigen hohen Betriebsspannungen sowie die erforderliche Stabilisierung von Spannung und Temperatur.

Die Eigenschaften von Photodioden werden durch Materialauswahl, Aufbau der Schichten und Dotierungsprofil bestimmt. Das gilt in besonders kritischer Weise für Lawinen-Photodioden. APD wurden in einer Vielzahl verschiedener Strukturen realisiert. Besonders gute Ergebnisse wurden mit dem SAM-Prinzip erreicht (Separate Absorption and Multiplikation), bei dem Ladungsträger-Generation und Lawineneffekt in räumlich getrennten Bereichen erfolgen. Mit dieser Strategie sind auch bei kleinen Betriebsspannungen um 50 V die zur Lawinenbildung erforderlichen hohen Feldstärken im pn-Übergang erreichbar.

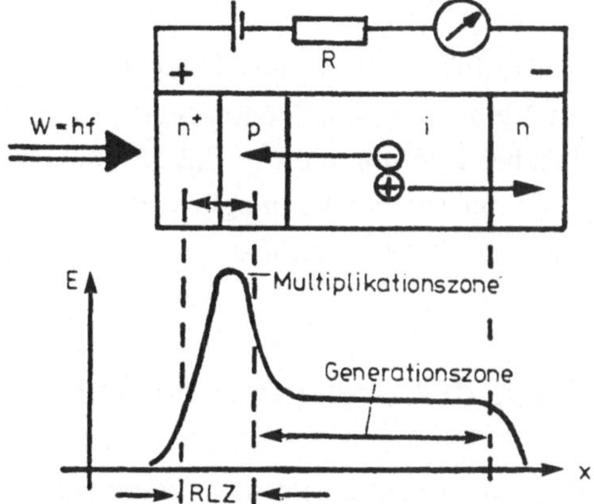

Bild 7.17
SAM-Lawinenphotodiode, Struktur und Feldverlauf. Generationszone und Multiplikatonszone sind räumlich getrennt angeordnet. Der Lawineneffekt wird von den aus der i-Zone zur n+Zone driftenden Elektronen ausgelöst.

Prinzipaufbau und Feldverlauf einer SAM-APD sind aus Bild 7.17 zu erkennen. Die zwischen p- und n-Schicht gelegene breite i-Schicht mit einer Feldstärke von $E = 10^4$ V/cm schafft eine weite Generationszone zur Photostrombildung als Voraussetzung für einen hohen Quantenwirkungsgrad. Die Tiefe der i-Schicht wird der effektiven Eindringtiefe angepaßt, sie soll unter Beachtung von Wirkungsgrad und Ladungsträgerlaufzeit im Intervall (1 ... 5) x_E liegen. Die als Beschleunigungsstrecke zur Stoßionisation notwendige schmale Hochfeldzone mit $E = 10^5$ V/cm liegt im pn-Übergang zwischen n^+- und p-Schicht. Um eine hohe Feldstärke zu erreichen, wird diese Hochfeldzone sehr flach gehalten. Schichttiefen um 1 μm haben sich zur Ausbildung des Lawineneffektes als ausreichend erwiesen. Im Vergleich zur effektiven Eindringtiefe soll die Schichtstärke von n^+- und p-Schicht gering und die der i-Schicht groß sein. Damit wird erreicht, daß die Photonenabsorption im wesentlichen in der i-Schicht erfolgt. Die hier gebildeten Ladungsträgerpaare werden im Feld der i-Schicht getrennt und bilden den Primär-Photostrom I_1.

Die entstandenen Löcher driften zur p^+-Schicht, die Elektronen laufen mit konstanter Driftgeschwindigkeit zur p-Schicht und werden im Hochfeldbereich der Raumladungszone soweit beschleunigt, daß ihre kinetische Energie zur Stoßionisation ausreicht. Durch Lawinenbildung steigt die Stromstärke auf $I_2 = MI_1$.

Für APD ist die maximal verarbeitbare Bitrate B abhängig von der eingestellten Verstärkung M. Der Zusammenhang beider Größen wird durch das Verstärkungs-Bandbreite-Produkt beschrieben, das näherungsweise konstant ist:

$$MB = \text{konstant} \qquad [MB] = [B] = s^{-1} \text{ oder bit/s} \tag{7.24}$$

Das MB-Produkt ist für APD eine charakteristische Kenngröße. In der Praxis sind Werte im Intervall MB = (10 ...500) GHz anzutreffen.

Infolge der hohen Empfindlichkeit werden mit APD in Lichtwellenleiter-Weitverkehrsstrecken große Verstärkerabstände erreicht. In Verbindung mit Monomodefasern sind im Dämpfungsminimum des SiO_2-Lichtwellenleiters bei 1,55 μm mit $\alpha = 0{,}2$ dB/km auch bei hohen Bitraten Entfernungen von 100 km ohne Zwischenverstärker möglich. Bei Wellenlängenmultiplexbetrieb sind sehr hohe Übertragungskapazitäten erreichbar.

7.11 Zusammenfassender Vergleich der drei Photodiodentypen

Bei der Halbleiter-Photodiode sind drei Grundtypen zu unterscheiden: pn-Photodiode, pin-Photodiode und APD. Unterschiedliche Eigenschaften folgen aus unterschiedlichen Strukturen. Die Entscheidung zwischen pn- und pin-Schichtenfolge wird nach der Größe der effektiven Eindringtiefe getroffen, die im ausgewählten Material bei der vorgesehenen Betriebswellenlänge vorhanden ist. In erster Näherung soll die Tiefe w der Raumladungszone etwa gleich der effektiven Eindringtiefe x_E sein. Bei geringen Eindringtiefen im kurzwelligen Teil des materialbedingten Wellenbereiches wird diese Bedingung von einer einfachen pn-Schichtenfolge erfüllt. Der langwellige Bereich mit vergleichsweise großen Eindringtiefen erfordert zur Erweiterung des felderfüllten Raumes auf den Wert der effektiven Eindringtiefe eine andere Art der Felderzeugung mit größerer Ausdehnung des Feldes.

Bei der pn-Photodiode besteht das zur Trennung der Ladungsträgerpaare erforderliche elektrische Feld innerhalb einer Raumladungszone, die sich um den pn-Übergang ausbildet. Die damit erreichbare Raumladungszonentiefe ist gering, sie beträgt einige μm. Nur bei hinreichend kurzen Wellen (im Vergleich zu λ_g) liegt x_E ebenfalls bei diesen Werten. Im langwelligen Arbeitsbereich des Diodenmaterials (in der Nähe von λ_g) jedoch ist $x_E \gg w$. Die Folge ist ein schlechter Quantenwirkungsgrad und damit eine geringe Empfindlichkeit.

Bei der pin-Photodiode wird der Ausdehnungsbereich des elektrischen Feldes durch Einfügen einer hochohmigen intrinsic-Schicht wesentlich erweitert. Die Tiefe der felderfüllten Zone kann der effektiven Eindringtiefe durch Wahl der i-Schichtstärke angepaßt werden. Mit der pin-Schichtenfolge ist auch im langwelligen Arbeitsbereich des verwendeten Halbleiter-Materials ein hoher Quantenwirkungsgrad erreichbar.

Bei der APD erfolgt im Innern der Photodiode in einem schmalen Raumbereich mit besonders hoher Feldstärke durch Stoßionisation der Ladungsträger mit Lawineneffekt eine interne Vervielfachung des Photostromes. Dadurch werden APD zu Detektoren besonders hoher Empfindlichkeit.

8 Technologie der Faserproduktion

In einer kurzgefaßten Übersicht sollen Herstellungsverfahren für Lichtwellenleiter beschrieben werden.

Lichtwellenleiter werden der geringen Dämpfung und der exellent beherrschten Technologie wegen bevorzugt aus Quarzglas, einer amorphen chemischen Verbindung mit dem Symbol SiO_2, hergestellt. Die glastechnisch exakte Bezeichnung lautet Kieselglas. Siliciumdioxid kann in drei Formen auftreten, in den beiden kristallinen Formen Quarz und Cristobalit und der amorphen Form Quarzglas. Für LWL ist ausschließlich die amorphe Form geeignet. Die Struktureinheit in allen drei Formen sind SiO_4-Tetraeder, im Quarzkristall in regelmäßiger Anordnung, im Quarzglas in unregelmäßiger Form zu einer räumlichen Struktur angeordnet. Der nicht exakt definierbare Schmelzpunkt des reinen Materials liegt bei 2100°C.

Die Qualität der Faserproduktion entscheidet darüber, ob die für einen Lichtwellenleiter angestrebten optischen Eigenschaften auch tatsächlich erreicht werden. Drei Faktoren erfordern dabei besondere Aufmerksamkeit.

- Herstellung hochreinen Materials zur Reduzierung der durch Resonanzabsorption an Fremdstoffen verursachten Energieverluste in der Faser; wird erreicht durch synthetische Herstellung des Quarzglases mit Abscheidung aus der Dampfphase.
- Exakter Aufbau des gewünschten Brechzahlprofils im Faserkern; wird erreicht durch Herstellung einer Vorform, einem vergrößerten Modell der Faser, in dem das Brechzahlprofil mit hoher Präzision entwickelt werden kann.
- Konstanz der Faserdurchmesser in Faserlängen von vielen Kilometern; wird erreicht durch automatisierten Faserziehprozeß mit Meß-, Kontroll- und Regeleinrichtungen zum Steuern der Fadenstärke.

Um diese Ziele zu erreichen und die dazu notwendigen Maßnahmen zu verwirklichen, wurden besondere Technologien entwickelt. Sie sollen in diesem Kapitel in ihrer grundsätzlichen Wirkungsweise und ihren Eigenschaften beschrieben werden.

Den Abschluß dieses Kapitels bildet ein Ausblick auf mögliche neue Fasermaterialien geringer Dämpfung im Bereich längerer Wellen.

8.1 Stab-Rohr-Methode

In ein genau kalibriertes Glasrohr wird ein möglichst exakt passender Glasstab eingeschoben. Stab und Rohr sind so dotiert, daß die gewünschte Brechzahldifferenz vorhanden ist. Damit entsteht ein vergrößertes Modell der späteren Faser, das als Vorform oder als Preform bezeichnet wird. Die Länge der Vorform kann 50 cm betragen, Stabdurchmesser 10 mm, Rohrdurchmesser 25 mm. Beim Ziehprozeß entsteht aus der Vorform eine haarfeine Faser, der gewünschte Lichtwellenleiter. Aus dem eingeschobenen Glasstab wird der Faserkern gebildet, aus dem Glasrohr der Fasermantel. Die Proportionen im Querschnitt der Faser entsprechen denen der Vorform.

Wird aus der Vorform mit den oben angegebenen Abmessungen die Faser mit einem Manteldurchmesser von 250 µm ausgezogen, so ist der Kerndurchmesser 100 µm. Bei der Vorformlänge von 50 cm und einem angenommenen vollständigen Materialverbrauch kann in einem Stück eine 100/250 µm-Faser von 5 km Länge ausgezogen werden.

Eigenschaften der Stab-Rohr-Methode:

- einfache Technologie der Vorformherstellung
- mechanische Toleranzen im Durchmesser von Stab und Rohr werden auf Kern und Mantel der Faser übertragen und führen zu Geometriefehlern in der Faser, die Energieverluste infolge Wellenleiter-Streuung zur Folge haben
- geringste Verunreinigungen an Staboberfläche und Rohrinnenfläche stören den erforderlichen extrem hohen Reinheitsgrad des Materials und führen zu Verlusten durch Absorption
- nur Stufenprofilfasern herstellbar.

Der einfachen Technologie stehen schwerwiegende Nachteile gegenüber. Nach diesem Verfahren gezogene Fasern werden den hohen Ansprüchen der optischen Nachrichtentechnik nicht gerecht. Eventuell geeignet für Stufenprofilfasern mit großem Kerndurchmesser für Kurzstreckensysteme.

8.2 Doppeltiegelmethode

Es wird keine Vorform hergestellt, die Faser wird direkt aus der Schmelze gezogen. Kern- und Mantelglas befinden sich in getrennten Tiegeln und werden in flüssigem Zustand einer konzentrischen Doppeldüse zugeführt. Die Abmessungen der Doppeldüse bestimmen Kern- und Manteldurchmesser. Infolge der hohen Temperatur der Schmelze erfolgen im flüssigen Material in der Doppeldüse an der Kern-Mantel-Grenzschicht der Faser Diffusionsvorgänge zwischen Kern- und Mantelmaterial.

Das Brechzahlprofil verläuft dadurch nicht mehr exakt stufenförmig sondern erhält in der Umgebung der Grenzschicht einen kontinuierlichen Übergang, es entsteht eine Gradientenfaser. Das Brechzahlprofil ist zwar nicht parabelförmig, also nicht optimal, doch sind die Übertragungseigenschaften der Faser besser als die des Stufenprofil-Lichtwellenleiters.

Eigenschaften der Doppeltiegelmethode:

- Große Materialmengen im Tiegel und die Möglichkeit der kontinuierlichen Materialnachführung zum Tiegel ermöglichen extrem große Faserlängen.
- Durch Diffusionsvorgänge bedingt sind auch Gradientenfasern geringerer Qualität herstellbar.
- Durch Verwendung der Tiegel zum Schmelzen des Glases ist die extrem hohe Reinheitsforderung in Frage gestellt. Geringste Verunreinigungen sind kaum vermeidbar und beeinflussen die Qualität der Faser.

8.3 CVD-Verfahren (chemical vapour deposition)

Das CVD-Verfahren ist eine Methode, die durch höchste Präzision in der Technologie gekennzeichnet ist und dadurch höchste Qualität der Faser ermöglicht. CVD ist die Abkürzung für chemical vapour deposition und bedeutet chemische Abscheidung aus der Dampfphase. Ausgehend vom Grundmaterial Quarzsand, wird das Glas nach mehrfacher chemischer Umwandlung und faktionierter Destillation synthetisch aus der Dampfphase gewonnen. Aus dem kondensierenden Dampf erfolgt der Aufbau einer Vorform. Die mit dem CVD-Verfahren verbundenen Vorteile sind:

- hochreines Material praktisch ohne Metallionen und einem sehr geringen OH-Ionen-Anteil. Damit sind Verluste durch Resonanzabsorption an Fremdstoffen auf Verluste an OH-Ionen reduziert und auf einen äußerst geringen Minimalwert herabgesetzt. Es ist bei Fasern höchster Qualität nur noch die OH-Ionen-Resonanzstelle bei 1,37 µm im Dämpfungsdiagramm erkennbar.

- Die Dotierung des Grundmaterials mit Stoffen zur Brechzahländerung erfolgt in der Gasphase und kann dadurch sehr präzise dosiert werden, so daß kleinste Abstufungen möglich sind.
- Aufbau des Brechzahlprofils, insbesondere von Gradientenfasern, ist mit höchster Präzision möglich. Dadurch wird der Minimalwert der Modendispersion sehr klein und die ÜK der Faser sehr groß.

Entwickelt wurde das CVD-Verfahren ursprünglich für den Bedarf der Halbleiter-Produktion zur Gewinnung hochreinen Siliciums. Zur Faserproduktion findet das CVD-Verfahren in mehreren modifizierten Formen Anwendung. Unterschiede bestehen in der Bildung der Vorform aus der Dampfphase durch Wahl unterschiedlicher Kondensationsbasen und unterschiedliche Art der Dampfabscheidung. Aufbereitung des Materials bis zur Dampfabscheidung einschließlich Dotierung ist in allen Fällen identisch. In der Technik übliche Varianten zur Herstellung der Vorform sind:

8.3.1 MCVD-Verfahren (modified chemical vapour deposition)

Innenabscheidung im rotierenden Glasrohr. Rohrlänge etwa 50 cm, Durchmesser 10 mm, Wandstärke 2 mm. Das Rohr wird vom Gasgemisch durchströmt. Die Erzeugung der zur Oxydation notwendigen hohen Reaktionstemperatur von 1800°C erfolgt durch einen Knallgasbrenner, der entlang der Rohrachse verschoben wird. Im Hochtemperaturbereich des Brenners oxidiert $SiCl_4$ bei Sauerstoffzufuhr zu SiO_2. Das in staubförmigen Partikeln entstehende synthetische Glas kondensiert an der Innenwand des Rohres, es entsteht ein poröser, undurchsichtiger Niederschlag. Schichtstärke etwa 10 µm. Es erfolgt ein schichtenweiser Aufbau der Vorform durch wiederholtes Verschieben des Brenners in Achsrichtung des Rohres bis zu Schichtdicken von etwa 1 mm. Die notwendige Anzahl der Schichten wird bestimmt durch die für Kern- und Mantelglas erforderliche Materialstärke. Die maximal mögliche Rohrlänge ist begrenzt, weil das Rohr bei der hohen Temperatur infolge Eigengewicht durchhängt. In der Praxis werden Rohrlängen bis etwa 70 cm verwendet.

8.3.2 PCVD-Verfahren (plasma activated chemical vapour deposition)

Plasma-Niederdruck-Verfahren. Innenabscheidung im Glasrohr bei vermindertem Gasdruck von etwa 10^3 Pa. Die Reaktionstemperatur wird durch einen ringförmig ausgebildeten Elektroheizer erzeugt. Zusätzlich erfolgt die Aktivierung der Reaktion im Plasma, das durch einen Mikrowellengenerator bei einer Frequenz von 3 GHz mit einer Leistung von 200 W hervorgerufen wird. Durch die Plasmaaktivierung der Reaktion kann die Reaktionstemperatur von 1800°C auf 1200°C vermindert werden. Geringere Temperatur ermöglicht größere Rohrlängen bis 150 cm und größere Rohrdurchmesser bis 25 cm.

8.3.3 OVD-Verfahren (outside vapour deposition)

Außenabscheidung in radialer Richtung auf einem rotierenden Keramikstab. Heizung mit Knallgasbrenner. Aufbau der Schichten in axialer Richtung durch Verschieben des Brenners. Der Keramikstab wird nach Abschluß der Beschichtung entfernt. Es entsteht wie bei den beiden oberen Verfahren zunächst ein Hohlzylinder.

8.3.4 VAD-Verfahren (vapour axial deposition)

Außenabscheidung in Achsrichtung auf Stirnfläche eines rotierenden kurzen Quarzstabes als Halterung und Kondensationsbasis. Der Quarzstab wird nur zu Beginn der Abscheidung benötigt. Die Vorform wächst in axialer Richtung mit konstantem Durchmesser und gewünschter Dotierung für Kern- und Mantelglas. Es entsteht ein massiver Stab aus porösem synthetischem Glas, dessen Länge und Durchmesser bei senkrechter Anordnung wesentlich größer sein kann als bei den anderen Verfahren.

Wichtig für die Praxis sind die mit dem jeweiligen Verfahren erreichbaren Abscheideraten. Als Richtwerte sind anzusehen:

MCVD-Verfahren	1 g/min
OVD-Verfahren	2 g/min
VAD-Verfahren	5 g/min.

Nach dieser Kurzbeschreibung verschiedener CVD-Verfahren werden in den nächsten Abschnitten das PCVD- und das VAD-Verfahren ausführlicher erläutert. Beide sind für die Praxis von besonderer Bedeutung. Das erste wegen der reduzierten Reaktionstemperatur und daraus folgender weiterer Vorteile sowie der elektrischen Heizung, die geringe OH-Ionen-Anteile ermöglicht. Der Vorteil des VAD-Verfahrens ist, daß die Vorform nicht als Hohlrohr, sondern als massiver Glasstab entsteht und damit kein Brechzahleinbruch im Faserkern beim Kollabieren möglich ist. Zunächst jedoch soll die Materialaufbereitung im CVD-Verfahren beschrieben werden.

8.4 Aufbereitung des Grundmaterials im CVD-Verfahren

Der Vorgang der Materialaufbereitung mit den nacheinander ablaufenden Arbeitsstufen ist aus dem auf der folgenden Seite dargestellten Schema erkennbar. Ausgangsmaterial ist natürlicher Quarzsand SiO_2. Dieser Sand enthält zahlreiche Verunreinigungen, vor allem Oxide der Schwermetalle Fe, Cr, Ni, Cu u.a. Zur Beseitigung der Verunreinigungen werden Kohlenstoff und Chlor zugeführt. Dadurch entstehen aus den in fester Form vorliegenden Oxiden flüssige Cloride.

Arbeitsstufen zur Aufbereitung des Grundmaterials im CVD-Verfahren

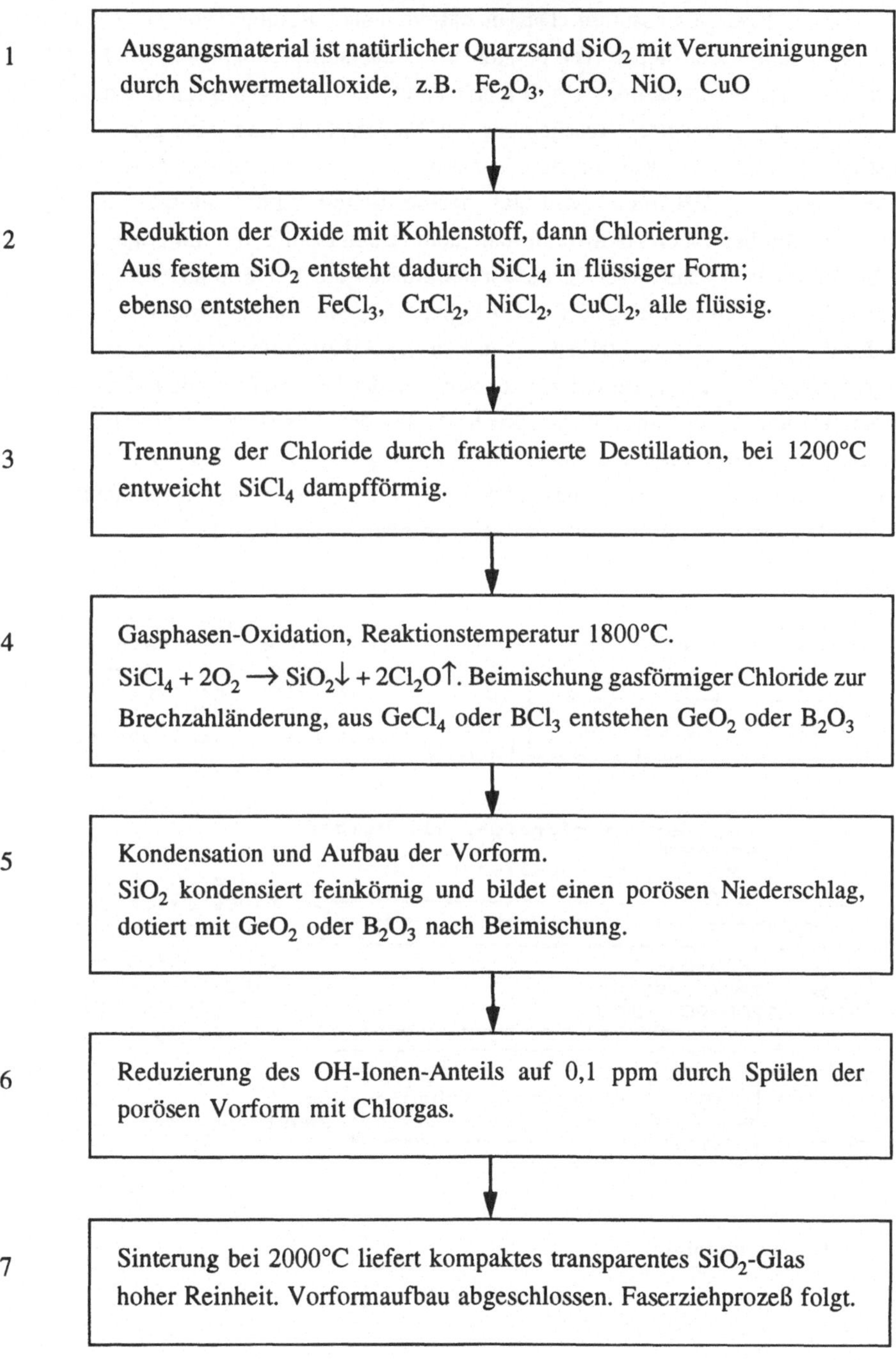

Diese flüssigen Chloride werden durch fraktionierte Destillation getrennt. Bei einer Temperatur von 1200 °C geht $SiCl_4$ in Dampfform über, die Metallchloride verbleiben in flüssiger Form im Destillationssumpf. Das in extrem hoher Reinheit vorliegende dampfförmige $SiCl_4$ reagiert bei hoher Temperatur mit Sauerstoff, es entsteht SiO_2. Dieses synthetisch erzeugte Quarzglas höchster Reinheit kondensiert feinkörnig zu einem porösen Niederschlag. Mit der gesteuerten Abscheidung des Niederschlages auf eine geeignete Kondensationsbasis beginnt der Aufbau der Vorform. Zur Reduzierung der Anzahl stets vorhandener parasitärer OH-Ionen wird das poröse Material mit Chlorgas durchspült. Abschließend erfolgt bei hoher Temperatur nahe dem Schmelzpunkt die Sinterung zu einem transparenten kompakten Glaskörper. Damit ist der Aufbau der Vorform abgeschlossen. Zur Dotierung des Glases sind Zuschlagstoffe erforderlich. Ihre Beimischung zum Grundmaterial erfolgt in der Gasphase, im dargestellten Schema in der Arbeitsstufe 4. Beigegeben werden ebenfalls gasförmige Stoffe, z.B.Borchlorid zur Senkung der Brechzahl für den Mantelaufbau oder Germaniumchlorid, um eine höhere Brechzahl für den Faserkern zu erhalten. Innige Durchmischung der Gase liefert eine homogene Verteilung der Stoffe beim Niederschlag der jeweiligen Schicht. Die Steuerung des Dotierungsgrades erfolgt durch Steuerung der Gaszufuhr für den Dotanden mittels automatisch betriebener Regelventile.

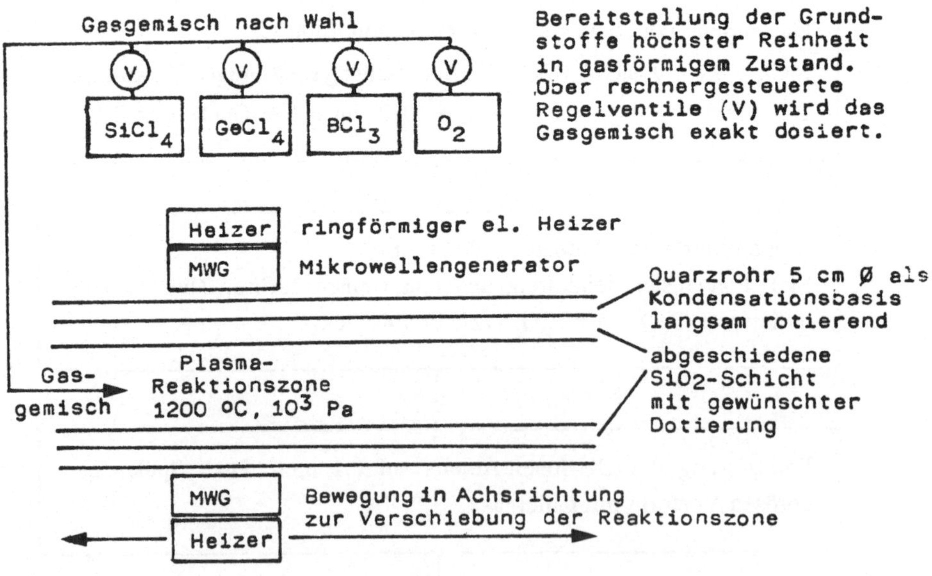

Bild 8.1 PCVD-Verfahren

8.5 Aufbau der Vorform durch Innenabscheidung nach dem PCVD-Verfahren (Plasma-Niederdruck-Verfahren)

Den prinzipiellen Aufbau und die Wirkungsweise dieses Verfahrens zeigt Bild 8.1. Hochreines gasförmiges $SiCl_4$ wird in der Hochtemperatur-Reaktionszone im Sauerstoffstrom oxidiert:

$$SiCl_4 + 2O_2 \quad \rightarrow \quad SiO_2 \downarrow + 2\,Cl_2O \uparrow$$

Durch eine Mikrowellenfrequenz von 3 GHz und 200 W wird das Gas in den Plasmazustand versetzt. Dadurch wird die Reaktion zusätzlich aktiviert. Bei vermindertem Gasdruck von 1000 Pa kann die Reaktionstemperatur von 1800°C auf 1200°C herabgesetzt werden. Dadurch sind Rohrlängen bis 150 cm möglich, Durchmesser bis 25 mm. SiO_2 kondensiert an der Innenwand des Rohres in dünnen porösen Schichten von etwa 1o µm Stärke. Durch wiederholtes Verschieben der Reaktionszone in Achsrichtung werden nacheinander einige hundert Schichten aufgebaut, bis die gewünschte Materialstärke für Kern- und Mantelglas erreicht ist. Zunächst wird das Mantelglas abgeschieden, danach das Glas für den Kern der Faser, in der jeweils notwendigen Dotierung. Durch den schichtenweisen Aufbau der Vorform mit gezielt gesteuerter Dotierung wird der Aufbau des Brechzahlprofils mit hoher Präzision möglich. Die Dotierung erfolgt durch gasförmig beigemischte Zuschlagstoffe, geeignet sind unter anderem $GeCl_4$ oder BCl_3:

$$2\,BCl_3 + 3O_2 \quad \rightarrow \quad B_2O_3 \downarrow + 3\,Cl_2O \uparrow \qquad \text{Brechzahlsenkung für Fasermantel}$$
$$GeCl_4 + 2O_2 \quad \rightarrow \quad GeO_2 \downarrow + 2\,Cl_2O \uparrow \qquad \text{Brechzahlerhöhung für Faserkern}$$

Zur Verminderung des Gehalts an unerwünschten OH-Ionen wird der poröse Niederschlag mit Chlorgas durchspült:

$$Cl_2 + 2\,OH^- \rightarrow 2\,HCl \uparrow + O_2 \uparrow$$

Nach Abschluß der Beschichtung erfolgt die Sinterung. Das aus porösem, undurchsichtigem Material bestehende Rohr wird auf nahezu 2000 °C erhitzt. Es kollabiert infolge der Oberflächenspannung zu einem massiven, transparenten Glasstab. Damit ist der Aufbau der Vorform abgeschlossen.

In der Vorform wird das für die Faser vorgesehene Glas vom Glas der Kondensationsbasis umschlossen. Dieses Glas stört die optischen Eigenschaften der Faser nicht, es muß nicht die hohen Reinheitsforderungen des Kernmaterials erfüllen.

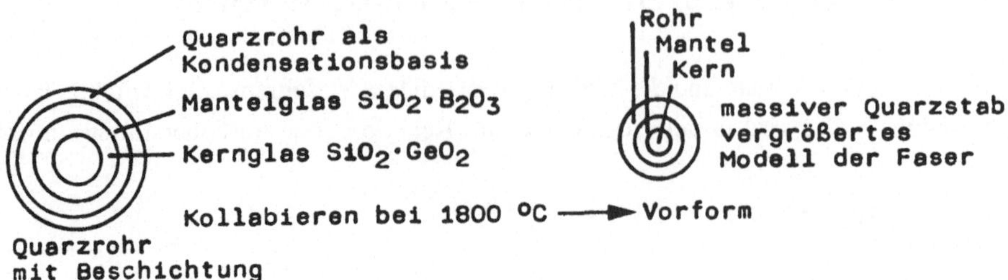

Bild 8.2 Schichtenfolge im Rohr bei PCVD-Verfahren. Beim Sintern kollabiert das Rohr zu einem massiven Glasstab, der Vorform.

Die im Kern geführten elektromagnetischen Wellen der optischen Strahlung dringen nur wenige Mikrometer in den Fasermantel ein. Allein aus optischen Gründen ist eine Mantelstärke von 10 µm ausreichend. Die Wahl einer höheren Mantelstärke, insbesondere bei kleinem Kerndurchmesser, erfolgt aus Gründen der besseren mechanischen Stabilität.

Die mit Rohr oder Stab als Kondensationsbasis arbeitenden CVD-Verfahren führen zunächst zu einer Vorform in Hohlrohrform. Dieses Hohlrohr kollabiert bei der Sinterung, das Rohr schrumpft zu einem Glasstab. Bei der zum Sintern erforderlichen hohen Temperatur verdampfen an der inneren Oberfläche des Rohres vor dem Schrumpfen teilweise die zur Dotierung erforderlichen Stoffe, z.B. GeO_2. Das führt in der fertigen Vorform und damit in der Faser zu einem Brechzahleinbruch im Faserkern. Für eine Gradientenfaser ist dieser Brechzahleinbruch in Bild 8.3 skizziert. Der Effekt ist dann störend, wenn mit Gradientenfasern sehr hohe Übertragungskapazitäten erreicht werden sollen.

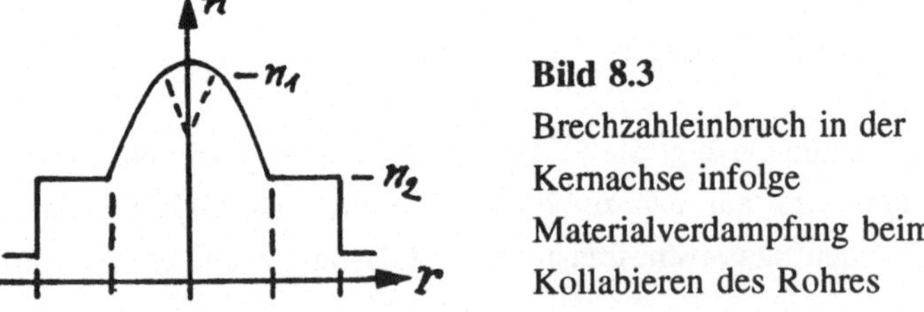

Bild 8.3
Brechzahleinbruch in der Kernachse infolge Materialverdampfung beim Kollabieren des Rohres

Die Vorform ist ein vergrößertes Modell der Faser. Der Querschnitt der Vorform entspricht in seinen Proportionen dem gewünschten Aufbau des Lichtwellenleiters. Beim Ziehen der Faser bleiben die in der Vorform aufgebauten Proportionen für Kern- und Manteldurchmesser erhalten, sie werden unverändert auf die Faser übertragen. Für die Betriebsmeßtechnik beim Faserziehen ist der Manteldurchmesser zu bestimmen, der Kerndurchmesser folgt durch

Rechnung aus der Proportion $d_{2V}/d_{1V} = d_{2F}/d_{1F}$ mit d_1 = Kerndurchmesser, d_2 = Manteldurchmesser, V = Vorform, F = Faser.

8.6 Aufbau der Vorform durch Außenabscheidung in Achsrichtung nach dem VAD-Verfahren

Den prinzipiellen Aufbau und die Wirkungsweise dieses Verfahrens zeigt Bild 8.4.

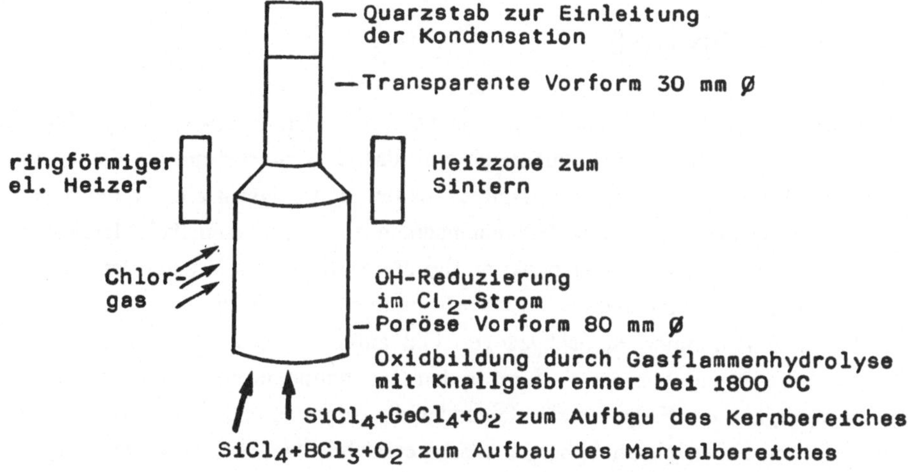

Bild 8.4 VAD-Verfahren mit Abscheidung in axialer Richtung

Aufbereitung und Bereitstellung des Grundmaterials erfolgt in beschriebener Weise in Form hochreiner gasförmiger Substanzen. $SiCl_4$ wird zum Aufbau des Brechzahlprofils von Kern- und Mantelglas mit gasförmigen Zuschlagstoffen dotiert. Ein kurzer rotierender Quarzstab dient bei Prozeßbeginn als Kondensationsbasis. Das Gasgemisch wird in axialer Richtung zugeführt. Die zur Oxidation erforderliche hohe Reaktionstemperatur wird mittels Knallgasbrenner erzeugt. Die entstehenden Oxide kondensieren auf der Stirnfläche in poröser feinkörniger Form. Bei kontinuierlicher Materialzufuhr wächst die Vorform kontinuierlich in axialer Richtung mit konstantem Durchmesser und perfekt ausgebildeter Kern und Mantelbrechzahl. Die Länge der Vorform ist bei beständiger Materialzufuhr nur durch die mechanische Stabilität der Apparatur begrenzt. Die Sinterung ergibt einen transparenten Glasstab, dabei schrumpft der Durchmesser um etwa 60 %. Bei einem Durchmesser von 100 mm im porösen Material beträgt der Durchmesser des gesinterten Stabes etwa 40 mm. Großer Durchmesser und große Länge der Vorform ermöglichen große Faserlängen. Ausgezogen wurden in einem Stück Gradientenfasern von 110 km Länge. Derart lange Fasern ohne Spleißverbindungen sind für die Weitverkehrstechnik von Bedeutung.

Bei erheblichem technologischem Aufwand zum präzisen Aufbau des Brechzahlprofils hat sich dieses Verfahren besonders zur Produktion von Gradientenfasern bewährt. Da die Vorform als massiver Glasstab entsteht, ist beim Sintern kein Brechzahleinbruch im Kern infolge Materialverdampfung möglich. Es sind Gradientenfasern mit idealem Brechzahlprofil herstellbar. Für die Übertragungskapazität wurden Werte von BL = 7 (Gbits/s) km erreicht.

8.7 Faserziehprozeß

Das Ende der Vorform wird bis zur Schmelztemperatur des Glases erwärmt, bei SiO_2 also bis etwa 2000 °C. In diesem Temperaturbereich wird das Glas zunehmend plastisch, das Ende der Vorform deformiert zu einer Kegelspitze, aus der sich langsam ein Tropfen löst. Beim SiO_2 ist der Ablösevorgang durch Hilfsmaßnahmen zu unterstützen, bei Mehrkomponentengläsern mit niedrigerem Schmelzpunkt erfolgt die Ablösung allein unter der Wirkung der Schwerkraft. Dieser Tropfen zieht aus der Vorform einen Faden nach, den Anfang der Faser. Der Faden wird kontinuierlich nachgezogen und aufgetrommelt. Die Temperatur in der Schmelzzone, der Nachschub der Vorform in den Hochtemperaturbereich des Ofens und die Ziehgeschwindigkeit des Fadens sind aufeinander abzustimmen und zu kontrollieren bzw. zu regeln, damit ein Faden gleichbleibender Stärke entsteht. Die Vorform ist ein vergrößertes Modell der Faser. Beim Ausziehen der Faser aus dem plastischen Ende der Vorform werden die in der Vorform bestehenden Proportionen zwischen Kern- und Manteldurchmesser auf die Faser übertragen.

Die Schmelztemperatur zum Faserziehen kann mit Hilfe verschiedener Wärmequellen erzeugt werden. Anwendung finden Knallgasbrenner, elektrisch beheizte Graphitöfen, Hochfrequenz-Induktionsöfen oder auch leistungsstarke Laser mit einer Wellenlänge im IR-Bereich, z.B. der CO_2-Gaslaser mit $\lambda = 10{,}6\ \mu m$. Durch rotierende Spiegel wird der Laserstrahl so geführt, daß er ringförmig auf der Vorform-Stirnfläche umläuft und die Fläche gleichmäßig erwärmt. Alle Verfahren sind durch spezifische Eigenschaften ausgezeichnet, die es beim Einsatz abzuwägen gilt. Entscheidende Faktoren sind erreichbare Ziehgeschwindigkeit und Durchmesserkonstanz. Der Knallgasbrenner ermöglicht eine schnelle Temperaturregelung, von Nachteil ist das bei der exothermen Reaktion entstehende Wasser, das den OH-Ionen-Anteil in der Faser erhöht. Elektrisch beheizte Öfen bewirken keine Verunreinigungen, haben infolge der großen Masse eine große Wärmekapazität und gute Temperaturstabilität, reagieren aus diesem Grunde bei einer erforderlichen Temperaturänderung jedoch auch nur langsam und erwärmen infolge großer Ausdehnung einen zu großen Bereich der Vorform. Umgekehrt ist es beim Laser, der nur einen sehr kleinen Hochtemperaturbereich erzeugt.

Beim Einsatz der Faser zur Übertragung optischer Signale verursachen Schwankungen im Faserdurchmesser Lichtverluste und erhöhen damit die Dämpfung der Faser. Verantwortlich sind zwei Effekte:

- Wellenleiterstreuung infolge Geometriefehler an der Kern-Mantel-Grenze.
- Die Anzahl der vom Kern geführten Moden ist abhängig vom Kerndurchmesser. Übergang zu kleinerem Durchmesser infolge Produktionstoleranzen führt zur Brechung höherer Moden in den Mantel.

Die Konstanz des Durchmessers, auch über große Faserlängen, wird beim Faserziehen durch ein Regelsystem erreicht. Mit einem Lasergerät hoher Präzision wird die Fadenstärke überwacht. Bei Abweichungen entsteht ein Steuersignal, das Ziehgeschwindigkeit und Vorformnachschub in den Hochtemperaturbereich des Ofens oder auch die Ofentemperatur beeinflußt. Gemessen wird der Manteldurchmesser. Konstanter Manteldurchmesser gewährleistet auch konstanten Kerndurchmesser. Für Fasern hoher Qualität müssen Schwankungen im Durchmesser kleiner als 1 µm sein. Der Manteldurchmesser für Monomode- und Gradientenfasern beträgt 125 µm, für Stufenprofilfasern je nach Verwendungszweck 400 ... 1200 µm. Die Ziehgeschwindigkeit kann über die Drehzahl der Trommel geregelt werden oder besser über einen speziellen Antrieb (Kapstan-Antrieb), der infolge geringerer Masse und damit geringerer Trägheit schneller reagiert und eine höhere Genauigkeit ermöglicht.

Um den unvermeidlichen und allgegenwärtigen Wasserdampf von den Faser fernzuhalten, wird unmittelbar nach Entstehung der Faser aus der Vorform eine Kunststoffbeschichtung aufgebracht.

Häufig erfolgt der Aufbau in zwei Stufen. Die Primärbeschichtung umschließt die Fsaser in einer engen Bandage, sie dient der Stabilisierung der optischen und mechanischen Eigenschaften des LWL durch den Ausschluß von Feuchtigkeit. Die Brechzahl der Primärbeschichtung soll größer als die Mantelbrechzahl sein, damit bei der Lichteinspeisung in den LWL angeregte unerwünschte Mantelwellen in die Primärbeschichtung gebrochen und dort absorbiert werden. In der Sekundärschutzschicht wird die Faser weich verpackt, sie soll die empfindliche haarfeine Faser vor mechanischen Beschädigungen schützen. Beide Schichten sind wasserundurchlässig und aus wasserabweisendem Material. Mit dieser Kunststoffummantelung ist der Aufbau des LWL abgeschlossen. Je nach vorgesehenem Verwendungszweck, ob als Einzelfaser oder als Faserbündel, erfolgt die weitere Verpackung locker in einem Isolierschlauch oder in einem fest verseilten Kabel.

Die mechanische Zugfestigkeit der beschichteten Faser erreicht Werte von 3000 bis 5000 N/mm^2. Für eine Gradientenfaser mit 125 µm Durchmesser folgt daraus eine maximal zulässige Belastung von 40 bis 60 N. Eine Faser mit 300 µm Durchmesser kann mit 200 bis 350 N belastet werden. Die in der Praxis beim Verlegen und im Einsatz auftretenden Belastungen sind erheblich geringer.

Bild 8.5 zeigt den grundsätzlichen Aufbau einer Anordnung zum Faserziehen, Bild 8.6 zeigt die Schichtenfolgen einer vollständig ummantelten LWL-Faser.

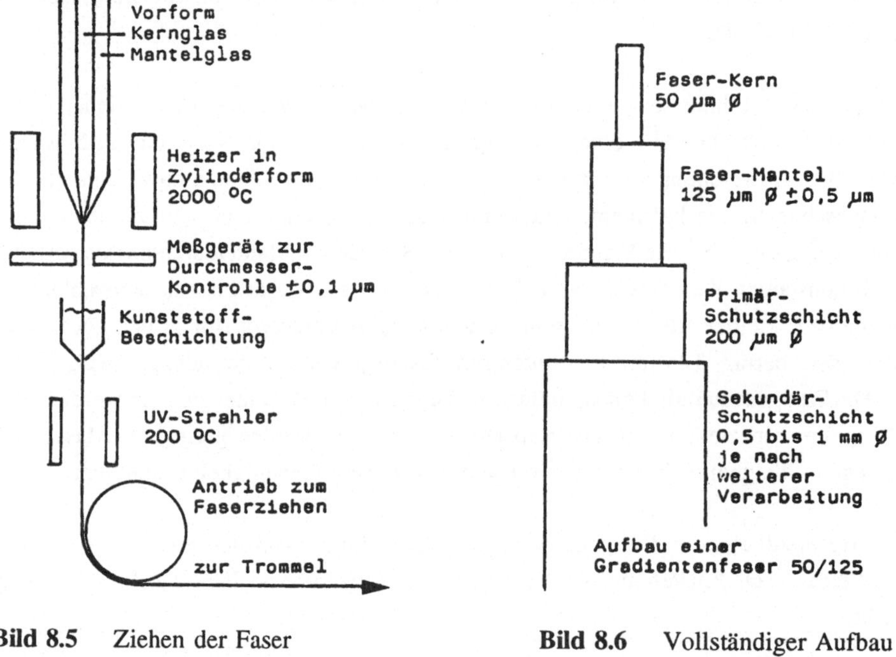

Bild 8.5 Ziehen der Faser aus der Vorform

Bild 8.6 Vollständiger Aufbau einer LWL-Ader

Beim Faserziehen sind je nach Aufbau der Anlage Ziehgeschwindigkeiten von 0,2 ... 10 m/s erreichbar. Die Faserlängen betragen etwa 10 km beim MCVD-Verfahren und 100 km beim VAD-Verfahren. Für Geschwindigkeit und Durchmesser von Vorform (V) und Faser (F) gilt die Ziehmaschinengleichung: $v_V : v_F = d_F : d_V$

8.8 Erzeugung der Brechzahldifferenz von Quarzglasfasern

Die Führung des Lichtes im Kern des LWL durch Totalreflexion erfordert, daß die Kernbrechzahl größer als die Mantelbrechzahl ist. Die Brechzahldifferenz zwischen Kern und Mantel wird durch Dotierung des Grundmaterials erzeugt. Dazu sind verschiedene Materialien geeignet. Eine Übersicht zeigt Bild 8.7. Dargestellt ist die Änderung der Brechzahl von Quarzglas infolge Dotierung als Funktion der molaren Konzentration. Bei den ausgewählten Stoffen verläuft der Anstieg der Brechzahl linear mit wachsender Dotierung. Zum Beispiel erfolgt je Molprozent GeO_2 eine Zunahme der Brechzahl um 0,07 %. Eine Brechzahlerhöhung von 1,2 % erfordert also einen Zuschlag von 17 Molprozenten GeO_2.

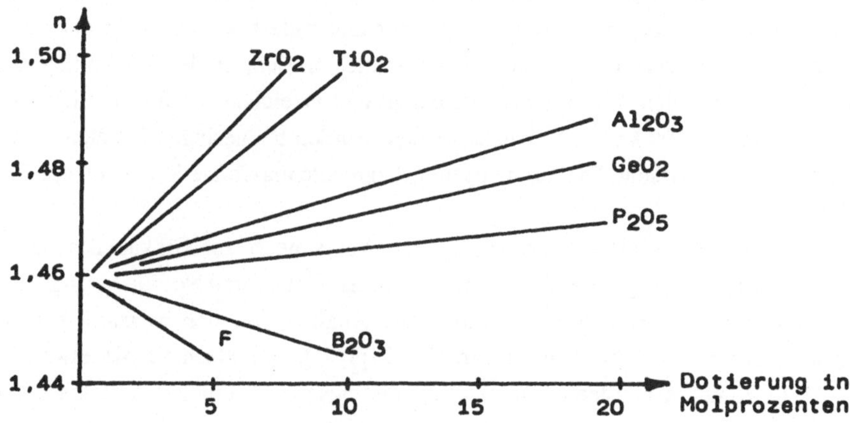

Bild 8.7 Brechzahländerung von Quarzglas bei Dotierung mit verschiedenen Zuschlagstoffen

Die Beimischung der Zuschlagstoffe zwecks Brechzahländerung ist mit Nebenwirkungen verbunden. Es ist eine Zunahme der Dämpfung zu beobachten und eine geringe Verschiebung des gesamten λ-abhängigen Durchlaßbereiches, verbunden mit einer Änderung der Nulldispersionsstelle und der Lage des Dämpfungsminimums. Die Dotierung hat daher sehr sorgsam mit Reduzierung nachteiliger Effekte auf ein Minimum zu erfolgen. Am besten geeignet, da mit geringstem Einfluß auf die Dämpfung, ist Germaniumdioxid.

8.9 Andere Gläser geringer Dämpfung für Lichtwellenleiter

Frquenzbreich und Dämpfung eines LWL sind abhängig vom verwendeten Fasermaterial und auch von der zur Faserproduktion eingesetzten Technologie, da Reinheit des Materials und Fertigungstoleranzen Dämpfung und Dispersion beeinflußen. Grundsätzlich wird die Dämpfung eines Lichtwellenleiters durch die in Abschnitt 5.10 beschriebenen Faktoren bestimmt. Entscheidend sind Rayleigh-Streuung und Infrarot-Absorption als dominierende Verlustmechanismen. Die Rayleigh-Streuung bestimmt die kurzwellige Grenze, die Infrarotabsorption die langwellige Grenze des Durchlaßbereiches der Faser, das Dämpfungsminimum liegt im Schnittpunkt beider Funktionen, siehe Bild 5.18. Für SiO_2 liegt der Durchlaßbereich einer Faser im Intervall 0,8 ... 1,8 μm, wobei an den Grenzen Werte von etwa 3 dB/km erreicht werden, der Schnittpunkt hat die Koordinaten (0,2 dB/km; 1,55 μm). Dieser theoretische Grenzwert der Dämpfung einer Quarzglasfaser wurde in der Praxis als Folge einer exelent beherrschten Technologie tatsächlich erreicht. In der Weitverkehrstechnik eingesetzte Fasern arbeiten bei dieser Wellenlänge und erreichen bei hohen Bitraten einen Verstärkerabstand von 100 km, in Versuchsstrecken wurden bei geringen Bitraten wesentlich größere Entfernungen erreicht. Die nur dämpfungsbegrenzte maximale Streckenlänge liegt bei etwa 300 km.

Neben der reinen Quarzglasfaser werden in der Praxis noch auf Silikatbasis beruhende Mehrkomponentengläser eingesetzt wie Natrium-Kalk-Silikatglas und Natrium-Bor-Silikatglas. Der technologische Vorteil dieser Mehrkomponentengläser ist der wesentlich geringere Schmelzpunkt, der bei 1200°c liegt (Quarzglas 2100°C), der Nachteil die etwas höhere Dämpfung. Für Kurzstrecksysteme sind Fasern aus diesen Gläsern bei forteilhaftem Preis geeignet.

Werden noch kleinere Dämpfungswerte als bei Quarzglas angestrebt, so ist eine Verschiebung des Schnittpunktes notwendig. Da Rayleigh-Streuung und Infrarotabsorption materialspezifische Naturerscheinung sind, ist nach anderen Fasermaterialien mit günstigerem Schnittpunkt zu suchen. Insbesondere sollte die Infrarotabsorption nach rechts zu längeren Wellen verschoben sein. Da die Infrarotabsorption eine Materialeigenschaft ist, die durch Resonanzerscheinungen im Molekül hervorgerufen wird, sind dazu andere, nicht vom Silicium ausgehende Fasermaterialien notwendig. Ionenresonanzen bei lägeren Wellen und damit günstigere Schnittpunktkoordinaten (α; λ) zeigen folgende Gläser:

AgBr	(0,001 dB/km;	5 μm)	mit $\Delta\lambda$ = 0,5 ... 28 μm
GeO_2	(0,06 dB/km;	2 μm)	
BeF_2	(0,005 dB/km;	2,1 μm)	
ZBLAN	(0,01 dB/km;	2,5 μm)	

Das letztgenannte Material ist ein aus ZrF_4, BaF_2, LaF_3, AlF_3 und NaF bestehendes Mehrkomponentenglas.
Diese Gläser haben sehr gute Werte für α und λ, es bestehen jedoch derzeit noch erhebliche ungelöste technologische Probleme. Günstige Ergebnisse werden insbesondere von Gläsern auf Flour-Basis erwartet.

Optische Fasern im langwelligen Bereich von etwa 2 ...20 µm bieten folgende Vorteile:

- geringere Dämpfung, ermöglicht größere Streckenlängen oder kleinere Leistungen oder einfachere Formen von Sender und Empfänger
- größerer Kerndurchmesser für Einwellenfasern von 50 ... 100 µm
- es sind größere Fertigungstoleranzen zuläßig, ermöglicht einfachere Produktion
- Koppeltechnik ist mit einfacheren Steckverbindern möglich
- Spleißverbindungen werden einfacher und haben geringerer Dämpfung
- günstigere Lichteinspeisung, da P proportional zum Kerndurchmesser ansteigt
- höhere Empfindlichkeit und geringeres Quantenrauschen in Photodioden

Literaturhinweise

Heinlein:	Grundlagen der faseroptischen Übertragungstechnik Teubner Stuttgart 1985
Bludau u.a:	Systemgrundlagen und Meßtechnik in der optischen Übertragungstechnik Teubner Stuttgart 1985
Kersten:	Einführung in die optische Nachrichtentechnik Springer Berlin 1981
Grau:	Optische Nachrichtentechnik Springer Berlin 1981
Unger:	Optische Nachrichtentechnik Hüthig Heidelberg 1990
Bleicher:	Halbleiter-Optoelektronik Hüthig Heidelberg 1986
Donges:	Physikalische Grundlagen der Lasertechnik Hüthig Heidelberg 1986
Geckeler:	Lichtwellenleiter für die optische Nachrichtenübertragung Springer Berlin 1986
Herbrechtsmeier + Groth:	Neue Wege der Informationsübertragung mit Polymer-Lichtwellenleiter Laser + Optoelektronik 20(1988)5, 60-63
Preier u.a:	Schlüßelbauelemente für die optische Breitbandkommunikation auf der Basis von InP NTZ 43(1992)4, 262-271 + 5, 354-368
Rybach:	Optische Leistung und Lichtwellenleiter NTZ 43(1990)1, 20-27

Rybach:	LWL-Rückstreumeßtechnik NTZ 44(1991)8, 558-563
Möstl:	Messung und Darstellung spektraler Strahlungsmessgrößen Licht-Forschung 6(1984)2, 59-62
Franz:	Optische Weltraumkommunikation NTZ 44(1991)6, 416-419
Franz:	Optische Übertragungssysteme mit Überlagerungsempfang Springer Berlin 1988
Ehlers u.a:	Halbleiterlaser-Verstärker für optische HDTV-Übertragungssysteme NTZ 43(1990)1, 16-18
Ludwig:	Optische Halbleiterlaser-Verstärker in zukünftigen LWL-Übertragungssystemen NTZ 43(1990)1, 8-13
Braun u.a:	Kohärente optische Zehnkanal-Breitbandübertragung mit optischen Wanderwellenverstärkern NTZ 39(1986)12, 804-808
Kersten:	Conferenz on Optical Fiber Communucation OFC 1992 Laser + Optoelektronik 24(1992)3, 31-33
Mroziewicz u.a.:	Physics of Semiconductor Lasers Elsevier Science Publishers Amsterdam 1991
Hodgson + Weber:	Optische Resonatoren Springer Berlin 1992
Kneubühl + Sigrist:	Laser Teubner Stuttgard 1989
Stock:	Strahlungsmessungen im Bereich der optischen Übertragungstechnik mit Ge-Photodioden Proc. MIOP (1987)4, 1-13

Sachwortverzeichnis